ESV

BUSINESS & SUCCESS

Anna Maria Pircher-Friedrich

Mit Sinn zum nachhaltigen Erfolg

Anleitung zur werte- und wertorientierten Führung

3., neu bearbeitete Auflage

Erich Schmidt Verlag

Bibliografische Information der Deutschen Nationalbibliothek

Die Deutsche Nationalbibliothek verzeichnet diese Publikation
in der Deutschen Nationalbibliografie;
detaillierte bibliografische Daten sind im Internet über
http://dnb.d-nb.de abrufbar.

Weitere Informationen zu diesem Titel finden Sie im Internet unter

ESV.info/978 3 503 12913 3

1. Auflage 2005
2. Auflage 2007
3. Auflage 2011

Gedrucktes Werk: ISBN 978 3 503 12913 3
eBook: ISBN 978 3 503 12914 0

www.ESV.info

Dieses Papier erfüllt die Frankfurter Forderungen der
Deutschen Nationalbibliothek und der Gesellschaft für das Buch
bezüglich der Alterungsbeständigkeit und entspricht
sowohl den strengen Bestimmungen der US Norm Ansi/Niso
Z 39.48-1992 als auch der ISO-Norm 9706

Satz: Peter Wust, Berlin
Druck und Bindung: Danuvia, Neuburg an der Donau

Meinem Mann Rolf

Vorwort zur 3. Auflage

◆

Das vorliegende Buch betrachtet Führung und Leistung unter dem Aspekt nachhaltig menschlichen und unternehmerischen Erfolgs und Wachstums.

Es wirft Fragen auf, die uns alle angehen: Wie können wir den wachsenden Herausforderungen trotzen, sowohl menschliches als auch unternehmerisches Wachstum auf einer höheren Bewusstseinsebene sinnvoll möglich machen, unser Mensch Sein begreifen, unsere Einzigartigkeit entfalten, durch unser Führen und Leisten einen Sinn erfahren, Menschen inspirieren ihre Potenziale zu erkennen und ihr Bestes zu geben, eine authentische Dienstleistungskultur lebbar und erlebbar machen, in eine sinnorientierte Vertrauenskultur eines förderlichen, stärkenorientierten miteinander Umgehens hineinwachsen? Wie können wir ein Höchstmaß an Selbstverantwortung, Selbstmotivation und Resilienz entwickeln? Wie können wir die Werte finden und realisieren, die uns selber, die uns anvertrauten Menschen und das Unternehmen erfolgreich machen?

Das Buch soll helfen auf die wichtigen Fragestellungen eine authentische Antwort zu finden, um Führen und Leisten als erfolgreich, gelingend und gesund erhaltend zu erfahren und Sinnspuren zu hinterlassen.

Zielgruppen sind branchenübergreifend Führende und Mitarbeiter, Lehrer, Studenten und alle Menschen, die Antworten auf brennende Probleme im Lebensraum Unternehmung unter besonderer Berücksichtigung der Thematik Führung und Leistung suchen.

Ich freue mich über die Herausgabe dieser dritten, überarbeiteten Auflage und möchte mich bei den bisherigen Lesern für die vielen erfreulichen Rückmeldungen und Anregungen bedanken. Ganz besonders freue ich mich über die nun schon jahrelange und hervorragende Zusammenarbeit mit Herrn Dr. Joachim Schmidt, Frau

Birte Schumann und Herrn Rainer Landgraf vom Erich Schmidt Verlag Berlin, die ich sehr zu schätzen weiß und für die ich mich herzlich bedanke.

Meran/Innsbruck im Januar 2011

Anna Maria Pircher-Friedrich

Vorwort zur 2. Auflage

◆

Ganz herzlich möchte ich mich bei den Lesern der ersten Auflage dieses Buches, den vielen Kongress- und Seminarteilnehmern und meinen Studenten bedanken. Die vielen Anregungen und positiven Stellungnahmen sowie die erfreulichen Erfahrungen, die ich bei der Implementierung dieses Konzeptes und in vielen Diskussionen erleben durfte, haben mir Mut zur zweiten Auflage gemacht.

Diese Erfahrungen haben in mir die Annahme bestärkt, dass wir in den letzten Jahrzehnten zwar aus wissenschaftlich-technischer Sicht ein hohes betriebswirtschaftliches Niveau erreicht, aber dabei vergessen haben der Frage nachzugehen, was Menschen wirklich brauchen, um ihr Leben und Arbeiten zum Gelingen zu bringen. Auf dieses Defizit sind viele der heutigen Probleme zurückzuführen.

Diese überarbeitete Auflage soll einen Beitrag dazu leisten, Führende und Mitarbeiter vermehrt in die Eigenverantwortung zurückzuführen und aufzeigen, wie es möglich ist, *trotz* wachsender Herausforderungen und nicht „perfekter" Rahmenbedingungen und Einschränkungen, Frustrationstoleranz und ein hohes Maß an Selbstmotivation zu entwickeln. Es soll helfen, die geistige Einstellung und Grundhaltung zu sich selbst und gegenüber anderen Menschen zu reflektieren und Einsicht in die tieferen Fragen des Lebens und des Lebenssinns zu erwerben und demzufolge mit innerer Zustimmung und mit Engagement Werte für andere Menschen zu schaffen und sein Bestes zu geben.

Dies ist die Grundlage für menschliches und wirtschaftliches Wachstum. Eine humane Zukunft und erfolgreiche Unternehmen setzen sinnerfüllte, glückliche Menschen voraus, um dadurch zu „glücklichen Bilanzen" zu gelangen. Was vielfach vergessen wird: Die erwirtschafteten Zahlen sind immer nur das Ergebnis menschlicher Haltungen und menschlicher Handlungen. Deshalb brauchen wir für eine humane Zukunft und nachhaltig erfolgreiche Unternehmen zunächst Haltungen, die sowohl für uns selbst als auch für das Unternehmen und seine Stakeholder sowie für die Nachwelt gut, weil sinnvoll sind.

Meran/Innsbruck im Mai 2007

Anna Maria Pircher-Friedrich

Vorwort zur 1. Auflage

◆

Mein beruflicher Werdegang hat mir seit vielen Jahren erlaubt, das Arbeitsleben in den verschiedensten Unternehmen, besonders in der Tourismusbranche von der „Pike auf" kennen zu lernen. Ganz unten auf der Karriereleiter startend, war ich seit dem 14. Lebensjahr in vielen Bereichen des Wirtschaftslebens tätig. In meinen Funktionen zunächst als Fachlehrerin, mit Berufung 1996 als Professorin und Hochschuldozentin an die Fachhochschule München und seit 2002 an das Management-Center Innsbruck, war ich über meine Studenten und meine Seminar- und Beratungstätigkeit außerhalb der Hochschule in ständigem Kontakt mit Unternehmen, Wirtschaft und Berufsbildung. Bereits sehr früh wurde mir die Problematik eines menschenfeindlichen und damit letztlich unproduktiven Betriebsklimas in vielen Unternehmen bewusst. Alle gängigen wissenschaftlichen Führungs- und Motivationsmodelle konnten mir zur Lösung dieser Fragen nur unzureichende Antworten liefern. Durch den Kontakt und die intensive jahrelange Beschäftigung mit der Logotherapie nach Prof. Dr. Dr. (mult. h.c.) Viktor Frankl reifte in mir der Gedanke, wichtige Aspekte dieser großartigen Psychotherapielehre und Lebensphilosophie, die den Menschen mit seinem ureigensten Bedürfnis nach Sinnfindung in den Mittelpunkt stellt, in ein betriebswirtschaftliches Führungsmodell zu integrieren. Diese Thematik habe ich in einer Dissertation intensiv theoretisch-wissenschaftlich bearbeitet.

Das vorliegende Buch entstand aus der Motivation, dieses Konzept in einer gut lesbaren, praxisorientierten und trotzdem wissenschaftlichen Prinzipien genügenden Form, einer breiteren Leserschaft: Unternehmern, Führungskräften, Studenten, Lehrern, Dozenten und all den Menschen vorzustellen, die sich über die Nöte und Probleme unserer Gesellschaft, der Sinnleere und der Sinnsuche, nicht nur innerhalb von Unternehmen Gedanken machen und nach positiven, nachhaltigen Lösungsansätzen suchen.

Für die unterstützende Begleitung auf diesem Wege und die zahlreichen kritischen Anregungen danke ich meinem Mann, Herrn Dr. med. Rolf-Klaus Friedrich. Meinem Neffen, Herrn Lukas Pirpamer, danke ich für die kompetente Gestaltung der Grafiken. Herzlich bedanken möchte ich mich auch bei Herrn Dr. Joachim Schmidt, vom Erich Schmidt Verlag, Berlin, für die gelungene Zusammenarbeit.

Meran/Innsbruck im August 2004

Anna Maria Pircher-Friedrich

Inhaltsverzeichnis

Abbildungsverzeichnis

◆

Warum dieses Buch?

◆

Der wirklich wahre Fortschritt
entsteht nur in einer immer klareren Beantwortung
der Grundfragen unseres Lebens.

Leo Tolstoi

Erschüttert und verunsichert durch die Turbulenzen der Wirtschaftskrise wird der „Hilfe-Ruf" nach Sinn und Werten als rettende Allheilmittel immer lauter. Doch bezüglich der Begriffe „Sinn und Werte" existieren weitverbreitet Unkenntnis und Unwissenheit. So werden Werte häufig lediglich mit Ethik, Philosophie, Religion und Gutmenschentum in Verbindung gebracht.

Dabei wird übersehen, dass bei allen menschlichen Handlungen Werte oder – wenn nicht reflektiert und bewusst sinnvoll gesteuert – auch Unwerte und starrsinniger Fanatismus unser Handeln leiten, die dann großen Schaden in uns selbst, den Unternehmen, in denen wir tätig sind, und darüber hinaus im gesamten gesellschaftlichen Umfeld anrichten. Vor diesem Hintergrund können, wovor schon der Philosoph Nicolai Hartmann warnte „auch Werte zum Tyrannen werden." Man denke nur an faschistische Systeme, in denen Werte wie Gehorsam, Fleiß, Sauberkeit Disziplin, Ausdauer und Vaterlandstreue fanatisch eingefordert wurden; politische Systeme die auch auf der Grundlage dieser Werte, in diesem Fall zu Unwerten pervertiert, großes Unheil anrichteten.

Des Weiteren muss zwischen subjektiven, eigennützigen Werten und Sinn und einem transsubjektiven Sinn, der über den bloßen Eigennutz hinaus das Positive in der Welt im Visier hat und sich um Nachhaltigkeit bemüht unterschieden werden.

So ist die sogenannte „Wirtschaftskrise" in Wahrheit eine Krise unreflektierter, sinnwidriger Wertehaltungen und demnach eine Krise unserer Einstellungen. Wenn Sparsamkeit zu „Geiz ist geil", Ehrgeiz zu narzisstischer Selbstsucht und das Streben nach Wohlstand und Wachstum zu Gier entarten, landen wir in geistigen Sackgassen mit entsprechenden fundamentalen menschlichen und wirtschaftlichen Krisen und unabsehbaren Folgen für die gesamte Weltgemeinschaft.

Abschied vom einseitigen Zahlenfetisichismus

So sind wir in der jüngsten Vergangenheit mehr und mehr einem einseitigen Zahlenfetischismus, der Wachstumsgier und einer Fokussierung auf ausschließlich materielle Werte zum Opfer gefallen. Übersehen wurde dabei, dass die Zahlen immer nur das Ergebnis menschlicher Haltungen und Handlungen sein können.

Der Preis, den wir für diese Fehlentwicklungen zahlen, zeigt sich vor allem in einer weit verbreiteten Sinnleere in Wirtschaft und Management mit Zunahme und epidemischer Verbreitung destruktiver, krankmachender Faktoren und chronischer Stressbelastung für alle Beteiligten. Die Folgen: sinkende Leistungsmotivation mit enormen Produktivitätsverlusten, blockierte Kreativität und Innovationsfreude und immer mehr Menschen mit Burnout, Boreout und Angsterkrankungen. Angestrebte Veränderungsprozesse und CSR (Corporate Social Responsibility) Anstrengungen sind häufig zum Scheitern verurteilt weil sie sich sinnwidrig auf einseitige Führungstechnik fokussieren und die Realisierung sinnvoller Führungshaltungen vernachlässigen. Diese Entwicklungen sind aber nicht schicksalhaft denn es steht jedem einzelnen Menschen sowohl in der Rolle des Führenden als auch in der des Mitarbeiters frei diese Fehlhaltungen zu überwinden.

Wollen wir diese geistige Krise überwinden, müssen wir – und hier sind besonders die Führenden als Verantwortungselite der Gesellschaft gefordert – eine bisher häufig nicht wahrgenommene Tür öffnen und durchschreiten. Über dieser Tür steht als Aufforderung: „erkenne dich selbst", entdecke und entfalte deine Potenziale, hilf deinen Mitarbeitern ihre Potenziale zu erkennen und sie in Leistung zu transformieren, damit sie an deiner Seite wachsen können, übernimm Verantwortung für dein Menschenbild, deine Wertehaltungen und Handlungen; hinterfrage, ob sie in der jeweiligen Situation angemessen und demnach für das Unternehmen, die dir anvertrauten Menschen und für dich sinnvoll und nachhaltig erfolgreich sein können.

Auf einer höheren Bewusstseinsebene führen

Wollen wir unser Leben, Führen und Leisten erfolgreich und gelingend erfahren, zu einem nachhaltigem Unternehmenserfolg beitragen, unsere Mitarbeiter inspirieren, sie an unserer Seite wachsen lassen und die wahren Bedürfnisse unserer Kunden wirklich verstehen, müssen wir, wie Tolstoi zurecht sagt, zunächst klare Antworten auf die Grundfragen unseres Lebens finden und uns bemühen, unser Führen und Leisten auf eine höhere Bewusstseinsstufe anzuheben. Dies erfordert von Führenden und Mitarbeitern nicht nur höhere Fachkompetenz und ein besseres Zeitmanagement, sondern vor allem:

- Die Orientierung an einem würdigen und ressourcenorientierten Menschenbild.
- Sich selbst und jeden Mitmenschen als individuelle Person zu beachten, zu respektieren und wertzuschätzen und Menschen nicht nur zu funktionalisieren und zu instrumentalisieren.
- Ein Bemühen um die permanente und lebensfreundliche Entwicklung der eigenen Persönlichkeit.
- Die Entwicklung sinnvoller Geisteshaltungen zu sich selbst und anderen Menschen.
- Das Erkennen und Eingehen auf die wahren Bedürfnisse von Menschen: der eigenen, der der Mitarbeiter und der Kunden.
- Eine wohlwollende aber gleichzeitig auch konsequente Haltung gegenüber sich selbst und den Mitarbeitern.
- Eine permanente Selbstreflexion und daraus resultierender Lernbereitschaft.
- Die Entwicklung eines hohen Maßes an Selbstverantwortung, Selbstmotivation, Frustrationstoleranz und Resilienz.
- Das Bemühen um einen Kommunikationsstil, der Menschen aufbaut und den Selbstwert stärkt.
- Die Entwicklung von der fachkompetenten Führungskraft zu einer dienenden Führungspersönlichkeit, die als Vorbild Menschen Orientierung gibt und Rahmenbedingungen für Sinn und Wachstum schafft.

Haltung schlägt Methodik

Wir brauchen also nicht, wie vielfach gefordert, das Management neu zu erfinden. Wir haben gute Tools und Führungstechniken. Aber: Haltung schlägt Methodik. Deshalb müssen wir uns der Macht unserer Denkhaltungen bewusst werden und unsere bisher vernachlässigten und übersehenen geistigen Ressourcen als die wahren Wachstumschancen erkennen und mobilisieren. Um mit Antoine de Sanit-Exupéry zu sprechen: „Was können wir tun, um die Befreiung des Menschen in uns zu fördern". Oder mit Hermann Hesse:

> „Der wahre Beruf eines jeden Menschen ist der zu sich selber zu kommen."

Oder mit dem erfolgreichen Gründer von „dm" Herr Werner Götz:

> „Führen heißt sein eigenes Mensch Sein begreifen."

Dies wiederum setzt das Suchen und Erkennen der lebensthematischen Mitte, des inneren Antriebes, voraus. Die Auseinandersetzung mit den Fragestellungen: Wozu bin ich aufgrund meiner einzigartigen Fähigkeiten und Möglichkeiten gut, womit kann ich die Menschen, das Unternehmen, die Welt bereichern, womit kann ich dienen, Sinnspuren hinterlassen, dabei meine Möglichkeiten und Fähigkeiten leben und meine Existenz zum Gelingen bringen? Aber auch das Erkennen und Annehmen der eigenen Grenzen und Schwächen gehört zu den grundlegenden Voraussetzungen gelingenden Führens und Bewirkens.

Dieser Weg ist natürlich nichts für Menschen, die einen „Schnellimbiss" in Form eines einfachen Patentrezeptes suchen. Dieser Weg ist ein Prozess, ein nie endender, aber im menschlichen und wirtschaftlichen Sinne, lohnender Prozess. Einfache „Wenn – Dann – Lösungen" führen in einer komplexen Welt notgedrungen in die Sackgasse, da jede Situation einzigartige, verantwortete Antworten einfordert.

Der Mensch in seiner Fähigkeit zur Sinn- und Werteorientierung wird zum entscheidenden Werttreiber nachhaltig erfolgreicher Unternehmen.

Gehen wir deshalb zunächst der Frage nach, was sinnvolles Führen und Handeln als Basis für nachhaltigen Erfolg bedeutet:

In Anlehnung an Frankl[1] intendiert Sinn immer das Positive für alle Prozessbeteiligten und schiebt damit dem für alle schädlichen Gewinner-Verlier-Denken einen Riegel vor.

Weil Sinn Gewinner-Gewinner-Haltungen einfordert, ist Sinnorientierung die grundlegende Voraussetzung für jede Form von Nachhaltigkeit und demnach auch für nachhaltigen Unternehmenserfolg.

---

1 Prof. Dr. Dr. (mult. h. c.) Viktor E. Frankl (26. März 1905–2. September 1997) ist der Begründer der „Dritten Wiener Schule der Psychotherapie", die er selbst mit dem Doppelbegriff „Logotherapie und Existenzanalyse bezeichnete. *Sein Hauptziel war es, den Menschen hinzuführen in die Selbstverantwortung und Authentizität.* Frankl hat uns mit seinem wissenschaftlich fundierten und praktikablen Sinnkonzept ein grandioses Erbe hinterlassen, das Antwort auf die brennenden Fragen unserer Zeit gerade auch in der Welt der *Wirtschaft geben kann: eine Sinnlehre gegen die Sinnleere.*

Sinn erfahren wir, indem wir Werte realisieren. Sinn ist das Realisieren des wichtigsten Wertes vor dem Hintergrund der Realität – der Möglichkeit. Sinnorientiertes Führen und Leisten erfordert, dass wir vor dem Hintergrund der jeweils einzigartigen Situation die möglichen Werte erkennen, sie gegeneinander abwiegen und uns für den aus unserer Sicht und Verantwortung wichtigsten Wert entscheiden und diesen dann mit einem klaren und bekennenden „Ja" untermauern. Daraus erwächst die Kraft, für selbstbejahte Werte auch Opfer zu bringen und auf andere Werte zu verzichten.

Der Sinnbegriff nach Viktor Frankl beinhaltet auch die vier platonischen Kardinaltugenden: Die Weisheit, die Gerechtigkeit, das rechte Maß und die Tapferkeit im Sinne von Mut.

Die Weisheit steht für das Abwiegen und bewerten von Werten und Entscheidungen. Im Sinne eines transsubjektiven Sinnes, der die eigenen Interessen übersteigt und das Gute in der Welt intendiert. Die Gerechtigkeit hinterfragt, ob diese Entscheidung allen beteiligten Menschen gerecht wird. Das rechte Maß weißt auf die Knappheit der Ressourcen hin und macht deutlich, dass ein Mehr an persönlichem Vorteil zu Lasten anderer Menschen und Systeme geht. Der Mut führt aus der Opfer- in die Gestalterrolle und fordert uns auf trotz persönlicher Nachteile auch nein zu sagen und uns für das Positive zu engagieren.

Alle sonstigen materiellen und immateriellen Werte sollten in ihrer Bedeutung und Sinnhaftigkeit immer vor dem Hintergrund dieser vier Kardinaltugenden betrachtet und bewertet werden und einer Überprüfung durch diese standhalten.

Sinnvolles Führen, Entscheiden und Handeln orientiert sich somit immer:

1. am Nutzen und der nachhaltigen Verbesserung der Wettbewerbsfähigkeit des Unternehmens als übergeordnetes Ganzes.
2. am Nutzen und an der Verbesserung der Lebensqualität der gesamten Stakeholder (Mitarbeiter, Kunden, Kreditgeber, Staat und Gesellschaft).
3. an der Nachhaltigkeit und den möglichen Konsequenzen für die Nachwelt und
4. am Nutzen für die Führungskraft.

Vertrauen gewinnen durch sinnorientierte Haltung

Diese Orientierung könnte helfen aus der aktuellen Sackgasse herauszuführen und das verlorene Vertrauen in Wirtschaft und Management wieder herzustellen; eine Alternative zu der in Krisenzeiten weit verbreiteten „Kosten runter – Leute raus – Strategie", die zwar kurzfristig in Zahlen ausgedrückt erfolgreich erscheinen mag, letztendlich aber nachhaltigen Erfolg verhindert.

Sinnvolles Führen verlässt die Pfade einseiteriger materieller Werteorientierung und stellt den Kundennutzen und die Entwicklungsmöglichkeiten der Mitarbeiterpotenziale in den Mittelpunkt aller Überlegungen. Sinnorientierte Führende wissen, dass die materiellen Werte in Form betriebswirtschaftlicher Resultate immer nur die Folge wirksamen, sinnvollen Führens und Handelns sein können.

Die zentralen Werttreiber für nachhaltigen Unternehmenswert

Im Fokus aller Entscheidungen sollen die vier zentralen Werttreiber stehen, die materiellen Unternehmenswert generieren:

1. *Die Kundenloyalität:* Die zentralen Fragestellungen lauten: welchen Kundennutzen stiften wir? Was können wir tun, damit wir uns als unternehmerische Wertegemeinschaft die Loyalität in den Herzen unserer Kunden immer wieder verdienen? Womit könnten wir sie noch mehr begeistern und für sie einen Mehrwert schaffen?
2. *Die Unternehmenskultur:* Hier lauten die zentralen Fragestellungen: Was können wir tun, um sinnvolle Rahmenbedingungen für unsere Mitarbeiter zu schaffen, die sie zu einem Höchstmaß an Selbstmotivation und Selbstverantwortung inspirieren? Wie können wir stärkenorientiert, wertschätzend und Selbstwert stärkend miteinander umgehen, um allen Unternehmensmitgliedern Entfaltungsmöglichkeiten zu bieten und ein Gefühl der Zugehörigkeit zu geben?
3. *Lernen und Entwicklung:* Hier fragen wir uns: wie können wir unsere Mitarbeiter zum personalen Lernen inspirieren. Wie können wir ihnen helfen ihre Potenziale in Leistung zu transformieren, damit sie die Persönlichkeit werden, die sei sein können? Was können wir tun, damit alle Unternehmensmitglieder ihr Wissen weitergeben? Wie können wir Kreativität, Erfindergeist und unternehmerisches Denken fördern?
4. *Die Reputation:* Hier geht es um die Frage, wie wir uns durch Fairness und Redlichkeit, echtes Engagement und Übernahme von Verantwortung für die Gesellschaft, das Vertrauen und das

Image aller Stakeholder immer wieder verdienen können und damit die Grundlage für nachhaltigen Erfolg schaffen.

Das Fokussieren dieser nachhaltigen „weichen" Werttreiber ist die Gegenstrategie zur weit verbreiteten „schnelle Erfolge erzielen Strategie" die übersieht, dass Produkte und Dienstleistungen nicht nachgefragt werden, um zum Umsatzvolumen des Unternehmens beizutragen, sondern eben weil sie Nutzen stiften und dem Kunden einen Mehrwert schaffen.

Werte schaffen nachhaltig Unternehmenswert, wenn sie die Pfade des egoistischen Eigennutzes verlassen und sinnvoll vor dem Hintergrund der Nutzenstiftung und der Sinnhaftigkeit reflektiert werden.

Sinnvolles Führen ist somit Dienen. Für dienende Führungspersönlichkeiten lautet die entscheidende Fragestellung: „Wozu bin ich gut? Was habe ich zu Geben? Sie stellen sich in Demut und Hingabe ihrem Führungsauftrag und versuchen aus den gegebenen Möglichkeiten das Beste zu machen. Nur auf dieser Basis verstandenes und gelebtes Führen und Bewirken kann wertvoll für alle und demnach nachhaltig erfolgreich sein. Sinnorientierte, dienende Führung weist deshalb aus der Sackgasse des für alle schädlichen Gewinner-Verlierer-Denkens und befreit von dem produktivitätsvernichtenden und erfolgshemmenden Kampfmanagement.

Was wir für die Zukunft brauchen sind reife, sinnorientierte, dienende Führungspersönlichkeiten, die jenseits von Egoismus und Selbstsucht Ihren Führungsauftrag als Lebens- und Weltgestaltungsauftrag begreifen, als Vorbilder Menschen Richtung geben und sie inspirieren sich für Sinnvolles zu engagieren.

Abschied von mechanistischen, egozentrischen Menschenbildern

Dies erfordert ein Umdenken in Führung und Wirtschaft auf der Basis eines würdigen Menschenbildes. Wir müssen Abschied nehmen von den mechanistischen, egozentrischen Menschenbildern der klassischen Motivationstheorien, die den Menschen auf das Niveau von reiner Bedürfnisbefriedigung, Lustgewinn und Eigennutz degradieren.

Die moderne Gehirnforschung zeigt die Bedeutung und die Macht unserer inneren Bilder in Form des Selbstbildes, des Menschen- und Weltbildes auf. Diese Bilder prägen unser Denken, Fühlen und Handeln. Die Art und Weise, wie ein Mensch denkt, fühlt und handelt, ist ausschlaggebend dafür, welche Nervenzellverschaltungen in seinem Gehirn stabilisiert und ausgebaut und welche durch unzureichende Nutzung gelockert und aufgelöst werden. Deshalb ist es alles andere als belanglos, wie die inneren Bilder beschaffen sind, die sich ein Mensch von sich selbst, von seinen Beziehungen zu anderen und zu der ihn umgebenden Welt und nicht zuletzt von seiner eigenen Fähigkeit, sein Leben nach seinen Vorstellungen zu gestalten, macht. Von der Beschaffenheit dieser einmal entstandenen inneren Bilder hängt es ab, wie und wofür ein Mensch sein Gehirn benutzt und welche Verschaltungen in seinem Gehirn gebahnt und gefestigt oder aufgelöst werden.[2]

Es gibt innere Bilder, die Menschen Angst machen, sie klein machen, sie in Hoffnungslosigkeit Resignation und Verzweiflung stürzen.[3] Die Bilder egozentrischer, nur zahlenorientierter Manager zählen zu dieser Kategorie. Aber:

Es gibt auch Bilder, aus denen Menschen Mut, Ausdauer, Zuversicht, Resilienz, Lernfreude und Wachstum schöpfen. Exakt das sind die Bilder, die wir für menschliches und wirtschaftliches Wachstum und eine humane Zukunft brauchen.

Eine Säule dieses Buches ist das sinnorientierte, würdige Menschenbild Prof. Viktor Frankl's . Sein Hauptziel war es den Menschen wieder zurückzuführen in die Selbstverantwortung und die Authentizität; genau das, was notwendig ist, um der notleidenden Wirtschaft und den Unternehmen wieder Orientierung zu ermöglichen. Auch die moderne Gehirnforschung bestätigt diesen Ansatz und belegt, wie wir auf der Grundlage eines würdigen Menschenbildes unsere Potenziale entfalten und unser Gehirn – und damit unser Denken und Handeln – zum eigenen aber auch zum Wohl unserer Mitmenschen weiterentwickeln können. Sinnorientierung ist im Übrigen auch salutogen, also gesund erhaltend, wie zahlreiche wissenschaftliche Studien beweisen.

Die Sinnorientierung ist somit die Grundlage für nachhaltig gesund erhaltende Unternehmenskulturen.

---

2 Vgl.: Hüther, G.: Die Macht der inneren Bilder – Wie Visionen das Gehirn, den Menschen und die Welt verändern, Götingen, 2009. S. 9

3 Vgl.: Hüther, G.: ebenda

Konzept G E B E N:

G	eisteshaltungen entwickeln, die Sinn-möglichkeiten zulassen und Erfolg „er-folgen" lassen.
E	ngagement, „Sein Bestes" geben, Sinn-findung durch Werteverwirklichung.
B	egeisterung durch authentische, zwischenmenschliche Beziehungen, Zulassen und Fördern von Individualität.
E	ntwicklung der Potenziale bei Führenden und Mitarbeitern und Erschließen neuer Wachstumspfade.
N	achhaltiger Erfolg im Sinne von Gewinn, Umsatz, Sinn-fülle, Freude, Wertschätzung, Lebensqualität und Gesundheit.

Abbildung 1: **Das Konzept GEBEN**

Vor diesem Hinterrund soll dieses Buch:

- Eine Brücke zwischen *dem Menschen in seiner ganzheitlichen Kompetenz* und *der ökonomischen Effizienz und Effektivität* schlagen und aufzeigen, wie durch menschliches Wachstum die nachhaltige Wertsteigerung des Unternehmens erfolgen kann.
- Aufzeigen, wie Führende und Mitarbeiter ein hohes Maß an Selbstverantwortung, Selbstmotivation und Resilienz entwickeln können und Führung und Leistung als erfolgreich und gelingend erfahren können.

Auf der Basis des sinnzentrierten Menschenbildes, des systemischen Managementansatzes und des Konstruktivismus soll ein wert- und werteorientiertes Führungskonzept dargestellt werden.

Das neue Konzept „GEBEN" (Abbildung 1) soll Ihnen die Möglichkeit eröffnen, über Ihre Werte, Visionen und Geisteshaltungen nachzudenken und sich permanent mit dem eigenen Bewusstsein, Denken, Fühlen und Handeln kritisch auseinander zu setzen; lernend und persönlich wachsend können Sie so eine höhere Stufe qualitativer Führerschaft erreichen. Hierin liegt eine Chance eine reine ökonomische Zweckgemeinschaft in eine sinn-orientierte Wertegemeinschaft zu transformieren und durch menschliches Wachstum neue sowohl menschliche als auch unternehmerische Erfolgspfade zu ermöglichen.

Der direkten, praktischen Umsetzung dienen die im Buch angebotenen Tools und „To do-Listen"; sie sollen Ihnen helfen, Ihren persönlich sinn-vollsten Lebens- und Führungsstil zu finden.

Eine Anleitung als „Reiseführer“, keineswegs die Reise selbst, auf dem Weg zu einem sinnvollen, authentischen und selbstverantworteten Führen, Wirken und Be-Wirken zum Nutzen für sich selbst und für alle Stakeholder.

1. Grundlagen

◆

Seilschaften aus autoritären Egomanen und karrieristischen Jasagern bestimmen immer noch weite Teile der Wirtschaftsszenerie. Zunehmend aber werden die Konfrontationslinien klarer. Und die Forderungen werden immer einvernehmlicher formuliert, weil das Gespräch zwischen vielen Studenten und Nachwuchskräften nicht mehr nur den schnellsten Wegen zum persönlichen Erfolg gilt, sondern dem Sinn der Arbeit.

Holger Rust

Wer nur nach Zweckmäßigkeit handelt,wird immerzu Unzufriedenheit erregen.

Konfuzius

Kernfragen

- **Haben Sie schon einmal darüber nachgedacht, was für Sie persönlich Erfolg wirklich bedeutet?**
- **Wissen Sie, wie Erfolg „er-folgen" kann?**
- **Hat Ihnen die abnehmende Problemlösungskompetenz mechanistischer Managementinstrumente und Führungsprinzipien schon einmal zu denken gegeben?**
- **Wissen Sie, wie Sie dem Aufschwung nachhaltig auf die Sprünge helfen können?**
- **Kennen Sie die nachhaltigen Wachstums- und Erfolgspotenziale für die Zukunft?**

1.1 Nachhaltiger Erfolg erfordert Umdenken!

Karl Pilsl

Wir haben zu viele ähnliche Firmen, die ähnliche Mitarbeiter beschäftigen mit einer ähnlichen Ausbildung, die ähnliche Arbeit durchführen. Sie haben ähnliche Ideen und produzieren ähnliche Dinge zu ähnlichen Preisen in ähnlicher Qualität. Wenn Sie dazugehören, werden sie es künftig schwer haben.

Dem erfolgreichen Wandel auf die Sprünge helfen

Lassen Sie uns dieses Zitat noch erweitern um die Aussage von Kipling:" Der Erfolg ist ein alter Gauner, dem man immer misstrauen muss." In der Tat, Erfolg und so auch unternehmerischer Erfolg, ist immer auch abhängig von den Rahmenbedingungen unter welchen er entsteht. Verändern sich die Rahmenbedingungen nur geringfügig, kann der Erfolg von gestern sich schnell in die entgegengesetzte Richtung entwickeln. So ist das Faktum einer immer größeren Beschleunigung des Wandels eigentlich die einzig sichere Konstante, mit der wir heute kalkulieren können. Aber: „Die Leistungsbereitschaft der Mitarbeiter ist unter den Bedingungen des permanenten Wandels, dem viele Unternehmen seit Jahren unterliegen, deutlich zurückgegangen. Viele haben die ständigen Umstrukturierungen satt. Das Management wird als unglaubwürdig empfunden.[4] Der tiefgreifende Wandel ist aus vielen Gründen nur durch umfangreiche Bemühungen zu bewerkstelligen. Selbst wenn ein objektiver Beobachter klar erkennt, dass die Kosten zu hoch, die Produkte nicht hochwertig genug sind oder die wechselhaften Kundenwünsche nicht entsprechend berücksichtigt werden, kann der erfolgreiche Wandel aus Gründen wie einer introvertierten Gesprächskultur, lähmender Bürokratie, engstirniger Unternehmenspolitik, schwacher Vertrauensbasis, fehlender Teamarbeit, Arroganz, Führungsdefiziten im mittleren Management und der grundsätzlichen Angst des Menschen vor dem Unbekannten trotzdem stagnieren.[5]

---

4 Volk, H.: Wandel untergräbt Leistungsbereitschaft in Wirtschaft und Weiterbildung, März 2002.

5 Kotter, J. P.: Chaos Wandel Führung Leading Change, 2. Auflage 1998 Düsseldorf, München, S. 37.

Die bislang praktizierten auf mechanistischen Führungsphilosophien aufbauenden Managementmethoden und Führungsprinzipien sind überholt.

Allzu oft wird selbst von namhaften Beratungsunternehmen ein eindimensional mechanistischer Hardware-Management-Ansatz vertreten. Bei Unternehmensproblemen wird dann jeweils reorganisiert, eine neue Strategie angeordnet und allenfalls noch ein neues Controlling-System verpasst.[6] Was daraus oft wird, veranschaulicht folgende Geschichte:[7]

Beispiel

Der Generaldirektor eines Großunternehmens erhielt eines Tages eine Gratis-Eintrittskarte für das Konzert von Schuberts Unvollendeter Symphonie. Er konnte das Konzert selber nicht besuchen und schenkte deshalb die Karte einem befreundeten Unternehmensberater. Nach zwei Tagen erhielt der Unternehmer von seinem Berater eine Memo mit folgenden Konzertkommentaren:

1. Während längerer Zeit waren vier Flöten nicht beschäftigt.
2. Die Zahl der Bläser sollte deshalb reduziert und die Arbeit auf die übrigen Musiker verteilt werden, um damit eine gerechtere Auslastung zu gewährleisten.
3. Alle zwölf Geigen spielten identische Noten. Dies stellt eine überflüssige Doppelspurigkeit dar. Die Zahl der Geigenspieler sollte deshalb ebenfalls drastisch gekürzt und für intensivere Passagen könnte ein elektronischer Verstärker eingesetzt werden.
4. Es wurde viel zu viel Mühe zum Spielen von Halbtonschritten aufgebracht. Empfehlung: Nur noch Ganztonschritte spielen! Dadurch können billige Angelernte und Lehrlinge eingesetzt werden.
5. Es hat keinen Sinn, mit Hörnern die gleiche Passage zu wiederholen, die bereits mit Trompeten gespielt worden ist.

Empfehlung: Falls alle diese überflüssigen Passagen eliminiert würden, könnte das Konzert von zwei Stunden auf 20 Minuten gekürzt werden.

Hätte sich Schubert an diese Empfehlung gehalten, hätte seine Symphonie wahrscheinlich vollendet werden können...

Menschen, das wahre Vermögen von Unternehmen

Erinnert Sie diese Geschichte an viele betriebliche Lean-Management- und Reegineering-Prozesse? Vielfach fällt das „wahre Kapital" und „Ver-mögen" des Unternehmens, nämlich das, was die Menschen in den Köpfen, im Geist vermögen, dem betrieblichen Veränderungsprozess zum Opfer. Einseitig mechanistische und aus dem Zusammenhang gerissene Denkweisen sind zur Lösung komplexer Probleme nicht fähig.

Weltweit rebellieren Studenten und Jungmanager gegen eine ökonometrisch dominierte Sicht der Wirtschaft und fordern einen

6 Vgl. Hilb, M.: Integriertes Personal Management, Neuwied u. a. 1994, S. 40.
7 Hilb, M.: ebenda S. 40.

Mentalitätswechsel.[8] In einer Welt zunehmender Komplexität und immer schnelleren Wandels müssen wir aus der Gefangenschaft alter, linearer, einseitig betriebswirtschaftlich fokussierter Denkmuster ausbrechen.

Es ist an der Zeit, das Verhältnis zwischen Unternehmenswert und bestimmten Unternehmenswerten im Sinne einer „Wertebalancierten Unternehmensführung" neu zu bestimmen. Das Konzept einer strikt und ausschließlich auf den Unternehmenswert zielenden Unternehmensführung hat seine beste Zeit vermutlich hinter sich. Das theoretische Fundament ist brüchig geworden und wird in der Praxis durch äußere Einflüsse und innere Widersprüche immer weiter unterhöhlt.[9] Ebenso macht Organisationsveränderung ohne Persönlichkeitsentwicklung keinen Sinn.

Mut zu neuen Denkmustern

Organisationsentwicklung als Ergebnis herausfordernder Zukunftsgestaltung und erfolgreichen Wandels kann nicht vom Menschen und dessen Geisteshaltung losgelöst werden.
Erfolgreicher Wandel baut auf folgenden Erfolgssäulen auf: Organisationsveränderung und Persönlichkeitsentwicklung sowie Wertorientierung und Werteorientierung.

Der Mensch wird als der wichtigste „Erfolgsfaktor" für die Stärkung der Wettbewerbskraft und der Wettbewerbsvorteile wiederentdeckt. Eine neue Sichtweise des Menschen in der Unternehmung, d. h. ein ganzheitliches Menschenbild, das dem Menschen in seiner ganzen Würde gerecht wird, ist demnach zugleich implizite Grundlage als auch Prämisse für zukunftsorientierte Unternehmen.

Wir müssen das „Andere, das ganzheitliche Denken, lernen."

Die sogenannten weichen „Humanfaktoren" wie Vertrauen, Sinn, Beziehungsqualität, Lernbereitschaft, Verantwortung und Kreativität werden für den Unternehmenserfolg immer bedeutender.

Die Produktion feststehender, materieller und unteilbarer Güter wird für die Wertschöpfung im Vergleich zu den dynamischen

8 Vgl. Rust, H.: Die Zukunft der Führung in Harvard Business manager, April 2004, S. 38 ff.

9 Vgl. v. Mutius, B.: Wertebalancierte Unternehmensführung, in Harvard Business manager 5/2002, S. 9 ff.

Interaktionen und Reaktionen, die die Teilhabe am Wissen mit sich bringt, an Relevanz verlieren. Mehr und mehr geht die Entwicklung von einer „Economy of Scale" in Richtung einer „Economy of Relations". Zugespitzt ausgedrückt: Beziehungswert schlägt Produktionswert oder Wertschöpfung beruht auf Wertschätzung.[10] Vor diesem Hintergrund gilt es, das „Kapital" in den Köpfen, Herzen und im Geist der Menschen, der Mitarbeiter und der Führenden zu mobilisieren.

Was für eine „Beziehungsökonomie" Not tut, ist vor allem eine Änderung des Verhaltens, der Art und Weise, wie wir miteinander umgehen.

Gemeint ist hier eine Verhaltensänderung bei Führenden, aber auch Mitarbeitern, nicht als Folge opportunistischer Überlegungen und Anpassungsmanöver, eingetrichtert und praktiziert mit Instrumenten und Techniken, sondern:

Sinnverlust führt in die Sackgasse des existenziellen Vakuums

Eine Veränderung des Verhaltens, die einer tiefen inneren, reflektierten, bejahten, verantwortungsvollen Haltung und demnach echtem menschlichen Wachstum entspringt.

Aber gekennzeichnet von einem ethischen Relativismus steht unser postmodernes Denken einer verantwortungsvollen und demnach menschenwürdigen Haltung im Wege. Unser heutiges Lebensgefühl kennzeichnet sich unter anderem durch einen Antihumanismus im Sinne einer Auflösung des Menschen als vernünftiges, sittlich-verantwortliches und selbstbewusstes Wesen.[11] Als weitere Symptome zeigen sich ein vielfach individualistischer bzw. utilitaristischer Zeitgeist und eine zunehmende Orientierungs- und Sinnlosigkeit. Genährt vom materiellen Wohlstand und vom Fortschritt in Technik und Wissenschaft führt der „Irrglaube" den Menschen in die Sackgasse des Forderns, des Erwartens, des „Immer mehr Haben Wollens", letztendlich in die Sinnleere, das von Frankl genannte existenzielle Vakuum. Viktor Frankl umschreibt die weit um sich greifende Sinnkrise als die Pathologie unseres Zeitgeistes.

10 Vgl. v. Mutius, a. a. O., S. 11.
11 Vgl. R. Rapp Wagner, Postmodernes Denken und Pädagogik – eine kritische Analyse aus philosophisch-anthropologischer Perspektive, Bern u. a. 1997, S. 170.

Sehnsucht nach Sinn in der Arbeitswelt

Dabei waren die Forderung und die Sehnsucht nach Sinn auch in der Arbeitswelt nie größer als heute.

Aber: Sinn erfordert Umdenken: Sinn kann nicht gefordert werden. Sinn erfordert vom Menschen, seine Haltung zu ändern.

Immer mehr Menschen und Unternehmungen sind mit den Viren des Egoismus, der Machtbesessenheit, der Skrupellosigkeit und der Selbstbesessenheit infiziert. Dies führt in der betrieblichen Praxis zu Misstrauenskulturen mit fehlender Kommunikations- und Kooperationsbereitschaft. Vermehrt wird eine reine Vertrauens-Fehler-Lernkultur gefordert.

In Vertrauenskulturen sind die Leute gesund. Was uns fertig macht, ist nicht die viele Arbeit. Es sind die menschlichen Dinge: Neid, Mobbing, miese Kommunikation – das macht krank. Es werden jene Organisationen überleben, die schnell, innovativ, qualitativ hochwertig und preiswert sind, die schnell lernen und auf fähige, gesunde und belastbare Mitarbeiter zurückgreifen können, die ihrerseits ein Leben lang lernen.[12]

Hier stellt sich die Frage, was Lernen wirklich bedeutet? Hat die sogenannte Wissens- und Informationsgesellschaft nicht ausreichend und schnellen Zugang zu jeglicher Art von Wissen? Und wenn wir schon so viel über sehr viele Dinge Bescheid wissen, von denen wir alle behaupten „man müsse" z. B. die Umwelt schützen, mit den Ressourcen respektvoll umgehen und so weiter und so fort, warum passiert dann so wenig? Sagen wir „man muss" und meinen dabei die Anderen sollen?

Wissen ohne Erkenntnis, ohne den entsprechenden Willen zu einer Einstellungsveränderung, ohne zu handeln, hat noch nie zu großartigen Veränderungen geführt.

Unser kultureller Mythos hat uns einer Gehirnwäsche unterzogen. Er lässt uns meinen, dass Lernen Ansammeln von Wissen sei. Er lässt uns glauben, dass wir uns in „fünf oder sieben" einfachen, rezeptartigen Schritten verändern können. Er gewährt einem „bunten Mix an Beratern", die für jedes Problem eine Patentlösung parat

---

12 Kastner, M.: Die Sache mit der Wippe, in NGZ – Der Hotelier 2/2003, S. 29.

haben und wissen „was uns gut tut", goldene Zeiten. Er suggeriert uns, dass Wissen Macht sei und deshalb Wissen und Information in Unternehmen zu horten, anderen zu verschließen seien. Deshalb müssen wir Lernen bzw. Umgang mit Wissen als existenzielle Überlebenshaltungen überdenken, neu definieren. Denn: Wissen ohne nachhaltige Verhaltensveränderung bringt uns nicht weiter, weder den Einzelnen noch die Unternehmen. Noch schlimmer: Wissen ohne ethische Grundhaltung und Reflexion kann ungeahnten Schaden anrichten.

Ganzheitliches Lernen

Um ihren hohen Anforderungen in zivilisierter Weise entsprechen zu können, benötigen Führende aber zunehmend auch Mitarbeiter, Werte, Ethik und Sinnfindung.[13]

Die grundlegende Krise unserer Zeit, die den Einzelnen und die Unternehmen lähmt, ist die spirituelle, die Sinn-Krise. Dieser Krise können wir nicht mit noch mehr Wissen entgegnen. „Die Kultur westlicher Provenienz, wo immer auf dem Erdball man sie vorfindet, ist geprägt von der unmittelbaren, materiellen, selbstsüchtigen Manipulation der Dinge, der Erfahrung und anderer Menschen." Wir missbrauchen unsere Beziehungen und unsere Umwelt wie wir auch unsere ureigensten Vorstellungen von Sinn missbrauchen. Wir leiden an einem schrecklichen Mangel an symbolischem Vorstellungsvermögen. Wir nehmen von den menschlichen Qualitäten keine Notiz und konzentrieren uns auf immer hektischere Aktivitäten, auf Handlungen, die sich darauf richten, etwas zu bekommen und es wieder wegzugeben[14].

„In furchtbarer Weise vernachlässigen wir das Wunderbare und das Heilige in uns selbst, in den anderen und in unserer Umwelt."[15]

Folgende kleine Geschichte soll verdeutlichen, wie Menschen nicht selten ausschließlich aus ihrer eigenen Sicht und nach eigenen Interessen handeln und urteilen und permanent nur um ihre eigene Achse kreisen:

---

13 Vgl. Hanssmann, F.: Humanisierung des Managements – Ein christlicher Standpunkt, Gräfelfing 2001, S. 183.
14 Zohar, D./Marshall, I.: Spirituelle Intelligenz, Bern u. a. 2000, S. 25.
15 Ebenda

Beispiel

Der französische Schriftsteller Jules Renard erzählt von einem Gouverneur der Insel Martinique, der eines Tages die Erde zittern sah und schreckliche Angst bekam. Als die Sache vorüber war, bekam er die Meldung, es sei ein Erdbeben gewesen, das ein ganzes Stadtviertel vernichtet hatte. Daraufhin seufzte der Gouverneur erleichtert „Gott sei Dank! Und ich hatte schon gedacht, ich hätte einen Schwindelanfall gehabt!“[16]

Zentrum dieser folgenden Darstellungen und Überlegungen ist die Fragestellung:

Wie wir von einer geistesüberdrüssigen und einseitig berechnenden in eine auch besinnende, menschenwürdige Wirtschaft und Kultur – als Quelle von

Menschlichkeit, Sinn, Lebensqualität, lebenslangem Lernen, menschlichem Wachstum und nachhaltiger Wertsteigerung hineinwachsen können?

Erster Schritt auf diesem Weg heißt, unsere Art und Weise zu lernen, uns selber und andere Menschen anders begreifen zu müssen. Denn Lernen richtig verstanden bedeutet:

Kernsätze

- **Ein fundamentales Umdenken und eine tiefgreifende Sinnesänderung.**
- **Lernen berührt den Kern unserer menschlichen Existenz.**
- **Lernen heißt, dass wir uns selbst neu erschaffen.**
- **dass wir die Welt und unsere Beziehung zu ihr mit anderen Augen wahrnehmen.**
- **Lernen heißt, dass wir unsere kreative Kraft entfalten, unsere Fähigkeit am lebendigen Schöpfungsprozess teilzunehmen – denn in jedem von uns steckt eine tiefe Sehnsucht nach dieser Art zu lernen.**[17]

Lernen in diesem Sinne erfordert den ganzen Menschen in seiner Lebendigkeit, erfordert vom Menschen in einer spirituell beschränkten Kultur spirituell intelligent zu sein. Die spirituelle Intelligenz ist jene Intelligenz, mit deren Hilfe wir Sinn- und Werteprobleme angehen und lösen. Auf dem Fundament spiritueller Intelligenz ist eine permanente Auseinandersetzung mit dem eigenen „So-Sein“ und dem „Anders-Werden“ als Selbsterschaffungsprozess

16 Nölke, M.: Anekdoten Geschichten Metaphern für Führungskräfte, Planegg b. München 2002.

17 Vgl. Senge, P. M.: Die fünfte Disziplin, 6. Aufl., Stuttgart 1999.

möglich. Diese Art von Selbststeuerung fördert die Individualität und Authentizität. Sie ermöglicht Selbstentwicklung und Selbstverantwortung ohne jegliche Form von Zaubermitteln, von fremdbestimmten Patentlösungen und Rezepten.

Die spirituelle Intelligenz ist unsere höchste Intelligenz und in ihr liegen die wahren und nachhaltigen Erfolgs- und Wachstumspotenziale für Menschen und Unternehmen.

Eine Neuorientierung in Führung und Geisteshaltungen setzt ein systematisches Vorgehen voraus:

Selbstgestaltungsbereitschaft entwickeln

In einem ersten Schritt geht es um eine Bewusstseinsänderung. Hier geht es darum, fest eingefahrene und tief verwurzelte Annahmen zu erkennen, kritisch zu hinterfragen, auch loszulassen, zu „entlernen“ und Bereitschaft für andere Sichtweisen und neues Wissen zu entwickeln. Darauf aufbauend kann der zweite Schritt, jener der Entwicklung einer neuen Einstellung und Geisteshaltung, erfolgen. Erst diese neuen Denk- und Geisteshaltungen ermöglichen dann in einem dritten Schritt eine Veränderung unseres Verhaltens. Gelingendes Leben und Arbeiten setzt, wie oben erwähnt, „Lebenslanges Lernen“ im Sinne einer ständigen Reflexion, einem Lernen aus Fehlern und einer permanenten Verbesserung voraus. Dieser Prozess sollte nie aufhören, hier gilt der Leitsatz: „Die Wiederholung ist der Grundstein des Lernens.“ Abbildung 2 soll diesen Kreislauf verdeutlichen:

Vom Ausmaße dieser eigenen *SelbstgestaltungsBEREITSCHAFT* hängt Ihr persönliches und unternehmerisches Wachstum ab.

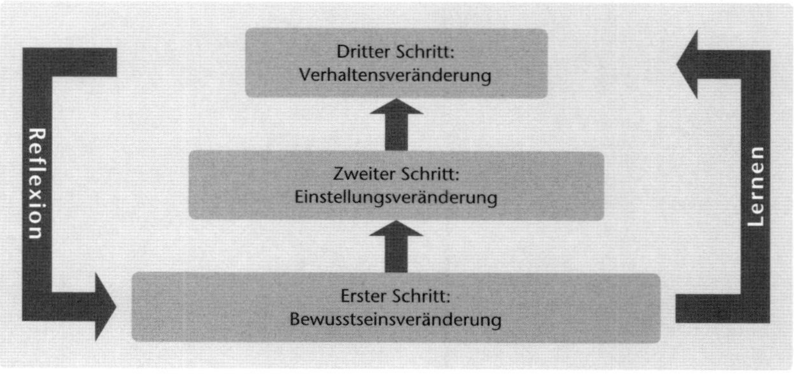

Abbildung 2: **Schritte zur Verhaltensveränderung**

Von Ihren menschlichen Fähigkeiten, Fertigkeiten, Verhaltensweisen, Geisteshaltungen, Werten, Weltanschauungen und jenen Ihres gesamten Teams und Ihrer Einstellung zum Menschen, zur Arbeit und zum Dienen wird der Zukunftserfolg maßgeblich abhängen.

Nachhaltiger Erfolg basiert besonders in Zeiten wachsender Komplexität auf einer Veränderung der Geisteshaltungen und einer daraus resultierenden Verhaltensveränderung als Folge von sinn-vollem, selbstverantwortetem Streben und Handeln.

Geisteshaltungen verändern

Nur wenn Sie Ihre Geisteshaltung ändern, ändert sich Ihr nachhaltiges Verhalten. Dies setzt aber voraus, dass Sie Ihnen lieb gewordene Denkweisen, Wissen und Ansichten kritisch überprüfen und einiges davon, vor dem Hintergrund ganzheitlicher, sinnvollerer Sichtweisen, auch im wahrsten Sinne des Wortes „entrümpeln“ müssen.

1.2
Erfolg im sechsten Kondratieff – ein neues Paradigma?

Die Reiche der Zukunft sind
Reiche des Geistes.

Winston Churchill

Um die gesamten wirtschaftlichen und gesellschaftlichen Veränderungen, vor allem aber die Probleme, Risiken und möglichen Chancen für eine Verbesserung, in einen nachvollziehbaren Kontext zu stellen und Hauptursachen zu erkennen, soll kurz auf die „Kondratieffzyklen" eingegangen werden.

Der Russische Wissenschaftler Nikolai Kondratieff fand bei seinen Konjunkturforschungen heraus, dass die wirtschaftliche Entwicklung der kapitalistischen Länder nicht nur durch das Auftreten kurzer und mittlerer Konjunkturschwankungen gekennzeichnet ist, sondern dass es auch „lange Wellen" mit einer Dauer von 40 bis 60 Jahren gibt, als langfristige Konjunkturzyklen beschrieben. Nach ihrem Begründer werden diese langen Wellen auch „Kondratieffzyklen" genannt.

Zukünftige Chancen erkennen und nutzen

Ursache der langen Wellen ist die Dynamik, die der Marktwirtschaft innewohnt: Jede Produktionsweise stößt einmal an ihre Grenzen: Irgendwann ist ein Faktor so knapp, dass weiteres Wachstum zu teuer ist und sich ökonomisch nicht mehr rentiert. Dann setzt ein Suchprozess nach Innovationen ein, um die bestehenden Wachstumsbarrieren zu überwinden. Von einer neuen Basisinnovation ausgelöst, entwickelt sich sodann eine Wertschöpfungskette, die über mehrere Jahrzehnte das Wirtschaftswachstum entscheidend bestimmt und nahezu alle Bereiche der Gesellschaft umfasst. Kondratieffzyklen sind also lang anhaltende Innovationsschübe, die von bahnbrechenden Basisinnovationen ausgelöst werden.[18]

Wie aus Abbildung 2 ersichtlich ist, haben im Verlauf der Geschichte immer wieder Basisinnovationen zu einem neuen Zyklus geführt, die in einem Abstand von 40 bis 60 Jahren in Wirtschaft und Gesellschaft zu tiefgreifenden Reorganisationsprozessen führen.

Derzeit befinden wir uns im 5. Kondratieff, der seine Antriebsenergie aus der Entwicklung und Anwendung der Informations-

---

18 Richter-Kaupp, S.: Skript zum Vortrag: Die Konsequenzen des 6. Kondatieff für das Management der Human Resources, 2002, zitiert nach Leo Nefiodow, 2002.

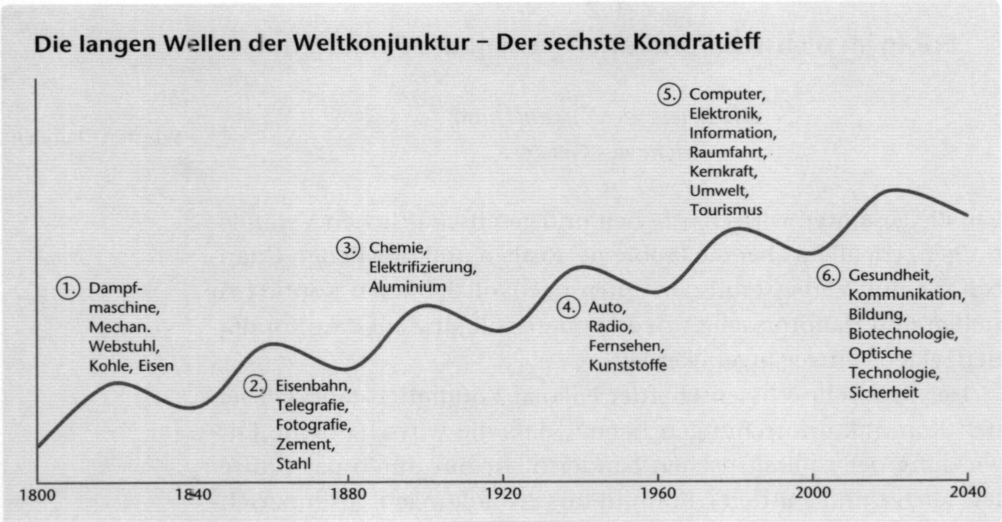

Abbildung 3: **Die langen Wellen der Weltkonjunktur – Der sechste Kondratieff**[19]

technik bezieht. Aus der Informationstechnik werden jedoch aufgrund des erreichten hohen Reifegrades schon bald keine entscheidenden Wachstumsimpulse mehr kommen. Die wirtschaftlichen und sozialen Probleme der Zukunft sind nicht mehr vorrangig mit Hilfe der Informationstechnik zu lösen. Um die hohe Arbeitslosigkeit zu verringern und die Krise zu entschärfen, die üblicherweise am Ende eines Kondratieffzyklus auftritt, müsste jetzt kräftig in den 6. Kondratieff investiert werden. Welche Innovationen kommen aber als Träger des nächsten Langzyklus in Frage? Welches sind die Bedarfsfelder der Gesellschaft, die das Potenzial besitzen einen neuen, langen Aufschwung zu ermöglichen?

Die Kernfrage auf der Suche nach dem 6. Kondratieff lautet: Wo in der Gesellschaft schlummern heute noch große Produktivitätsreserven? Wo werden Innovationspotenziale ungenügend genutzt?[20]

Der Unterschied der Kondratiefftheorie im Vergleich zu den klassisch-deterministischen Theorien liegt darin, dass Wirtschaft nicht nur als rein ökonomischer sondern als gesamtgesellschaftlicher Vorgang erkannt wird.

---

19 Nefiodow, L.: Der sechste Kondratieff.

20 Richter-Kaupp, S. zitiert nach Nefiodow a. a. O., 2002.

Kernsatz

◆ **Um Wirtschaft zu verstehen, muss man über Wirtschaft hinausblicken.**[21]

Es ist einleuchtend, dass dies ein allgemeiner Grundsatz für ein gesamtes Verständnis wirtschaftlicher Zusammenhänge ist. Denn: „Wenn eine grundlegende Erfindung die Wirtschaft über viele Jahre hinweg antreibt, dann berührt sie alle Bereiche des Lebens. Es gibt neue Spielregeln und Erfolgsmuster dafür, wie man Wohlstand schafft; die neue grundlegende Erfindung verändert die Art, wie sich eine Gesellschaft organisiert – schließlich wollen die Menschen die neue Basisinnovation optimal nutzen. Dazu gehören eine neue Infrastruktur, neue Bildungsinhalte, neue Schwerpunkte in Forschung und Entwicklung, neue Führungs- und Organisationskonzepte in den Unternehmen."[22]

Wie stark oder schwach die Wirtschaft eines Landes und einzelne Unternehmungen prosperieren, hängt davon ab, wie sehr die Menschen die neuen technischen, aber eben auch sozialen, institutionellen und geistigen Erfolgsmuster verwirklichen.[23]

Nachhaltiges Wachstum ermöglichen

Diesem ganzheitlichen Ansatz entgegen sind viele Politiker und Wirtschaftsexperten immer noch der Überzeugung, dass mit Wachstum alle Probleme gelöst sind: der Wohlstand steigt, die Arbeitslosigkeit sinkt und dem Fortschritt ist Tür und Tor geöffnet. Zeigt sich dahinter nicht die Lebenslüge schlechthin? Sinkt die Arbeitslosigkeit wirklich? Im expandierenden Dienstleistungsbereich, auf den wir große Hoffnung gesetzt haben, wird stetig Arbeit „vernichtet", erwähnt sei beispielsweise der Bankbereich. Ist es wahr, dass Wirtschaftswachstum als Folge von mehr Produktion, Konsum und noch mehr „Wegwerfen" zu Fortschritt und Wohlfahrt führen? Und vor allem – wo bleibt hier der Mensch und seine Lebensqualität? Dass

21 Vgl. Hansmann, F.: Christliche Perspektiven in Wirtschaft und Wirtschaftswissenschaften in Pluralismus und Ethos der Wissenschaft, Giessen 1999, S. 25.

22 Händeler, E.: Geschichte der Zukunft – Sozialverhalten heute und der Wohlstand von morgen Kondratieffs Globalsicht, Moers 2003, S. 14.

23 Händeler, E.: a. a. O., zitiert nach Perez, C.
Vgl. Kastner, M.: Die Sache mit der Wippe, in NGZ – Der – Sozialverhalten heut und der Wohlstand von morgen Kondratieffs Globalsicht, Moers 2003, S.15 zitiert nach Perez, C.

Wirtschaftswachstum ein schlechter Indikator für Fortschritt und Lebensqualität ist, haben uns die vergangenen Jahre erleben lassen. Wachstum und Fortschritt Einzelner auf Kosten Anderer aber auch ökonomisches Wachstum auf Kosten einer sinn-vollen Arbeits- und Umweltqualität und demnach Lebensqualität macht keinen Sinn.

Jenseits aller wirtschaftlichen Optimierungsüberlegungen gilt es zu bedenken, dass die Lebensqualität sowohl für den einzelnen Menschen als auch für die Gesellschaft das höchste Gut darstellt.

Zukunftsforscher Matthias Horx prognostiziert: „Alle wirklich profitablen Märkte der Zukunft sind Lebensqualitätsmärkte." Die zentrale Frage vor jedem Kaufentscheid wird in Zukunft heißen: „Gerät mein Lebensqualitätskonto dadurch in Minus oder Plus? Und dieser Saldo fließt direkt in die Bilanz der Anbieter ein." Das Wertschöpfungskonzept „Lebensqualität" muss aber verstanden, bevor es genutzt werden kann.

Die Märkte der Zukunft sind Märkte für Lebensqualität

Der volkswirtschaftliche Begriff „Wohlfahrt" verbindet die ökonomische Größe Wohlstand, die sich am Sozialprodukt misst mit dem Konstrukt Lebensqualität, als Grundanliegen der Menschen, zu dessen Verwirklichung alle mikroökonomischen Organismen wie z. B. Unternehmen beitragen können und sollen.

Die nationale Wohlfahrt als Summe kann nur so gut oder so defizitär wie die einzelnen Subsysteme sein. Übertragen auf das Unternehmen heißt dies, dass es zu den obersten Zielsetzungen eines jeden Unternehmens zählt einerseits durch die Wertschöpfung einen Beitrag zum ökonomischen Wachstum und Wohlstand und andererseits zur permanenten Verbesserung der Lebensqualität aller Stakeholder beizutragen. Wie aus Abbildung 3 ersichtlich ist, nähern wir uns dem 6. Kondratieff, der sich laut Expertenmeinung[24] auf den größten Einzelmarkt der Welt, Lebensqualität und Gesundheit, beziehen wird. Auf diesem Gesundheitsmarkt wird ein wachsender Teil unserer Ressourcen auf viel effizientere Weise als bisher dazu verwendet, Gesundheit zu erhalten, um eben nicht krank zu werden.

24 Vgl. Kastner, M.: Die Sache mit der Wippe, in NGZ – Der Hotelier 2/2003, S. 28 ff.

Gesundheits-Innovationen und gesunderhaltende Strukturen als Beitrag zu verbesserter Lebensqualität werden zum Wachstumsmotor werden.

Salutogenese möglich machen

„Die Menschen, die in der Blütezeit der Industriegesellschaft groß geworden sind, haben nicht gelernt, partnerschaftlich, sachlich und zielorientiert so zusammenarbeiten, zuhören oder sich gegenseitig so zu fördern, dass Probleme zu angemessenen Kosten gelöst werden können. Umgang und Lebensstil können Menschen so krank machen, dass sie mit den bisherigen Mitteln nicht wirksam genug geheilt werden. Erst wenn wir ein produktiveres Gesundheitssystem aufgebaut und unsere Kultur der Zusammenarbeit den neuen wirtschaftlichen Anforderungen angepasst haben, werden wir die ökonomischen Probleme bewältigen".[25] Diese Thesen untermauert auch eine aktuelle, branchenübergreifende Studie[26]: Die Grabenkriege führen zu mindestens 50 % Produktivitätsverlust: „Unter dem Tisch tritt man sich gegen das Schienbein. Auf dem Tisch bleiben die Vorlagen liegen." Im Gegensatz zur landläufigen Meinung grassiert das Kästchendenken nicht nur in Konzernen. Auch bei den Mittelständlern ist das „Silodenken" weit verbreitet. In 100 % aller Unternehmen mit mehr als einem Mitarbeiter existieren Bruchstellen zwischen den Abteilungen, die die Arbeit der Mitarbeiter enorm behindern.[27]

Die gute Nachricht lautet: Wir sind der Krise nicht ohnmächtig ausgeliefert, wir haben die Wahl.[28] Als wichtigste Thesen für den Aufschwung werden genannt:

Kernsätze

- **Erst eine neue Kultur der Zusammenarbeit lässt in der Informationsgesellschaft den Wohlstand wieder steigern.**
- **Die Qualität der zwischenmenschlichen Beziehungen wird zur wichtigsten Quelle der Wertschöpfung.**
- **Künftig überleben nur jene Firmen am Markt, in denen Menschen produktiver mit Informationen umgehen.**
- **Die größten Produktivitätsreserven liegen in der Überwindung destruktiver Verhaltensweisen.**

---

25 Vgl. Händeler, E.: a. a. O., S. 13.
26 Vgl. Gillies, J. M.: Grabenkriege in Deutschlands Unternehmen, in Wirtschaft und Weiterbildung, September 2003, S. 28 ff.
27 Vgl. Gillies, J. M.: ebenda.
28 Händeler, E.: a. a. O., 2003, S. 13.

- **Gesundheits-Innovationen und gesunderhaltende Strukturen werden zum Wachstumsmotor.**
- **Immaterielle Faktoren entscheiden, welche Aktien künftig Gewinn abwerfen.[29]**

Produktivitätssteigerung durch Persönlichkeitsentwicklung und richtige Geisteshaltungen

Vor dem Hintergrund dieser Aussagen und aufgrund des Megatrends „Gesundheit und Wellness“ sind Führung, aber allem zuvor Selbstführung und Persönlichkeitsentwicklung und das Erkennen und Fördern der individuellen Geisteshaltungen, Werte, Fähigkeiten und zwischenmenschlichen Beziehungen aller Unternehmensmitglieder von größter Bedeutung. Hier herrschen große Defizite im psychischen, sozialen und ethischen Bereich, die zu Produktivitätsverlusten und negativen Auswirkungen auf das Betriebsergebnis führen, wenn Unternehmensmitglieder durch energieraubendes Verhalten, Frustration und emotionale Erschöpfung in ihrer potenziellen Leistungsfähigkeit eingeschränkt und sogar krank werden. Führende, aber auch Mitarbeiter, sind deshalb aufgefordert, in Unternehmen für ein *gesundheitserhaltendes, sinn- und damit werteorientiertes Klima* zu sorgen, das die Arbeits- und Lebensqualität wesentlich bereichern kann.

Bezüglich dieser Zielsetzung gilt zu verinnerlichen, dass Sie, dass JEDER EINZELNE, durch sein Verhalten tatsächlich zur Steigerung von Gesundheit und Wohlgefühl aller Stakeholder beitragen kann und dadurch auch die Wertsteigerung des Unternehmens verbessert.

Der Stresspegel in unserer Gesellschaft steigt ständig und besonders Manager sind aufgrund ihres Lebensstils gesundheitlich gefährdet. Der Druck steigt, das Gesundheitsbewusstsein sinkt.[30]

> Bereits Voltaire (1694–1778) wusste: „In der ersten Hälfte unseres Lebens opfern wir unsere Gesundheit, um Geld zu verdienen, in der zweiten Hälfte unseres Lebens opfern wir das Geld, um die Gesundheit wiederzuerlangen.“

Die Fähigkeiten, die jedem Einzelnen helfen mit Dauerbelastungen selbstverantwortlich umzugehen, sollen intensiv gefördert werden.

---

29 Vgl. Händeler, E.: a. a. O., S. 221 ff.

30 Vgl. Grönemeyer, D.: Mensch bleiben – high tech und Herz – eine liebevolle Medizin ist keine Utopie, Freiburg u. a. 2003, S. 102 ff.

Persönliche Einstellungen zu einem besseren, gesünderen Lebensstil sind zu entwickeln und zu unterstützen. Gefordert werden Gesundheitsbeauftragte für die Betriebe, die die Belegschaft über gesundheitsgefährdende Faktoren informieren und Kenntnisse über gesundheitserhaltende Lebensweisen vermitteln. Zu Recht wird dafür plädiert, in Zukunft den Fokus auf Gesundheitserhaltung und weniger auf Krankheitsvorsorge zu richten.

Von einem großen Unternehmen wird berichtet, dass dessen Gesundheitsmanagement wesentlich dazu beigetragen hat, die Gesundheitsquote von 91,7 Prozent im Jahre 1988 auf knapp 96 Prozent im Jahre 1999 zu steigern. Nach Aussagen des Unternehmens verbesserten sich Kosten und Produktivität im gleichen Maße wie die Gesundheitsquote gestiegen ist. „Bei nur um ein Prozent höherer Gesundheitsquote könnte diese Firma rund 40 Millionen Euro pro Jahr einsparen, so die Information des Unternehmers."[31]

Wirtschaftliche Prosperität durch Werte und wachsende Lebensqualität

Aus weltweiten Untersuchungen[32] wird gefolgert, dass sich die Beziehungen des Menschen zu Personen (Familie), Dingen (Wirtschaftssystem) und Sinn (Motivation) in einem gesunden Gleichgewicht befinden müssen, wenn Stabilität und Effizienz des gesamtgesellschaftlichen Systems nicht leiden sollen. Vom sozialpsychologischen Standpunkt aus handelt es sich um *persönliche, funktionale und transzendente Beziehungen,* die eines Gleichgewichts bedürfen.

Das allgemeine Streben des Menschen nach Werten, Glück und Wohlbefinden zeigt sich derzeit in der Tourismusbranche im Wellness Boom, der die alten Formen des Erlebnistourismus ablöst. Sich „Wohlfühlen", die Seele baumeln lassen, sich etwas Gutes tun, Erholung, Entspannung, der Wunsch nach einer neuen Lebensqualität ist unübersehbar. Durch Wellness kann der Einzelne die Balance zwischen Alltagsstress und dem Bedürfnis nach Harmonie finden. Tourismusunternehmen, insbesondere Hotels, werden neben Fitnesscentren und traditionellen Kuranlagen eine wichtige Säule des neuen gesundheitsorientierten Lebensstils. Der Trend wird mit einer neuen Wortschöpfung[33] umschrieben: „Der Aufenthalt soll zur Zu-Frieden-Heit der Gäste führen." Die Möglichkeit „Inne-

31 Vgl. Grönemeyer, D.: a. a. O., S. 103.
32 Vgl. Hanssmann, F.: Humanisierung des Managements – Ein christlicher Standpunkt, Gräfelfing, 2001, S. 183 zitiert nach Millendorfer.
33 Vgl. o.V.: Wellness – Im Mittelpunkt steht der Mensch, in Top Hotel 6/2003, S. 114 ff.

ren Frieden" zu finden, bedarf aber einer ganz bestimmten Atmosphäre. Bedarf ganzheitlicher, authentischer Führender und Mitarbeiter. Aufgesetztes „Dienstleistungsverhalten" reicht dazu nicht aus. „Der Wellness Boom hält an, es wird in den Resort- und Hotel-Spas richtig Geld verdient. Um so verwunderlicher sei es, dass sich der Einsatz von Management-Techniken im Wellness Bereich fast noch auf dem Niveau der Steinzeit befindet."[34] „Der Gast hat uns bereits überflügelt. Das heißt im Klartext: Die Hotellerie als prädestiniertester Anbieter auf dem Markt diverser Wellness-Produkte muss befürchten, dass nicht ausreichend profilierte Angebote die Zukunftschancen aller verwässert."[35]

Wellness eine Lebensphilosophie

Wellness sollte nicht leichtfertig als vorübergehendes Lifestyle-Phänomen, das lediglich Zusatzinvestitionen erfordert, abgetan werden. Entgegen der vielfach verbreiteten Fehlmeinung, Wellness nur als Hang zu Genuss und Entspannung zu begreifen, wird der Versuch unternommen, durch die Begriffskreation „Selfness"[36] die Ganzheitlichkeit zu unterstreichen. Im Mittelpunkt von Selfness tritt an die Stelle von vorübergehender Entspannung dauerhafte Selbstveränderung. „Die Devise *‚Finde dich selbst'* wird zum großen Slogan unzähliger medialer Produktionen und löst das *‚Stelle dich selbst dar'* der vergangenen Jahre ab."[37]

Von Selbstdarstellung zum Prozess der Selbstfindung

Die Wellness-Philosophie sollten Sie als positive Einstellung zur Selbstentwicklung, Verantwortung für die Gesundheit und als Beitrag zur Verbesserung der Lebensqualität verstehen und nutzen.

Wellness wird in einer etwas ökonomischeren Wortvariante als „Psychosoziale Gesundheit" bezeichnet, die folgende ganzheitlichen Faktoren beinhaltet, definiert.[38]

Kernsätze

- **Ein stabiles Selbstwertgefühl.**
- **Ein positives Verhältnis zum eigenen Körper.**
- **Die Fähigkeit zu Freundschaft und sozialen Beziehungen.**
- **Eine intakte Umwelt.**

34 Vgl. o.V.: Wellness – Im Mittelpunkt steht der Mensch, in Top Hotel 6/2003, S. 115.
35 Ebenda, a. a. O., S. 111.
36 Vgl. Horx, M.: Ausblick auf 2004 – Trend 1 vom Wellness zum Selfness.
37 Ebenda
38 Horx, M.: Die acht Sphären der Zukunft – Ein Wegweiser in die Kultur des 21. Jahrhunderts, Wien u. a. 2000, S. 117.

- **Eine sinn-volle Arbeit und gute Arbeitsbedingungen.**
- **Eine lebenswerte Gegenwart und die begründete Hoffnung auf eine lebenswerte Zukunft.**

Dieser Begriff von Gesundheit wird nicht nur als individuell erstrebenswerter Zustand oder gesellschaftliche Idee gesehen, sondern zugleich als Ressource. Als Basisinnovation, die die zentrale Produktivitätsdynamik des kommenden, des sechsten Kondratieffs, ausmachen wird.[39]

Wellness wird zur Lebensphilosophie für alle Lebensbereiche und erfordert demnach eine geistige, erkenntnismäßige Wende. Denn: „Mit den traditionell produktionssteigernden Mitteln – Einsatz von Maschinen, Technologien, Stoffumwandlungsprozessen, Kapital und logischem Fachwissen – lässt sich Gesundheit nicht mehr erschließen. Ein noch so schneller Computer heilt keine Krankheit und schafft kein stabiles Selbstwertgefühl; noch mehr naturwissenschaftlich-technische oder wirtschaftliche Fachkenntnisse vermitteln keine psychosoziale Kompetenz. Diese aber wird in den Talentmärkten der Zukunft zum zentralen Wertschöpfungsfaktor“[40]. Wellness als Lebensphilosophie erfordert den ganzen Menschen in seiner Dreidimensionalität: Körper, Seele und Geist (Abbildung 4).

Ein ganzheitliches Menschenbild – Grundlage für die psychosoziale Gesundheit

Interessanterweise hat Frankl als erster in seinem Menschenbild der Logotherapie (= sinnzentrierte Psychotherapie) den Menschen als dreidimensionales Wesen operationalisiert und sich jeglicher Art von Determinierung und Reduktionismus widersetzt. Das ganzheitliche Menschenbild von Frankl korreliert fast nahtlos mit allen Anforderungen der Wellness-Philosophie und sein Gedankengut kann in hervorragender Weise eine Anleitung für den heutigen Menschen sein, die oben beschriebene psycho-soziale Gesundheit im Beruf und im Alltag tatsächlich zu leben. Die nächste Basisinnovation im Sinne des 6. Kondratieffs ist nicht mit neuen Instrumenten und Techniken konkretisierbar, sondern nur über Menschen, die bereit sind in Freiheit und Verantwortung „Sinn-volles und demnach Wert-volles“ für sich und andere Menschen hervorzubringen.

---

39 Horx, M.: Die acht Sphären der Zukunft – Ein Wegweiser in die Kultur des 21. Jahrhunderts, Wien u. a. 2000, S. 117..

40 Ebenda, S. 118, zitiert nach Nefiodow.

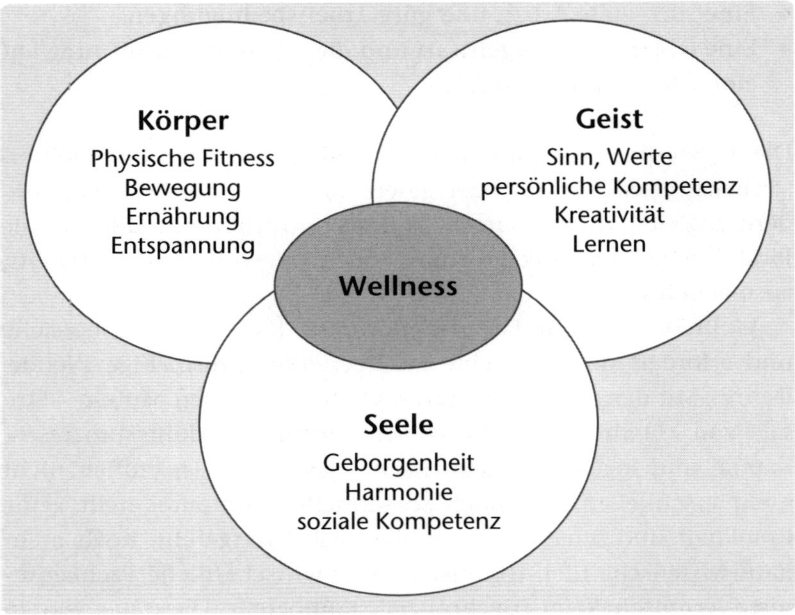

Abbildung 4: **Wellness als Dreiklang von Körper, Seele und Geist**[41]

Dem Menschenbild der Logotherapie und der Wellness-Philosophie zufolge, ist der Mensch dann als gesund zu bezeichnen, wenn ihm der freie und authentische Austausch mit seiner ihn umgebenden Welt gelingt, kurz: wenn Begegnung gelingt, wenn sie „glückt". Hieran krankt unsere „egoistische" Gesellschaft.

Der ausschließlich Ich-zentrierte Mensch in seiner Beziehungsarmut, ist nicht beziehungsfähig, kann sich auf sein Gegenüber nicht wirklich einlassen, ist nicht imstande, andere Menschen zu bejahen und sie in ihrem „So-Sein" und Selbstwert zu bestärken. Dieses Defizit ist in fast allen Lebensbereichen feststellbar und geht auf Kosten von Lebensqualität und Gesundheit.

Beispiel

„In allen Gesellschaftsschichten bestätigen Menschen einander in ihren menschlichen Eigenschaften und Fähigkeiten und eine Gesellschaft kann in dem Maße menschlich genannt werden, indem ihre Mitglieder einander bestätigen. Die Grundlage menschlichen Zusammenlebens ist eine zweifache und doch eine einzige: Der Wunsch jedes Menschen von den anderen als das bestätigt zu werden was er ist, oder sogar als das, was er werden kann und die angeborene Fähigkeit der Men-

41 In Anlehnung an Horx, M.: Die acht Sphären der Zukunft – Ein Wegweiser in die Kultur des 21. Jahrhunderts, Wien.

schen, seine Mitmenschen in dieser Weise zu bestätigen. Dass diese Fähigkeit so weitgehend brachliegt, macht die wahre Schwäche und Fragwürdigkeit der menschlichen Rasse aus. Wirkliche Menschlichkeit besteht nur dort, wo sich diese Fähigkeit entfaltet."[42]

Professionalität und Menschlichkeit

Vor dem Hintergrund des Megatrends Wellness aber auch im Hinblick auf echten, im Sinne von menschenwürdigen und wirtschaftlichen *FORT-SCHRITT* bedarf es *zusätzlich zur Professionalität einer „neuen Menschlichkeit"* wie sie hier umschrieben ist. Dann könnten auch die größten Produktivitätsreserven durch die Überwindung destruktiver Verhaltensweisen mobilisiert werden.

Die Frage, *wie Sie und Ihre Mitarbeiter sich fühlen, wie sie kooperieren* können, welche *Kompetenzen Sie in ihrem beruflichen Umfeld* haben, wie sehr Sie und Ihre Mitarbeiter sich *mit ihrer Aufgabe identifizieren können* – das entscheidet über die zentrale Frage der Produktivität eines Unternehmens. Zum ersten Mal in der Geschichte werden damit nicht „Technik" und „Rohstoff" in den Mittelpunkt der Ökonomie rücken, sondern die sogenannten weichen Humanfaktoren: Emotionen, Geist und soziale Kompetenz.[43]

Kernsatz

- **Zu Ihrem primären Anliegen sollte die permanente Auseinandersetzung mit der Frage werden, wie Kooperationsfähigkeit und Einsatzbereitschaft der Mitarbeiter gefördert und deren fachliche, soziale und vor allem geistige Kompetenz weiter entwickelt werden können.**

Sinnorientierte Arbeit fördert die Gesundheit

Genau hier setzt das Gedankengut der Logotherapie und Existenzanalyse von Frankl an und ist somit aktueller und hilfreicher denn je. *Sinn-orientierte (motivierende) Arbeit hat psychosozialen, gesundheitserhaltenden (salutogenen) Charakter.* Betriebliche Gesundheitsförderung erhöht die Leistungsfähigkeit von Mitarbeitern, da sie Belastungen und Beschwerden reduziert und die Zufriedenheit und Motivation der Mitarbeiter fördert.[44] Das Menschenbild, wie es in der Logotherapie vertreten wird, bietet hinreichend Interventionsmöglichkeiten wie es ein modernes, menschenwürdiges und produktives, effizientes Personalmanagement fordert. Wie bereits

42 Watzlawick, P.: Vom Unsinn des Sinns oder Vom Sinn des Unsinns, 7. Auflage 2000, S. 20 zitiert nach Martin Buber.

43 Horx, M.: a. a. O., S. 118.

44 Graf, H.: Studie: Betriebliche Gesundheitsförderung als Personal- und Organisationsentwicklung in Klein- und Mittelunternehmen 2003.

erwähnt, baut das Konzept dieses Buches unter anderem auf dem logotherapeutischen Gedankengut auf und soll Ihnen und Ihren Mitarbeitern eine Hilfestellung und Anregung für eine ganzheitliche Persönlichkeitsentwicklung sein. Damit könnte der weitverbreiteten Destruktivität, den krankmachenden Faktoren entgegengewirkt und die Arbeitswelt gesünder, humaner und produktiver werden.

Das Menschenbild der Logotherapie und Existenzanalyse macht die vielfach vernachlässigte aber für einen nachhaltigen Erfolg *unabdingbare Dimension des Geistes für Gesunderhaltung und Heilung fruchtbar.* Der Wellness-Philosophie entsprechend ermöglicht es den Paradigmenwechsel von einer auf Krankheiten ausgerichteten, kurativen Medizin zu einer salutogenen auf Prävention bedachten Medizin, Arbeitsweise und Lebensgestaltung.

Neue Geisteshaltungen – der Quantensprung in Wirtschaft und Gesellschaft

Eine „neue" Geistigkeit und echte Persönlichkeit im Sinne eines sinnvollen, kontinuierlichen Selbstverbesserungsprozesses sind vor diesem Hintergrund die Basis für einen Quantensprung in Wirtschaft und Gesellschaft, für mehr Produktivität und Lebensqualität.

Die Erfolgspotenziale der Zukunft liegen in der Weiterentwicklung der Geisteshaltungen und der persönlichen Wertebildung von Führenden und Mitarbeitern. Nur aus der daraus resultierenden Entwicklung kann Qualität und Erfolg im Denken und im Tun „gesunder Menschen" für das Unternehmen entstehen.

In Abbildung 5 wird die Dreiheit der weichen Potenzialfaktoren des Unternehmens dargestellt, die Sie in Zukunft als Erfolgspfade für die kommende Basisinnovation fördern und entwickeln sollen. Echte Professionalität und ein gelebtes Wertesystem[45] (Abbildung 4: Wellness als Dreiklang von Körper, Seele und Geist) ermöglichen den Ausbruch aus der Destruktivität und aus den Produktivitätsverlusten.

Betrachtet man die Welt unter dem Aspekt ihres derzeitigen fundamentalen Aufforderungscharakters, so ist an erster Stelle die Eroberung einer menschenwürdigen Zukunft zu nennen.[46]

---

45 In Anlehnung an Horx, M.: Die acht Sphären der Zukunft – Ein Wegweiser in die Kultur des 21. Jahrhunderts, Wien.

46 Vgl. Kurz, W.: a. a. O., S. 17.

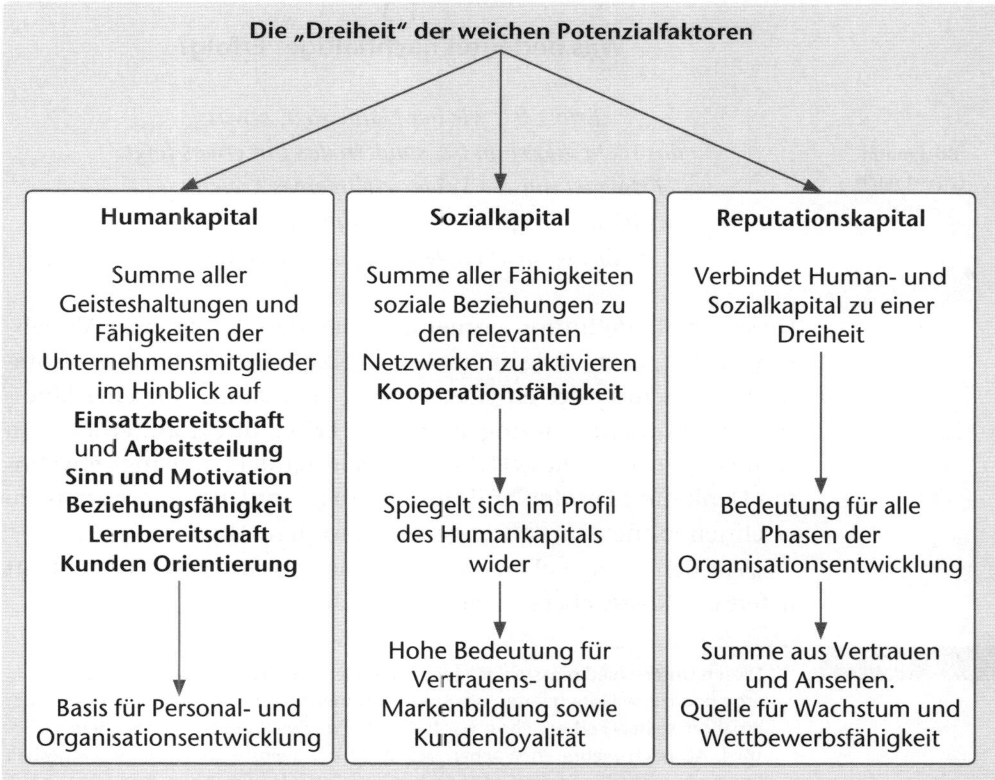

Abbildung 5:
Die Dreiheit der weichen Potenzialfaktoren.[47]

Eine Kombination von leidenschaftlicher Professionalität und „neuer" Menschlichkeit in und um Unternehmen könnte zu einer Steigerung von Produktivität und Wachstum sowie Sinn und demnach Lebensqualität führen.

Damit könnte ein großer Beitrag zur Basisinnovation *Gesundheit und Wohlbefinden* von Unternehmen ausgehen, die den Geist der Zeit erkannt haben und anders denken und handeln als bisher.

47 in Anlehnung an Stahl, H. K.: Zum Aufbau und Erhalt von Reputationskapital in Stakeholder Beziehungen, in Perspektiven im Strategischen Management, Handlbauer u. a. (Hrsg.) Berlin 1998, S. 366.

1.3
Was bedeutet nachhaltiger Erfolg?

Böckmann (zitiert nach Frankl)

Erfolg ist, wie der Name sagt, etwas,
das nicht zuerst da ist, sondern das auf etwas folgt.
Erfolg ist nur der Widerschein eines Ereignisses,
nicht das Ereignis selbst. Darum kann man einen
Erfolg nicht er-zielen, er muss er-folgen.

Dieser Erfolgsdefinition entnehmen Sie, dass Erfolg einer Vorleistung bedarf, dass Erfolg nicht einfach Folge eines Zieles, eines frommen Wunsches oder einer Erwartung sein kann. Nur eine kindische, neurotische Haltung strebt den Erfolg direkt an, erhebt ihn zum Selbstzweck. Diese Haltung entspringt dem eingangs erwähnten Denk- und Lernfehler dazusein um zu fordern, zu erwarten, zu ersehnen, ohne dafür etwas geben zu wollen. Aber:

„Vor den Erfolg haben die Götter die Leistung gestellt oder Gott liefert die Nüsse, aber er knackt sie nicht."[48]

Beispiel

Diesen Unterschied musste auch jener Rabbi lernen, der ob seiner Erfolglosigkeit in arge finanzielle Nöte geraten war und nicht mehr wusste, wie er seine fünf Kinder ernähren sollte. Er erbat sich von Gott in seiner Verzweiflung ein Wunder beim Lottospiel. Als nach mehreren Wochen sich nicht der kleinste Lottogewinn eingestellt hatte, ging er in den Tempel und beschimpfte Gott: „Herr, habe ich dich nicht genug gebeten, mir und meinen hungernden Kindern zu helfen? Zuerst gibst du mir fünf Kinder und jetzt tust du nichts. Wie soll ich da noch an dich glauben können?" – Da erschallte die mächtige Stimme Gottes: „Rabbi, ich sehe deine Not, aber gib mir eine Chance! Geh und kaufe wenigstens ein Los!"[49]

Erfolg im nachhaltigen Sinne muss deshalb neu definiert werden: Nach dem Konzept GEBEN ist Nehmen in diesem Sinne Erfolg, aber immer Folgeerscheinung von verantwortetem, sinn- und wertvollem, engagiertem Handeln und Wirken und damit *Be-Wirken.* Entgegen der neurotischen Haltung, nämlich den Erfolg einfach zu erwarten, bedeutet diese Haltung „des Erfolges würdig zu sein", nämlich durch einen Grund, durch das Schaffen von Wert-vollem (Abbildung 6).

---

48 Böckmann, W.: Lebenserfolg, Der Weg zur Selbsterkenntnis und Sinn-Erfüllung, Düsseldorf 1990, S. 93.

49 Längle, A.: Sinnvoll Leben – Wegweiser zum Leben, 2. Auflage, Wien 1989, S. 69.

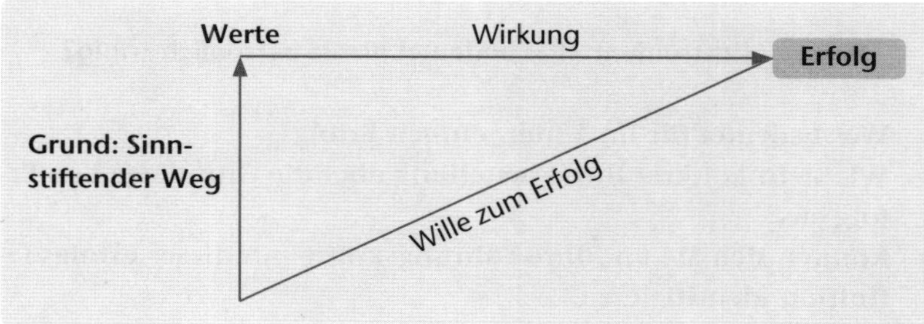

Abbildung 6:
Der Wille zum Erfolg in Anlehnung an Frankl

Kernsatz

- **Der sinn-volle und demnach nachhaltige Weg zum Erfolg ist das Erreichen des Erfolges über einen Grund zum Erfolg. Und die Basis des Erfolges liegt in Leistung, liegt im Verwirklichen von Werten.**

Lassen Sie uns der Frage nachgehen wie Erfolg „er-folgen" kann?

Über Unternehmenserfolg bestimmen Menschen

1. *Was einen Erfolg darstellt wird vom Menschen bestimmt, auch über Unternehmenserfolg bestimmen Menschen.* Sie legen die Maßstäbe für Erfolg fest. So kann Unternehmenserfolg zum Beispiel an den traditionellen betriebswirtschaftlichen Kennziffern wie Rentabilität, Cash flow, Wertschöpfung (added value), Marktanteil, Wertsteigerung etc. gemessen werden. Unternehmenserfolg kann aber auch an nicht materiellen Werten gemessen werden. Zum Beispiel daran, welchen Beitrag das Unternehmen zu einer Verbesserung der Lebensqualität leistet, wie und in welcher Form das Unternehmen Werte für alle Stakeholder schafft, in welchem Ausmaße das Unternehmen gesellschaftliche Verantwortung übernimmt. Ganz entscheidend in diesem Zusammenhang ist eine Reflexion über die Vorstellungen dessen, was Sie als Grundlage des Erfolgs sehen. Diese Entscheidung liegt bei Ihnen. Aus dieser Ihrer definitorischen Erfolgsfestlegung leiten sich die *gesellschaftliche Legitimation, der Auftrag Ihres Unternehmens, Ihre Wahl von Strategien und die Steuerungskonzepte,* kurz Mittel und Methoden, ab.

Für die Praxis und als Führungsinstrument ergeben sich folgende Fragestellungen:

1.3.1
Führungsinstrument: Was bedeutet für Sie persönlich Erfolg?

Kernfragen

- **Was bedeutet für Ihr Unternehmen Erfolg?**
- **Wie sieht konkret Ihre Vorstellung über die Grundlage von Erfolg aus?**
- **Können sich Sie und Ihre Führungskräfte mit dieser Erfolgsdefinition identifizieren?**
- **Finden Sie diese Erfolgsdefinition sinn-voll für Ihre Mitarbeiter?**
- **Kann sie unsere Mitarbeiter motivieren, ihr Bestes zu geben?**
- **Finden Sie diese Erfolgsdefinition sinn-voll für Ihre Kunden und die übrigen Stakeholder?**
- **Wie messen Sie Ihren Erfolg?**

2. *Erfolg kann von Menschen „nur" angestrebt, aber nicht in letzter Konsequenz programmiert werden.* Auch maximales Engagement muss nicht immer notgedrungen zu Erfolg führen. So hängt Unternehmenserfolg immer auch von einer Vielzahl nicht beeinflussbarer und unvorhersehbarer Faktoren ab. Als eklatantes Beispiel seien die Misserfolge nicht weniger Unternehmen unmittelbar nach dem 11. September 2001 genannt.

Für die Praxis und als Führungsinstrument ergeben sich folgende Fragestellungen:

1.3.2
Führungsinstrument: Ihr Beitrag zum Erfolg

Kernfragen

- **Wie können Sie durch Ihr Handeln und Wirken zum Erfolg beitragen?**
- **Welche Einflussfaktoren müssen Sie ganz besonders im Auge behalten?**
- **Kennen Sie die Faktoren, die von Ihnen nicht beeinflussbar sind und versuchen Sie proaktiv darauf einzuwirken?**
- **Sind Sie wachsam genug, um Veränderungen zu Ihren Gunsten oder Ungunsten rechtzeitig zu erkennen?**
- **Herrscht im Unternehmen die Erkenntnis, dass Führende und Mitarbeiter für nicht beeinflussbare Größen auch nicht verantwortlich gemacht werden können?**

3. *Wenn Erfolg nur zum Teil in Ihrer Hand liegt, dann müssen Sie sich umso mehr um den beeinflussbaren Teil ganz besonders bemühen. Folglich müssen Sie sich:*
4. *Von der „Erfolgstüchtigkeit" distanzieren und der „Leistungstüchtigkeit" mit vollem Herzen zuwenden.* Erfolgstüchtigkeit peilt verkrampft den Erfolg an. Leistungstüchtigkeit hingegen ist mit höchstem Engagement darauf ausgerichtet sein Bestes zu geben, Wertvolles zu bewirken. „Leistungstüchtigkeit ist Ausdruck psychischer Gesundheit, Erfolgstüchtigkeit dagegen Ausdruck des Misstrauens gegen sich selbst und ihr Trauma ist Misserfolgsangst.[50] Von dieser Misserfolgsangst sind sehr viele Manager geplagt, sie stehen vor dem Erfolgsdruck, vorgegebene Zahlen um jeden Preis vorlegen zu müssen. Gelingt das nicht, werden sie zum Versager abgestempelt. Deshalb können Menschen, die ständig unter Misserfolgsangst leben, nicht kreativ und innovativ sein, da sie sich dem tatsächlich Wertvollen nicht öffnen können, wenn sie nur den Gewinn glorifizieren, egal auf welchem Wege er erreicht wird. Allein der Mensch geht dabei leer aus. Sollen Ihr Unternehmen und Sie persönlich nachhaltig erfolgreich sein, müssen sie wissen, warum Sie und das Unternehmen bisher erfolgreich waren und sind.

Von der Erfolgstüchtigkeit zur Leistungstüchtigkeit

Für die Praxis und als Führungsinstrument ergeben sich folgende Fragestellungen:

1.3.3 Führungsinstrument: Nutzen Sie Ihre erfolgsabhängigen Aspekte

Kernfragen

- **Kennen Sie die erfolgsabhängigen Aspekte, die von Ihnen beeinflussbar sind?**
- **Was unternehmen Sie, um diese nicht aus dem Fokus zu verlieren?**
- **Nutzen Sie diese auch maximal?**
- **Können Sie Leistung erbringen, weil Sie einen Sinn dahinter sehen?**
- **Wo bieten sich weitere Sinn-möglichkeiten?**
- **Wie können Sie auf Grund Ihrer Fähigkeiten und Geisteshaltungen besser als Ihre Mitbewerber Werte für Ihre Stakeholder schaffen?**
- **Welche Werte sind ganz besonders gefragt?**

---
50 Böckmann, W.: a. a. O., S. 93.

Nachhaltiger Erfolg setzt das Sinnvolle voraus

5. *Erfolg im nachhaltigen Sinne kann niemals Erfolg gegen oder auf Kosten anderer und/oder der Umwelt sein. Nachhaltiger Erfolg muss immer das Sinn-volle, das Gute für alle Beteiligten intendieren. Nachhaltiger Erfolg ermöglicht win-win-win-Möglichkeiten für alle Beteiligten. Nachhaltiger Erfolg orientiert sich an einer Sinn-Vision, einem sinnvollen Unternehmensauftrag, der „notwendig" ist, weil er eine gesellschaftliche und/oder wirtschaftliche „Not wendet".*
6. *Nachhaltiger Erfolg basiert auf Vertrauen. Vertrauen aber setzt eine ethisch fundierte Geisteshaltung der Führenden und Mitarbeiter voraus.*

Für die Praxis und als Führungsinstrument ergeben sich folgende Fragestellungen:

1.3.4 Führungsinstrument: Kennen Sie Ihre sinn-vollen und vertrauensfördernden Erfolgsfaktoren?

Kernfragen

- **Versuchen Sie Ihr Bestes zu geben und ständig darüber nachzudenken, was Sie, noch besser zum Unternehmenserfolg, besonders unter dem Aspekt des gesellschaftlichen Nutzens beitragen können?**
- **Sind alle Ihre Unternehmensmitglieder ständig bemüht darüber nachzudenken, wie das Unternehmen noch besser auf Kundenwünsche und -bedürfnisse eingehen kann?**
- **Sind alle Ihre Mitarbeiter genügend sensibilisiert Anregungen und Beschwerden von Seiten der Kunden wahrzunehmen?**
- **Handeln alle Unternehmensmitglieder diesbezüglich proaktiv?**
- **Leben Sie ein Wertesystem, das eine Vertrauenskultur zulässt?**
- **Sind alle Unternehmensmitglieder motiviert immer wieder darüber nachzudenken, wie das Vertrauen von Seiten aller Stakeholder verbessert werden kann?**

An etwas Wertvollem mitwirken

7. *Nachhaltiger Erfolg erfordert, dass alle Unternehmensmitglieder das Produktions- und Leistungsprogramm des Unternehmens ethisch mittragen können. Dass die Mitarbeiter wissen, dass sie an etwas Wertvollem mitwirken. Darin liegt die Quelle für Selbstmotivation und Engagement, sinn-voll einen Beitrag zum Ganzen zu leisten, jenseits von selbstsüchtigem Eigeninteresse.*

Für die Praxis und als Führungsinstrument ergeben sich folgende Fragestellungen:

1.3.5 Führungsinstrument: Was verbessert Ihre Reputation und die Ihres Unternehmens?

Kernfrage

- **Denken vor allem Sie und Ihre Führenden immer wieder darüber nach, warum Kunden gerade diesem Unternehmen vertrauen sollen?**
- **Kennen wirklich alle Mitarbeiter die Vision und den Sinn des Unternehmens?**
- **Wissen alle Mitarbeiter, dass sie an etwas Sinn-vollem mitwirken und dass ihre Arbeit deshalb von Wert ist?**
- **Entfacht Ihre Vision Begeisterung bei Führenden und Mitarbeitern, die einen inneren Verbesserungsprozess ermöglicht?**

Je intensiver die Auseinandersetzung mit diesen Fragestellungen erfolgt, desto präziser ergeben sich Prägung und Deutung und damit auch Profilierung und Einzigartigkeit Ihrer Persönlichkeit und Ihres Unternehmens.

Sowohl materielle Wertorientierung als auch immaterielle Werteorientierung

Hier wird für ein striktes „Sowohl als Auch" plädiert, für eine bewusste Zusammenführung der materiellen Wert-Orientierung mit einer immateriellen Werteorientierung mit Blick auf die Unternehmensvision, die strategische Ausrichtung sowie die Gestaltung der Steuerungssysteme. Es ist an der Zeit das Verhältnis zwischen Unternehmenswert (shareholder value) und bestimmten Unternehmenswerten im Sinne einer wertebalancierten Unternehmensführung (Balanced Values Management) neu zu bestimmen.[51]

Nachhaltiger Erfolg erfordert einen Balanceakt zwischen:
materieller Wertorientierung und immaterieller Werteorientierung,
leidenschaftlicher Professionalität und Menschlichkeit bzw.
Organisationsentwicklung und Persönlichkeitsentwicklung.

Dieses Verständnis ist keineswegs neu. Nachzulesen in einem 1912 erschienenen Buch:

51 Vgl. Von Mutius, B.: a. a. O., S. 9 ff.

Beispiel

Vom Ziel der Geschäfte

Dass Geschäfte gemacht werden um Geld zu verdienen, scheint vielen ein so selbstverständlicher Satz, dass er nicht erst ausgesprochen zu werden braucht.

Dennoch habe ich noch niemals einen wahrhaft großen Geschäftsmann und Unternehmer gesehen, dem das Verdienen die Hauptaufgabe seines Berufes war und ich möchte behaupten, dass wer am persönlichen Geldgewinn hängt, ein großer Geschäftsmann nicht sein kann.

W. Rathenau: „Reflexionen", Leipzig 1912

Ein verantwortetes Wertesystem schafft Werte

Dieses Verständnis ist lediglich in den vergangenen Jahren durch eine einseitige Überbetonung der materiellen Wertsteigerung zum Opfer gefallen. Die Interessen der Kapitalgeber (shareholder value) waren auf einmal wichtiger als alles andere. Das Shareholder-value-Denken führt, wie sichtbar, in eine verdummende Einäugigkeit. Der frühere Chef der Deutschen Bank sagte einmal dazu: Ein Unternehmen braucht Gewinn, wie ein Mensch die Luft zum Atmen. Ein Mensch, der aber nur auf der Welt wäre um zu atmen, hätte genauso seinen Zweck verfehlt, wie ein Unternehmen, das ausschließlich nach Gewinn strebt.

Soll heißen, dass Unternehmen ein ganzes Bündel von Zielen anstreben sollen, wobei „Geld machen" nur eines davon ist. Erfolgreiche Unternehmen und Führungspersönlichkeiten orientieren sich darüber hinaus an ganz bestimmten Grundwerten und einem übergeordneten Auftrag und Unternehmenszweck jenseits von Gewinn.

Beispiel

Der sehr erfolgreiche und mit mehrfachen Auszeichnungen bedachte Nürnberger Unternehmer, Klaus Kobjoll, bringt sein Erfolgskonzept auf den Punkt. Sein Motto: „Wenn die Kunden begeistert, die Mitarbeiter erfolgreich gemacht werden und gesellschaftliche Verantwortung übernommen wird, dann ist der Gewinn automatisch ein reines Abfallprodukt"

Wertorientierung erfordert betriebswirtschaftliches Denken und Handeln zeigt sich im Ergebnis Gewinn. Dies setzt voraus, dass Ihr Umsatz die Kosten übersteigt. Werteorientierung hingegen bedeutet eine Ausrichtung Ihres Unternehmenszweckes auf ein gelebtes und ein im höchst ethischen Sinne verantwortetes Wertesystem um Werte für alle Stakeholder zu schaffen.

In Zeiten verschärften Wettbewerbes wird es für Sie immer schwieriger die Gewinne zu halten und schon gar sie zu erhöhen. Sämtliche unternehmerischen Maßnahmen Kosten zu senken und Umsatz bzw. Gewinn zu erhöhen sind nicht nur gerechtfertigt, sondern ein betriebswirtschaftlicher, gesamtwirtschaftlicher und gesellschaftlicher Imperativ. Die Frage ist nur, WIE erreichen Sie Gewinn bzw. wie senken Sie Kosten? Handelt es sich um ausschließliche Gewinnorientierung oder ist der Gewinn Folge von betriebswirtschaftlichem know how und einer verantwortungsvollen Ausrichtung Ihrer Unternehmensstrategien, orientiert an einem konkreten Unternehmenszweck im Sinne eines Werteschaffens für die Stakeholder. Erfolgreiche Unternehmen orientieren sich dabei in ihren Entscheidungen zunächst an Kunden und Mitarbeitern und haben primär deren Erfolg im Auge. Sie konzentrieren sich, wie oben erwähnt, voll auf „Leistungstüchtigkeit" und lassen sich von „Erfolgstüchtigkeit" im Sinne von um jeden Preis Kosten senken oder kurzfristige Gewinne steigern oder mit Billigpreisen Kunden „ködern" nicht gängeln.

Haltung schlägt Methodik

Beispiel

Hier sei der Vorstand der Raiffeisenbank Kempten, Herr Rainer Schaidnagel, erwähnt, der seine Bank sehr erfolgreich führt. Sein Credo: „Jede Einsparung, die zu Lasten des Kunden geht ist schlecht, jede Einsparung, die ein Mitarbeiter im Unternehmen nicht versteht, ist ebenfalls schlecht, da sein schlechtes Gefühl zu Lasten des Kunden geht! Fazit: Optimiere Deine Kosten – aber nie auf dem Rücken des Kunden und des Mitarbeiters!"

Wer nur auf Kosten und Gewinn orientiert ist, vergisst das Wesentliche, vergisst die Stakeholder. Nachhaltiger Erfolg erfordert ein Umdenken: Zunächst die Bedürfnisse und den Nutzen der Stakeholder im Auge zu haben und hier sein Bestes zu geben, hier Positives, Sinn-volles zu bewirken. Sind die Kunden begeistert und die Mitarbeiter motiviert, stimmen auch die Zahlen.

Nachhaltiger Erfolg bewährt sich darin, des Erfolges würdig zu sein. Im Zusammenhang mit Führung und Arbeitswelt bedeutet dies über die Gewinnorientierung hinaus eine Wiederbesinnung auf die durch die Unternehmenstätigkeit mögliche Werte-Verwirklichung. Auf die Möglichkeit durch Ihren Auftrag und Unternehmenszweck die Welt ein kleines bisschen besser zu hinterlassen, als Sie sie vorgefunden haben.

Um des Erfolges würdig zu sein, müssen Sie also *GEBEN*, müssen Sie einen *SINN-BEITRAG* leisten. *Und diese Möglichkeit Erfolg „er-folgen" zu lassen, liegt in Ihrer Hand.* Je besser es Ihnen aufgrund intensiver Bemühungen gelingt Ihre Stakeholder durch

Ihr sinn-volles Handeln erfolgreicher zu machen, desto erfolgreicher sind Sie selber. Denn *„Erfolg ist die Folge sinn-vollen Handelns."*[52]

Was aber ist Sinn und was hat Sinn mit Erfolg zu tun? In den weiteren Kapiteln wird Sinn und Sinnerfüllung ausführlich beschrieben, deshalb soll an dieser Stelle nur so viel vorweggenommen werden, dass sein Zusammenhang mit dem Erfolg nachvollzogen werden kann.

Das Sinnbedürfnis ist nach Frankl das tiefste und menschlichste aller Bedürfnisse. Sinn kann aber nicht gefordert, erwartet, erhofft, sondern Sinn muss gefunden werden und zwar durch verantwortetes Handeln. Sinn erfordert, dass der Mensch aufhört vom Leben und von der Arbeit zu erwarten und zu fordern. Sinn erfordert Umdenken, erfordert ein Denken vom „Ganzen" her. Die Ausgangsfrage für sinnvolles Handeln lautet:

Kernfragen

- **Wo und wie können Sie Werte für andere Menschen schaffen? Was können Sie zum besseren Gelingen des ganzen Unternehmens beitragen?**
- **Wie können Sie sich Ihren Aufgaben hingeben?**
- **Wie können sie sich auf die Ihnen anvertrauten Menschen ganz einlassen, Sie erfolgreicher machen?**
- **Worin liegt Ihr persönlicher Beitrag zum Ganzen?**
- **Was würde dem Unternehmen, der Welt fehlen, wenn es Sie nicht gäbe?**[53]
- **Was könnten Sie noch geben?**

Sinnfindung bedeutet also einen Grund für Ihr Engagement, für Veränderungen, für das Für- und Miteinander im Unternehmen zu finden.

Sinnspuren hinterlassen

Sinn bedeutet immer Verwirklichung von Werten. Werte sind die Leitplanken für ein gelingendes Leben und Arbeiten, für ein fruchtbringendes Zusammenwirken innerhalb eines Unternehmens. Werte geben Ihnen und Ihren Mitarbeitern Orientierung darüber, was anzustreben und was abzulehnen ist, was höher und was niedriger zu bewerten ist, was vorzuziehen und was zurückzuziehen ist. Sinn ist somit sowohl ein individueller als auch ein überindivi-

52 Böckmann, W.: a. a. O., S. 112.

53 Pircher-Friedrich, A.: Sinn-orientierte Führung in Dienstleistungsunternehmen – ein ganzheitliches Konzept, Augsburg 2001.

dueller (transsubjektiver) Maßstab. *Sinn intendiert immer das Gute für alle,* das Sorge tragen für andere Menschen, nicht das Egoistische auf Kosten anderer. Sinnfindung durch Werteverwirklichung ist die Grundlage gelingenden, erfolgreichen Lebens und Arbeitens, bringt dem Einzelnen und den Beteiligten Freude, Harmonie, Lebensqualität und bewirkt damit höhere Qualität der Leistungen und bessere Betriebsergebnisse.

Kernsätze

Sinnvoll ist:

- **Was eine überragende Chance hat, Gutes zu bewirken;**
- **Was das Wohl aller Beteiligten mitbetrachtet;**
- **Was frei von selbstsüchtiger Motivation ist;**
- **Was im „Hier und Jetzt" äußerst konkret ist;**
- **Was nicht überfordert und nicht unterfordert;**
- **Was mit erfahrenen Mitmenschen konsensfähig ist;**
- **Was einem die Kraft „es zu wollen" zufließen lässt.**[54]

Werte – Energiezentren für Spitzenleistungen

Sinn und Werte sind der Nährstoff für Menschen und Unternehmen. Sie sind Energiezentren, die Sie zu Spitzenleistungen bewegen und Sie nachhaltig erfolgreich machen. Der Nachholbedarf, der sich hier auftut, ist enorm.

Diese Energiezentren können ausgeschöpft werden, wenn die potenziellen, geistigen Kräfte der Menschen in Unternehmen entfacht werden, wenn Führende und Mitarbeiter eine entsprechende Geisteshaltung entwickeln. Dies macht den Unterschied zwischen einer Ansammlung von Individuen innerhalb eines Unternehmens, die alle ihrem beschränkten Eigeninteresse hinterherlaufen und einem Team, das von der Idee beseelt ist den Kundennutzen und das Schaffen von Werten für alle Stakeholder in den Mittelpunkt zu stellen. Sie sind also aufgefordert, bei den Mitarbeitern einem Wertedenken von den Kunden und den übrigen Stakeholdern her, auf die Sprünge zu helfen, indem sie Rahmenbedingungen für sinn-volles Engagement schaffen, das Werteverwirklichung für alle zulässt. Denn:

Entscheidend für den nachhaltigen Erfolg ist nicht nur wie viel Gewinn „schnell" erreicht wird, sondern was durch die Unternehmenstätigkeit

54 Lukas, E.: Lebensstil und Wohlbefinden – Logotherapie bei psychosomatischen Störungen, Wien 1999, S. 21.

im Leben der Kunden und übrigen Stakeholder im Hinblick auf deren Lebensqualität „be-wirkt" wird.

Eine derart ganzheitliche und auf das gesellschaftliche Engagement strategische Ausrichtung der Unternehmenstätigkeit wird mit dem Begriff *„Corporate Citizenship"* umschrieben. Hier stellt sich zum Beispiel die Frage: Können tatsächlich klassische Geschäftsziele einer zum Beispiel multinationalen Firma mit eher altruistischen Motiven in Entwicklungsländern kombiniert werden, so dass auch wirklich alle etwas davon haben? Hewlett-Packard tut es, und es scheint tatsächlich zu funktionieren.[55]

Sinn und Werte – Katalysatoren für unternehmerische Prosperität

Es ist an der Zeit den Begriff *Corporate Citizenship* unternehmensweit durch Sinn- und Werteorientierung mit Leben zu erfüllen. Denn ethisch fundiertes Handeln ist Voraussetzung für Glaubwürdigkeit seitens aller Stakeholder und demnach nachhaltigen Erfolg. Auch diese Erkenntnis ist nicht neu. Hat doch bereits Max Weber nachgewiesen, dass Unternehmen und Regionen, in denen christliche Werte gelebt werden, wirtschaftlich erfolgreicher sind. Die zentrale Fragestellung dazu muss also lauten:

Kernfrage

- **Wie können Sie Werte für alle Stakeholder schaffen, damit eine angemessene Kapitalverzinsung gesichert werden kann?**

Folgendes Führungsinstrument kann helfen, über das mögliche Werteschaffen für die Stakeholder zu reflektieren:

1.3.6
Führungsinstrument: Schaffen von Werten für die Stakeholder

Stakeholder	Werteerwartung der Stakeholder
Kunden	• Angebot sinnvoller Leistungen, die dem Kunden einen menschlichen Mehrwert bringen • Erwartungsgemäßes Preis-Leistungs-Verhältnis • Qualität der Leistungen • Befriedigung der materiellen und immateriellen Bedürfnisse • Intakte zwischenmenschliche Beziehungen • Beitrag zur Lösung humaner Defizite

55 Vgl. Harvard Business Review 8/2003.

Stakeholder	Werteerwartung der Stakeholder
Mitarbeiter	• Sinnvolle Arbeit • Sinnvolle Rahmenbedingungen • Mit innerer Bejahung und Hingabe die Arbeit leisten • Motivation zur Übernahme von Eigenverantwortung durch Vorleben von Werten und Fördern sinnvoller Beziehungen • Sicherer Arbeitsplatz • Attraktives Einkommen • Gute zwischenmenschliche Beziehungen zu Führenden, Kollegen und Mitarbeitern • Persönliche Entwicklungsmöglichkeiten • Das Gefühl, dass die Arbeit „von Wert" ist • Anerkennung für gute Leistungen
Lieferanten	• Sicherer Absatzmarkt • Termingerechte Bezahlung • Respektvoller Umgang
Partner in strategischen Netzwerken	• Sinnvolle Zusammenarbeit und Kooperation • Gegenseitiges Vertrauen • Gegenseitige Unterstützung • Offenheit
Gesellschaft	• Engagement für gesellschaftliche Werte • Auslösen von sinnvollen Veränderungen durch sinnvolle Interaktionen mit der Unternehmensumwelt • Veränderung der Umwelt im positiven Sinne durch Veränderung der Einstellungswerte.

Sinn – die Quelle echter Motivation

In einem Klima der Sinn-orientierung und Werteverwirklichung findet sich der genetische Code einer nachhaltigen, erfolgreichen Veränderung zugunsten aller Beteiligten. Sinn- und werteorientierte Führung ist motivationsorientiert. Sie überzeugt alle Unternehmensmitglieder, dass es sich lohnt, wertvolle Unternehmensziele zu verfolgen. Sie ist die Basis für langfristiges Vertrauen.

> So wird aus einer ökonomischen Zweckmaschine eine sinn-orientierte Wertegemeinschaft innerhalb einer Vertrauenskultur mit professioneller Leidenschaft und Menschlichkeit.

Eine zukunftsfähige Führungsarchitektur als Basis für nachhaltigen Erfolg im Sinne von einzigartiger Qualität basiert auf dem „Wertefundament" und orientiert sich gleichzeitig an Organisationsent-

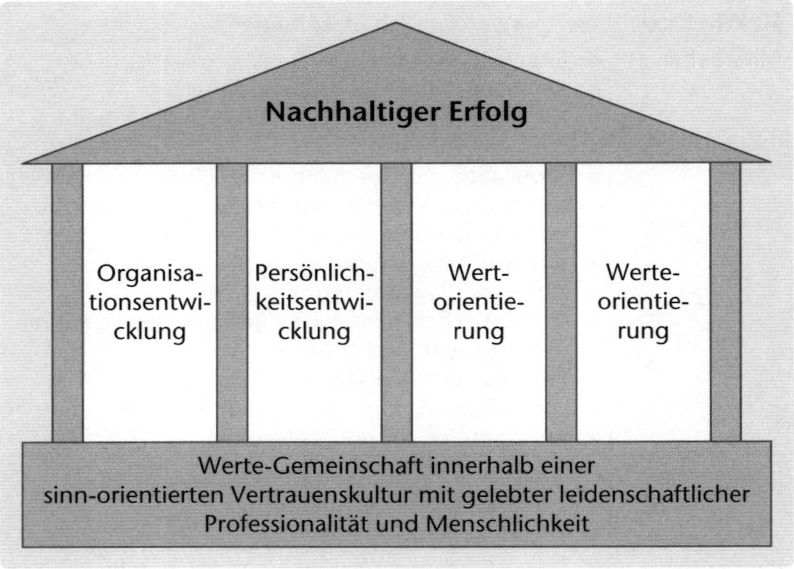

Abbildung 7: **Nachhaltiger Erfolg durch sinn- und werteorientierte Führung**

wicklung und Persönlichkeitsentwicklung, sowie Wert- und Werteorientierung (Abbildung 7).

Nachhaltiger Erfolg wird demnach in Zukunft vor dem Hintergrund wachsender Komplexität und verschärften Wettbewerbes weitgehend, wenn nicht sogar vollständig, von der geistigen Qualität der Führung und der Mitarbeiter abhängen.

1.4
Zusammenfassung Kapitel 1

Es gibt Leistung ohne Erfolg,
aber keinen Erfolg ohne Leistung.

La Rochefoucauld

Nachhaltiger Erfolg heißt Sichtweisen ändern: →	
Von	**Zu**
• Entweder – Oder	• Sowohl – als – Auch
• Linearem, einseitigem Denken	• Ganzheitlichem Denken
• Nehmen	• Zuerst Geben
• Ansammlung von Wissen	• Selbstgestaltungsbereitschaft
• Wohlstand	• Wohlstand und Lebensqualität
• Organisationsveränderung	• Organisationsveränderung und Persönlichkeitsentwicklung
• Materieller Wertorientierung	• Wertebalancierter Unternehmensführung
• Produktqualität	• Produktqualität und Beziehungsqualität
• Alleingang	• Kooperationsfähigkeit
• Fachkompetenz	• Ganzheitliche Kompetenz
• Gewinner – Verlierer – Denken	• Win-Win-Denken
• Krankheit heilen	• Gesundheit erhalten
• Destruktivität	• Menschlichkeit
• Eigennutz	• Denken vom Du her, von den Stakeholdern her, Nutzen für alle
• Erfolg er-zielen	• Des Erfolges würdig sein
• Erfolgstüchtigkeit	• Leistungstüchtigkeit
• Quantitative Marktführerschaft	• Qualitative Marktführerschaft
• Professionalität	• Professionalität und Menschlichkeit

Eine wertebalancierte Unternehmensführung

Folgende Fabel macht sehr wirkungsvoll auf ein weit verbreitetes Phänomen im Zusammenhang mit Veränderungen aufmerksam: Neuerungen werden nicht immer ganz sachgemäß beurteilt, sondern die Betroffenen urteilen einzig und allein danach: Dient das meinen Interessen?

Beispiel

Renovierung nicht für Spatzen

Eine alte Kirche wurde von Grund auf renoviert. In dem Gemäuer hatten zahlreiche Spatzen ihre Nester gebaut, aus denen sie nun vertrieben wurden. Als die Kirche in neuem Glanz dastand, kehrten die Spatzen zurück, um wieder ihre Nester in Besitz zu nehmen. Erstaunt stellten sie fest, dass alles zugemauert war. „Wozu war denn der ganze Umbau nütze?“, schrien sie empört. „Kommt, in diesem unbrauchbaren Steinhaufen können wir nicht wohnen!“ Schimpfend flogen die Spatzen auf und davon.[56]

Dieser egoistischen, einseitigen Haltung entgegen sollen in den folgenden Kapiteln Möglichkeiten aufgezeigt werden, Ihr Bewusstsein und Ihre persönliche Haltung selber so zu entwickeln, dass Ihre angestrebten Ziele erfolgreich zum Nutzen für Sie und alle Stakeholder erreicht werden können.

56 Nölke, M.: Anekdoten Geschichten Metaphern für Führungskräfte, Planegg b. München 2002.

2. Menschenbilder

◆

Kümmern wir uns um die Luxusprobleme von Wenigen? Vernachlässigen wir darüber Forschungsfelder, die für viele Menschen überlebenswichtig sind? Zuerst und zuletzt geht es um Werteentscheidungen. Wir müssen wissen, welches Bild vom Menschen wir haben.

Johannes Rau[57]

Sowohl umweltpolitisch als auch ökonomisch brauchen wir für die Zukunft Menschenbilder, die die Stellung des Menschen in der Welt und seine Verantwortung für die Welt neu definieren.

Rolf Oerter

Kernfragen

- **Ist Ihnen bewusst, dass Menschenbilder wichtige konstituierende Elemente menschlichen Denkens und Handelns sind?**
- **Wissen Sie, welches Welt- und Menschenbild Ihr Erkennen, Denken und Handeln leitet?**
- **Sind Sie sich der daraus resultierenden Konsequenzen bewusst?**
- **Haben Sie schon einmal darüber nachgedacht, warum das gängige Menschenbild von mehreren Seiten in Frage gestellt wird?**
- **Ist Ihnen bewusst, dass der Zukunftserfolg wesentlich von Ihren Mentalmodellen, Ihrem Denken abhängt?**

57 Hinterhuber, H., Heuser, M. P., Meise, U.: Bilder des Menschen, Innsbruck 2003.

2.1
Warum Menschenbild und Weltbild für den nachhaltigen Erfolg so bedeutend sind

Gregory Bateson

Das Charakteristische eines Menschen,
was es auch sein mag, ist nicht etwas an ihm,
sondern eher ein Charakteristikum dessen,
was zwischen ihm und etwas (oder jemand)
anderem vorgeht.

Lassen Sie uns zunächst der Frage nachgehen, was Menschen- und Weltbilder sind und wie sie entstehen. Sie lernen die verschiedenen Menschenbilder in der Betriebswirtschaftslehre und deren Auswirkungen auf Ihr Wahrnehmen, Denken und Führen kennen. Am Ende dieses Kapitels stelle ich Ihnen das ganzheitliche Menschenbild nach Viktor Frankl als mögliche Quelle für Erfolg und Lebensqualität dar.

2.1.1
Die Entstehung von Welt- und Menschenbildern

Peter Zürn

Es sind nicht die Verhältnisse,
die der Veränderung bedürfen, sondern es ist
unser Verhalten.

Welt- und Menschenbild – Grundlage für Denken und Handeln

Die These, dass nachhaltiger Erfolg Professionalität und Menschlichkeit im Sinne von Integrität voraussetzt, und dass die „Human Resource" als Quelle für die neue Basisinnovation gilt, stellt Sie vor entscheidende Herausforderungen. Diese Herausforderungen beginnen für Sie mit einer intensiven Auseinandersetzung mit den althergebrachten Fragestellungen: Was ist der Mensch? Was ist Ihr Menschen- und Weltbild als Grundlage Ihres wirtschaftlichen und ethischen Denkens und Handelns. Diesbezüglich brauchen Sie einen neuen Standpunkt, wenn die in Kapitel 1 aufgezeigten Thesen realisierbar werden sollen. Wenn zum Beispiel eine neue Kultur der Zusammenarbeit, eine bessere Qualität zwischenmenschlicher Beziehungen und die Überwindung destruktiver Verhaltensweisen eine Chance haben sollen, dann brauchen Sie und wir für die Wirtschaft ein neues Menschenbild. Ein Menschenbild, das dem Menschen in seiner ganzen Würde entspricht. Die berechtigte und viel diskutierte Frage: Was macht das spezifisch Menschliche aus, ist gerade jetzt vor dem Hintergrund der dargestellten Entwicklungen von ganz besonderer Bedeutung.

> Ein Mensch erkennt den krassen Fall,
> es menschelt deutlich überall.
> Und trotzdem findet weit und breit,
> oft keine Spur von Menschlichkeit.
>
> *Eugen Roth*

Lassen Sie uns zunächst der Frage nachgehen, was Menschen- und Weltbilder sind: Menschenbilder sind Konstruktionen oder Konstrukte, die von Laien und Wissenschaftlern als Teil ihres Weltbildes implizit oder explizit entworfen werden, um eine Gesamtorientierung des Urteilens und Handelns zu ermöglichen.[58]

Menschenbilder werden folglich weder einfach vorgefunden noch existieren sie unabhängig vom Menschen, sondern sie werden je nach Bedarfslage, Zielsetzung und weltanschaulicher Orientierung konstruiert.

Menschenbilder prägen Ihr Handeln und Ihr Erleben in allen zwischenmenschlichen Beziehungen, in der persönlichen Begegnung, in Unternehmen und in der Gesellschaft.

Vorgefundene Menschenbilder hinterfragen

In der Wissenschaft sind naturgeschichtliche, natur- und geisteswissenschaftliche Annahmen und Erkenntnisse über das Wesen des Menschen vor allem in philosophischen, psychologischen, biologischen, medizinischen, soziologischen, politischen, ökonomischen und theologischen Werken zu finden. Sie können sowohl als Idealkonzeptionen über das menschliche Wesen als auch als Orientierungsmuster zur Reduktion der Komplexität des Menschen und der Welt angesehen werden.[59] Die Deutung des Menschen ist dabei von einem übergeordneten Weltbild abhängig. Ändert sich das Bild der Welt, ändert sich auch das Bild vom Menschen und der Sinn menschlichen Daseins.[60] Welt- und Menschenbilder sind Folgen eines prägenden Paradigmas. Ein Paradigma ist gleichsam eine

58 Oerter, R.: Menschbilder als sinnstiftende Konstruktionen und als geheime Agenten, in Oerter, R.(Hrsg.) Menschenbilder in der modernen Gesellschaft, Stuttgart 1999, S. 1.

59 Hesch, G.: a. a. O., S. 16.

60 Moser, F.: Weltbild und Selbstorganisation im Management in Leadership Revolution, Aufbruch zur Weltspitze mit neuem Denken, Matheis (Hrsg.), 1995, S. 63.

Gesamtkonstellation von Überzeugungen, Werten und Verfahrensweisen, die von den Mitgliedern einer Gemeinschaft geteilt werden. Ein Paradigmenwechsel ist somit ein epochaler Umbruch in der Geschichte der Gesellschaft oder des Geistes.[61]

So war das Menschenbild des Mittelalters wesentlich metaphysisch orientiert (und auf Fragen des „Seins" konzentriert), wurde aber dann durch die Philosophie der Renaissance grundlegend erschüttert und die Philosophie der Aufklärung in Trümmer gelegt.[62]

Verkürzte Menschenbilder verhindern menschliches und unternehmerisches Wachstum und Erfolg

Das heute vorherrschende Weltbild stammt aus der Zeit vor der französischen Revolution und geht in seinen Grundzügen vorwiegend auf René Descartes (1596–1650), Isaac Newton (1643–1727) und Charles Darwin (1809–1882) zurück.[63] Descartes, als der Vater der modernen Philosophie, Mathematiker und Naturwissenschaftler, wollte die Welt quantifizieren und objektivieren. Sein Denkansatz war analytisch und kennzeichnete sich darin, die Probleme in ihre Einzelteile zu zerlegen, um sie in logischer Synthese nachzuvollziehen. So trennte er Geist und Materie, Subjekt und Objekt, als zwei von einander unabhängige Bereiche. Damit revolutionierte er das bis dahin existente Welt- und Menschenbild. Wissenschaft war für Descartes gleichbedeutend mit Mathematik. Seine rationalistisch-mechanistische Denkweise verleitete ihn dazu, im lebenden Organismus eine Maschine zu erblicken. So ist auch der Mensch, was seinen Leib als solchen anlangt, eine Maschine. Die Lebensbewegung als Ganze ist ein Teil der kosmischen Bewegung und kommt somit von außen. Der lebendige Körper sei wie eine Uhr, die aufgezogen wurde.[64] Auch für Newton läuft das ganze Universum wie eine riesige Maschine, die von strengen, unabänderlichen Gesetzen bestimmt ist. Die Individuen oder „Egos" verhalten sich wie Einzelatome, wie Teilchen, die im engen sozialen Raum aufeinanderstoßen. Hier zeigt sich der strenge Determinismus, der dem mechanistischen, Newton-kartesianischen Denken zugrunde liegt.

Descartes war überzeugt, dass alle Naturerscheinungen rational erfassbar und erklärbar sind und hat seine mechanistische Denk-

61 Hinterhuber, H. H. (1997): Strategische Unternehmensführung – II Strategisches Handeln, 6. Aufl., Berlin/New York 1997, S. 182.

62 Schlösser, H. J. Das Menschenbild in der Ökonomie, Köln 1992, S. 15.

63 Vgl. Moser, F.: a. a. O., S. 67 ff.

64 Vgl. Hirschberger, J.: Geschichte der Philosophie Band II Neuzeit und Gegenwart, 11. Auflage 1980, S. 112 ff. und Bibliographisches Institut F. A. Brockhaus AG, 2001.

weise auch auf Biologie, Medizin und Psychologie angewendet.[65] Descartes entwickelte die Grundlagen für einen neuen Vernunftbegriff, stellte die Vernunft auf sich selbst und machte sie mündig.

Von Charles Darwin wurde unser Menschenbild ebenfalls wesentlich geprägt. Darwin unterwirft die Entwicklung des Menschen zwei mechanisch wirkenden Faktoren: der Auslese im Kampf ums Dasein, wo nur die Stärkeren und Lebenstüchtigeren sich erhalten und der natürlichen Zuchtwahl, die wieder den Stärkeren zugute komme, so dass allmählich die Vorzüge der Lebenstüchtigeren so groß werden, dass man von einer neuen Art sprechen könnte.[66] Darwins Weltbild entspringt klassisch linearem Denken: Er musste sich die Evolution mit den ihm zur Verfügung stehenden Denkzeugen in jener legendären Ahnenreihe vorstellen, in der sich der Mensch (nicht „auf Vordermann" sondern) sozusagen auf Hinter-Affe durch die Jahrtausende der Evolution marschierend, allmählich zu seinem aufrechten Gang erhebt.

Dem Menschen in seiner ganzen Würde gerecht werden

Solange wir an einem Menschenbild festhalten, das eingeschworen auf die direkte Abkunft des Menschen vom Affen, den raubtierhaften Archetypus des Kriegers zu seinem Ahnherrn wählt und unserem Handeln in seinem Wesenskern Bestialität und Berserkertum zugrunde legt, müssen wir uns nicht wundern, wenn Menschen sich auch entsprechend verhalten."[67]

Wen wundert es, dass das Leben Darwin folgend, als ein „Kampf ums Dasein" gesehen wird, wo jeder gegen jeden steht, wo das Überleben der Tüchtigsten", das heißt der Brutalsten, als Maxime gesehen wird und das Leben – mit gewissen Einschränkungen – nach diesen Grundsätzen abläuft? So ist unser heutiges Denken, das sind die vorherrschenden Denkweisen."[68]

Wir haben ein ganzheitliches Weltbild verloren, wenngleich ausgehend von der Physik, insbesondere der Quantenphysik, durch die Hauptvertreter: Einstein, Bohr, Schrödinger, Heisenberg, C. F. v. Weizsäcker, Anstöße zu einem neuen, ganzheitlichen Welt-

---

65 Vgl. Störig, H. J.: Kleine Weltgeschichte der Philosophie S. 358 ff. und Bibliographisches Institut F. A. Brockhaus AG, 2001.

66 Vgl. Hirschberger, J.: Geschichte der Philosophie Band II Neuzeit und Gegenwart, 11. Auflage 1980, S.489 ff.

67 Furtwängler, J. P.: Das abendländische Menschenbild im Spiegel des Fremden in Bilder des Menschen, Hinterhuber u. a. (Hrsg.) Innsbruck 2003, S. 205.

68 Moser, F.: a. a. O., S. 66.

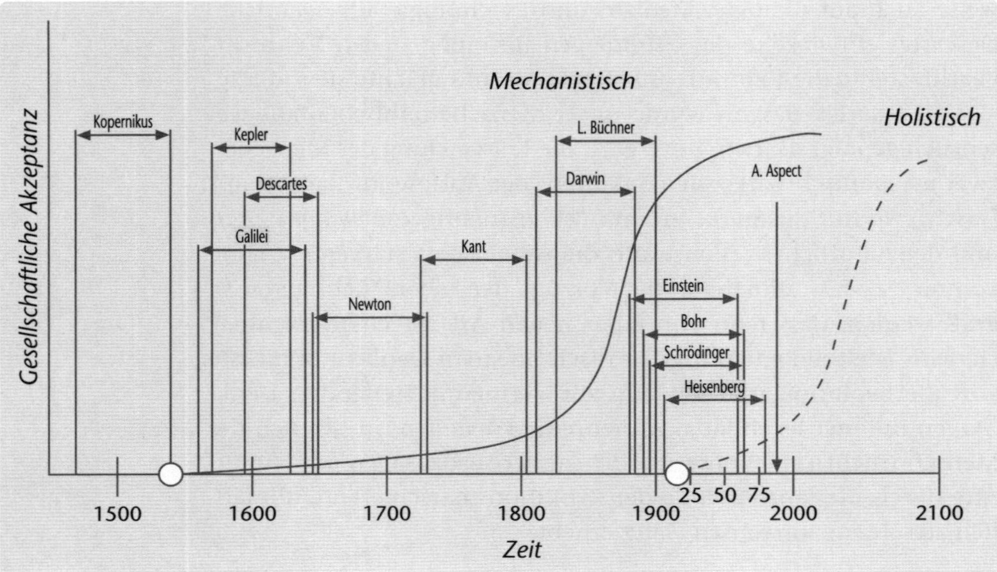

Abbildung 8:
Zeitablauf der Paradigmen[70]

bild kommen. Man kann sagen: „Wir stehen am Ende des naturwissenschaftlichen Zeitalters, des mechanistisch-rationalistischen Paradigmas und am Beginn eines neuen Zeitalters, das man ganzheitlich oder holistisch nennen kann."[69] (Abbildung 8)

Das rationalistisch-mechanistische Paradigma hat bis heute in unseren Köpfen die irrtümliche Auffassung tief verwurzelt, alle Probleme rational, monokausal, mechanistisch mit Hilfe von Vernunft, Analyse, Vorhersage, Planung, Kontrolle und vor dem Hintergrund einer objektiven Wirklichkeit, lösen zu können.

Kennzeichnend für das rationalistisch-mechanistische Paradigma ist der *Reduktionismus.* Dieser äußert sich in einer Rückführung komplexer Sachverhalte auf elementare Prinzipien wie zum Beispiel der geistigen Wirklichkeit auf die Materie oder im Reduzieren psychisch-geistiger Prozesse auf messbar physische Vorgänge. So arbeitet der Reduktionismus mit der Formel der Mensch ist „nur ..." oder „nichts als ...".

69 Moser, F.: a. a. O., S. 66.
70 Moser, F.: a. a. O., S. 62.

Ein weiteres Merkmal dieses Denkens zeigt sich im *Determinismus.* Darunter versteht man die eindeutige Bestimmtheit allen Geschehens durch Ursachen, aller späteren Ereignisse durch frühere. Besonders deutlich wird diese Haltung in unserer Auffassung alles planen und prognostizieren zu wollen sowie die Forderung nach Patentrezepten. Gravierende Folgen hat der Determinismus im Zusammenhang mit dem Menschen. Er schließt die Willensfreiheit des Menschen aus und entzieht ihm damit in letzter Konsequenz seine Würde. Dies wird in einer immer noch verbreiteten Haltung der absoluten Beherrschbarkeit und Berechenbarkeit von Menschen und sozialen Systemen deutlich.

Wachsende Komplexität erfordert ganzheitliches Denken

Eine weitere Eigenheit des rationalistisch-mechanistischen Denkens äußert sich im *Positivismus,* der sich darin zeigt, dass nur Tatsachen und Nachvollziehbares gelten. Werte und Normen finden hier keinen Platz. Eine „Alles ist machbar"- und „Alles ist erlaubt"-Haltung sind Folgen dieses Aspektes und können in absoluter Orientierungslosigkeit enden. Ein wesentliches Kennzeichen *ist das lineare, monokausale Denken,* in jeweils gradlinigen Zweierbeziehungen nach dem Muster „wenn, dann".

Dies führt dazu, dass wir die Probleme in ihre Einzelteile zerlegen und fragmentieren, um sie anscheinend besser zu verstehen. Der Preis, den wir dafür zahlen, zeigt sich darin, dass wir nicht mehr in der Lage sind die Konsequenzen unseres Handelns zu erkennen und dass wir die innere Verbindung zu einem umfassenden Ganzen verlieren.

Folgende Geschichte veranschaulicht diese Gesetzmäßigkeit:

Beispiel

Als drei Blinde auf einen Elefanten stießen, tat jeder seine Entdeckung lauthals kund. „Es ist ein raues Ding, groß und breit wie ein Teppich" erklärte der erste, der ein Ohr in der Hand hielt. Der zweite, der den Rüssel ertastet hatte, widersprach energisch: „Ich weiß, was es wirklich ist! Es ist ein langer hohler Schlauch." Und der dritte, der ein Vorderbein umschlungen hielt, verkündete: „Es ist groß und fest, wie eine Säule."[71]

Gibt es irgend einen Unterschied zwischen diesen drei Blinden und den Produktions-, Marketing- oder Forschungsleitern in vielen Unternehmen? Jeder meint genau zu wissen, unter welchen Problemen die Firma leidet, aber keiner weiß, wie die Arbeitsabläufe in seiner Abteilung mit denen der anderen Abteilungen zusammenspielen.

71 Senge, P. M.: Die fünfte Disziplin, 6. Auflage, Stuttgart 1998, S. 86.

Obige Geschichte endet bezeichnender Weise mit dem Satz: „So wie diese Männer zu ihrem Wissen kommen, werden sie nie begreifen, was ein Elefant ist.[72]

Dieses Weltbild und Denken, das immer noch vorherrschend ist und viele Lebensbereiche umfasst, ist wissenschaftlich überholt. In einer Welt zunehmender Komplexität und daraus resultierender Multikausalität kann es nicht mehr zielführend sein.

Trotzdem muss festgehalten werden, dass das mechanistisch-rationalistische Weltbild im Wesentlichen zu enormen Errungenschaften und zu Fortschritt in Wissenschaft, Technik und Wirtschaft geführt hat. Zu bedenken bleibt, was es an Schaden, an tiefen inneren und äußeren Krisen verursacht hat. Wir haben die innere Verbindung zu einem Ganzen verloren. Die Verbindung zu uns selber, zu unseren Mitmenschen und zur Natur.

Der Übergang von einem Paradigma zu einem anderen ist kein Spaziergang. Er fordert seinen Tribut. So erfordert der Übergang vom mechanistischen zum ganzheitlichen Welt- und Menschenbild Lernen, Lernen im in Kapitel 1 definierten Sinne.

Kernfrage

▶ **Dies fordert ein radikales Umdenken in Bezug auf Ihr Selbstbild, die Frage was andere Menschen für Sie sind und wie sich Ihre Beziehung zu Mensch, Arbeit, Umwelt und Kultur gestaltet.**

2.1.2 Der Einfluss der Welt- und Menschenbilder auf die Unternehmensführung und die Menschen

Der Intellekt hat ein scharfes
Auge für Methoden und Werkzeuge, aber er
ist blind gegen Ziele und Werte.

Albert Einstein

Das Menschenbild der klassischen Ökonomie entspricht im Großen und Ganzen dem aus dem 19. Jahrhundert stammenden, berühmt-berüchtigten Bild des „homo oeconomicus“. In mechanistisch, reduktionistischer Manier liegt seine Attraktivität darin, alles Nichtrationale und Anomale im menschlichen Verhalten auszublenden und auf diese Weise unliebsame „Störfaktoren“ loszuwerden.

72 Senge, P. M.: Die fünfte Disziplin, 6. Auflage, Stuttgart 1998, S. 86.

- Der Mensch ist im Grunde egoistisch.
- Er ist „Einkommensmaximierer".
- Der Mensch neigt von Natur aus zur Bequemlichkeit.
- Er hat kein eigenes Interesse an den Zielen (s)eines Unternehmens.
- Der Mensch muss geführt, d. h. sein Egoismus gezügelt und durch Kontrolle in Bahnen gelenkt werden.
- Er kann zu besonderer Leistung nur „extrinsisch", d. h. durch materielle Anreize motiviert werden.

Abbildung 9: **Das Menschenbild des homo oeconomicus**[73]

Der Managementlehre, die, aufbauend auf dem Prinzip eines ungebremsten Voluntarismus, Methoden und Instrumente zur Steuerung von Unternehmen anbieten möchte, kommt das natürlich gerade recht. Der *„Taylorismus"*, der in seinem Denkansatz die Führungslehre exakt auf das Newton-kartesianische Gedankengut aufbaut, liefert ein treffendes Beispiel dafür. Er sucht sich genau die Annahmen des homo oeconomicus heraus (vgl. auch Abb. 7), die dann geradezu zwingend eine „wissenschaftliche", sprich logisch-widerspruchsfreie Führung verlangen.

Einige Grundannahmen des homo oeconomicus zeigt Abbildung 9.

Egozentrische Selbstverwirklichung führt in die Irre

Dem Taylorismus folgte das von Elton Mayo und der *Human-Relations-Bewegung* inspirierte soziale Menschenbild. Der Einzelne fügt sich den Normen seiner Gruppe und strebt nach Anerkennung, Nähe und Zugehörigkeit. Abraham Maslow und die Renaissance des Ichs förderten schließlich das Bild vom sich selbstverwirklichenden Menschen. Selbstverwirklichung scheint oberstes Gebot zu sein, unter dessen Firmenschild vielfach Egoismus praktiziert wird.

Der menschliche Egozentrismus hat sich in der Wirtschaft längst durchgesetzt und treibt neue Blüten. Die Ich-Ära erlebt ihren Boom, der Bezug zum „Du" und die Fähigkeit zum „Dienen" verringern sich zusehends.

In den Führungsmodellen, Führungsanweisungen, Unternehmensleitbildern etc. der Wirtschaftsunternehmen haben in den letzten Jahrzehnten insbesondere die Überlegungen nach und von *McGregor* Eingang gefunden.[74]

---

73 Vgl. Hesch, G.: a. a. O., S. 72.

74 Matthiesen, K. H.: Kritik des Menschenbildes in der Betriebswirtschaftslehre, Stuttgart, Wien 1995.

Theorie X

- Der durchschnittliche Mensch hat Abneigung gegen die Arbeit.
- Die meisten Menschen sind nicht ehrgeizig, haben wenig Lust zu Verantwortung.
- Sie wollen lieber geführt werden.
- Sie haben nur geringe Vorstellungskraft.
- Sie sind unkreativ bei der Lösung betrieblicher Probleme.
- Motivationen spielen sich nur auf der Ebene körperlicher Bedürfnisse und des Sicherheitsbedürfnisses ab.
- Menschen müssen kontrolliert werden und zur Verfolgung betrieblicher Ziele gezwungen werden.

Abbildung 10:
Das Menschenbild der Theorie X[75]

Dem vorherrschenden Menschenbild – Theorie X – wird ein modernerer Idealtyp – Theorie Y – gegenübergestellt (Abbildung 10 und 11).

Theorie Y

- Arbeit ist genauso natürlich wie ein Spiel.
- Der Mensch hat Spaß an der Arbeit.
- Er ist bereit Verantwortung zu übernehmen und kann auch Menschen führen.
- Er ist kreativ und hat eigene Ideen zur Lösung innerbetrieblicher Probleme.
- Er ist bereit sich selbst zu kontrollieren, um betriebliche Ziele zu erreichen.
- Er kann sich auch selbst führen und Vorstellungskraft bei der Arbeit entwickeln.
- Motivationen spielen sich auf der Ebene des Bedürfnisses nach Zugehörigkeit, Wertschätzung und Selbstverwirklichung ab.
- Der Mensch strebt gleichzeitig nach körperlicher wie sozialer Sicherheit.
- Motivation durch Zutrauen und zugestandene Selbstverantwortung.

Abbildung 11:
Das Menschenbild der Theorie Y[76]

Die Theorie McGregors wurde 1971 durch J.M. Colin und 1981 durch W.G. Ouchi zur Theorie Z ausgebaut:[77]

75 Detzer, K. A.: Homo oeconomicus und homo faber – dominierende Menschenbilder in Wirtschaft und Technik? in Oerter, R. (Hrsg.) Menschenbilder in der modernen Gesellschaft, Stuttgart 1999, S. 109.

76 Ebenda, S. 109.

77 Detzer, K. A.: a. a. O., S. 109.

Theorie Z

- Mensch strebt nach Vertrauen.
- Vertrauen und Produktivität sind vereinbar.
- Mitarbeiter wollen in die Organisation einbezogen sein.
- Menschliche Beziehungen sind komplex und veränderlich.
- Man muss mit Menschen vorsichtig „subtil" umgehen.
- Vorsichtiger Umgang mit ihnen und Achtung ihrer komplexen Strukturen führt letztlich auch zu Produktionssteigerung.

Abbildung 12:
Das Menschenbild der Theorie Z

Somit ist das jeweilige Bild vom Menschen (Mitarbeiter, Kunden etc.) entscheidend für die Entwicklung und Umsetzung von Führungsmodellen, Verhaltensrichtlinien und Gestaltungsempfehlungen, von Maßnahmen zur „Motivierung" der Mitarbeiter und Steigerung der „Kundenorientierung" etc. Folglich kann man den Menschen durch das Bild, das man von ihm hat, *konditionieren,* d.h. es bilden sich Reiz-Reaktionsketten, die nur schwer gelöscht, sprich verlernt werden können.

Deshalb fühlen sich Mitarbeiter aber auch Kunden unter Zugrundelegung eines Menschenbildes, das dem Wesen ihres „Menschseins" nicht oder nur teilweise entspricht, nicht respektiert und ernstgenommen. Fehlende Motivation bzw. Loyalität ist die mögliche Folge.

Verkürzte Menschenbilder können fehlende Motivation und fehlende Loyalität bewirken

Eine weitere Differenzierung obiger Menschenbilder führte zur Konzeption von vier Menschentypen in der Wirtschaft:

- Rational oeconomic man
- Social man
- Self-actualizing man
- Complex man[78]

Das dominante Bild in Betriebswirtschaftslehre und Praxis sieht der Systemtheoretiker Heinz von Foerster im Menschenbild der „trivialen Maschine". Er hat die grundlegenden Unterschiede zwischen „trivialen" und „nicht trivialen" Maschinen dargestellt: Eine „triviale" Maschine ist definiert durch einen Input X, einen Output Y und eine Funktion F. Dies bedeutet, dass man anhand des Inputs den Output bestimmen kann. Bei „nichttrivialen" Maschinen hingegen kann die Antwort auf eine bestimmte Eingabe nicht sicher

78 Detzer, K. A.: Homo oeconomicus und homo faber – dominierende Menschenbilder in Wirtschaft und Technik? In Oerter, R. (Hrsg.) Menschenbilder in der modernen Gesellschaft, Stuttgart 1999, S. 109.

Dimension	Thesen zur Kritik betriebswirtschaftlicher Menschenbilder	... deren Folgen für die betroffenen Menschen
Weltoffenheit	Menschenbilder sind weder offen für Veränderung der Menschen noch für Veränderung ihrer selbst.	1. Ein geschlossenes Menschenbild bestätigt und festigt den Status quo. 2. Ein geschlossenes Menschenbild wird zu einer negativen „self-fulfilling-prophecy.
Reziprozität	Menschenbilder gehen von einer prinzipiellen Ungleichwertigkeit der Menschen aus.	Menschenbilder etablieren ein vertikales Kommunikationsverhältnis als Normalität.
Autonomie	Menschenbilder transportieren unreflektierte Werte.	Menschenbilder behindern die Selbstbestimmung des Menschen.
Identität	Menschenbilder orientieren sich an systemischen Funktionszwängen.	Menschenbilder ignorieren die lebensweltlichen Bedürfnisse.

Abbildung 13:
Kritik des Menschenbildes in der Betriebswirtschaftslehre[82]

vorhergesagt werden.[79] Er macht damit deutlich, dass beliebte Denkschemata (unabhängige – abhängige Variablen, Reiz – Reaktion, Ursache – Wirkung, Ziel – Handlung usw.) auf dem Hintergrund solcher Überlegungen als übervereinfacht und darum irreführend zu betrachten sind.[80]

Ein ganzheitliches Menschenbild – Quelle für erfolgsträchtige Innovationen

Die hier erwähnten Menschenbilder aus der Betriebswirtschaftslehre erreichen allesamt nicht das minimal-ethische Anforderungsniveau. Die untersuchten Menschenbildtheorien verkürzen das Menschenbild auf ein Führungsinstrument. Das Erkenntnisinteresse, das mehr oder minder deutlich durchscheint, ist in einer effizienteren Organisation der Unternehmen zu sehen. Anflüge von Philanthropie bleiben sofort wieder in dem Verweis auf die Nützlichkeit für die ökonomischen Interessen der Unternehmung stecken.

Für echte Humanität, der ein Vorrang vor Nützlichkeitserwägungen einzuräumen wäre, ist in den untersuchten Menschenbild-Theorien kein Platz.[81]

Hier bietet nur eine Orientierung an einem ganzheitlichen Menschenbild die Möglichkeit, solche negativen Tendenzen zu vermei-

79 Neuberger, O.: Führen und Geführt werden, 5. Auflage, Stuttgart 1995, S. 232.
80 Neuberger, O.: a. a. O., S. 232.
81 Detzer, K. A.: a. a. O., S. 111 zitiert nach Matthiesen, K. H.: Kritik des Menschenbildes in der Betriebswirtschaftslehre, Stuttgart, Wien 1995.
82 Detzer, K. A.: a. a. O., S. 111 zitiert nach Matthiesen, K. H.: Kritik des Menschenbildes in der Betriebswirtschaftslehre, Stuttgart, Wien 1995.

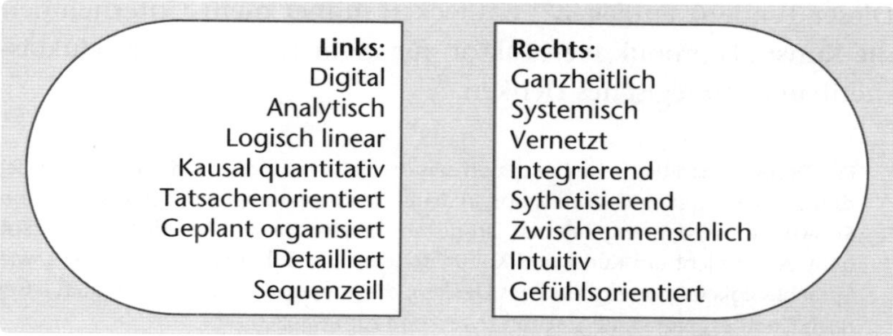

Abbildung 14: **Rechte und linke Gehirnhemisphäre**[83]

den. Die Humanitätsdefizite betriebswirtschaftlicher Menschenbilder und deren Folgen sollen in Abbildung 13 dargestellt werden: Daraus können Sie deutlich erkennen, wie sehr das rationalistisch-mechanistische Welt- und Menschenbild und demnach Denken, auch die Betriebswirtschaftslehre und Unternehmensführungslehre unterwandert hat.

Wachsende Komplexität, Dynamik und Undurchschaubarkeit erfordern Ganzheitlichkeit, erfordern die rationalistischen Einengungen des Menschenbildes aufzuheben. Der Mensch ist weit mehr als „nur" ein Bündel aus Vernunft und die „weichen" nicht objektivierbaren Faktoren werden für die Lösung komplexer Probleme immer wichtiger.

Aus der Gehirnforschung wissen wir, dass der Mensch von Natur aus mit einer linken und einer rechten Hemisphäre des Großhirns ausgestattet ist. Beide Hemisphären ermöglichen unterschiedliche Fähigkeiten (Abbildung 14). Zur Entfaltung des menschlichen Potenzials müssen die Fähigkeiten beider Hemisphären beansprucht und gefördert werden.

Es wird offensichtlich, dass rationalistisch-mechanistisches Denken sich lediglich auf die linke Gehirnhälfte konzentriert und die Fähigkeiten der rechten Hälfte vollkommen außer Acht lässt.

Dieses Denken steht im Widerspruch zu den heutigen Anforderungen nach Vertrauenskulturen, Beziehungsintelligenz, Kooperation in Netzwerken, sozialer Kompetenz, Kreativität und Innovationsfreude, um nur die wichtigsten zu nennen.

83 Vgl. Ellebracht, E./Lenz, G./Osterhold, G./Schäfer, H.: Systemische Organisations- und Unternehmensberatung, Wiesbaden 2002 S. 127.

Dieser Tendenz entgegen[84] entdecken immer mehr Unternehmen die Kunst als produktiven Faktor: für mehr Kreativität, Produktästhetik und strategisches Denken.

Beispiel

Die Drogeriemarktkette dm inszeniert seit drei Jahren für die rund 1300 Lehrlinge, dort Lernlinge genannt, Workshops, in denen Theaterpädagogen, Schauspieler und Regisseure mit den angehenden Drogisten Theater spielen. Mit diesem Konzept geht es dm nicht um Kunst und Kultur, sondern um Schlüsselqualifikationen, wie Sprachfähigkeit und selbständiges Denken, die notwendig sind fürs Geschäft – frei nach Goethe: „Notwendig, schön, zweckend zum Ganzen."

Management meets Kunst? Mit Goethe zu mehr Gewinn? „Natürlich" meint Mobilitätsdienstleister Erich Sixt. „Bildende Kunst, Musik und philosophische Literatur sind viel wichtiger als jede Betriebswirtschaftslehre", so der agile Bayer, der in den vergangenen Jahren den langweiligen Autoverleihmarkt mit kreativen Strategien aufgemischt hat. Für Sixt sind Wagners „Tristan und Isolde" und Beethovens „Neunte" ein „kühner Versuch, das Diesseits zu verlassen," und Marc Aurels „Selbstbetrachtungen" helfen ihm, auch nach 2000 Jahren, „frei, gelassen, souverän zu handeln und neue Pfade zu beschreiten."

Ausbruch aus dem mechanistischen Uhrwerks denken einfacher „Wenn – Dann – Wirkungen"

Die soziale Realität der Wirtschaft und menschlichen Handelns sind weit mehr als das, worauf sich mechanistisch-reduktionistischer Focus richtet. Sie sind weit mehr als eine Welt von Fakten, von Zahlen und sie unterliegen – eben weil der Mensch im Spiel ist – nicht klar vorhersehbaren und nachvollziehbaren Naturgesetzen. Wenn wir beginnen uns gegenseitig zu trivialisieren, dann werden wir binnen kurzem nicht nur blind werden, wir werden auch für unsere Blindheit blind werden. Wechselseitige Trivialisierung verringert die Zahl der Wahlmöglichkeiten und widerspricht dem ethischen Imperativ:

„Handle immer so, dass die Zahl deiner Wahlmöglichkeiten größer wird." Die anstehende Aufgabe ist: Enttrivialisierung.[85]

Die Menschenbilder in der Betriebswirtschaftslehre können gewissermaßen als Modeerscheinungen, als Ausdruck des jeweiligen Zeitgeistes, als Ausdruck dessen, was wirtschaftlich opportun ist, angesehen werden, die Führenden aber auch Mitarbeitern, „zeitgemäßes Denken" vorgeben."

84 Vgl. o.V.: Vorsprung durch Kunst, in Wirtschaftswoche Nr. 52 vom 19. 12. 2002 S. 105 ff.

85 Neuberger, O., a. a. O., S. 235 zitiert nach v. Foerster, 1984 S. 13.

Menschliches Denken und Verhalten ist aber nicht voll und ganz prognostizierbar und bestimmbar. Folgende Geschichte[86] umschreibt dies sehr treffend:

Beispiel

Wie viele Psychologen braucht man, um eine Glühbirne einzuschrauben? Die Antwort ist einfach: Im Prinzip nur einen! Aber: die Glühbirne muss wirklich wollen.

Dieser alte Psychologen-Witz lässt sich auch auf die Situation der Führungskraft anwenden: Ihre Aufgabe ist zielgerichtet, doch sie kann nicht einfach ein Ding drehen, um sie erfolgreich zu erfüllen. Sie hat es im Gegensatz zu einem Elektriker oder Mechaniker – nicht mit unbelebten Gegenständen zu tun, die den Naturgesetzten gehorchen und sich von ihr, wenn sie nur diese Gesetzte kennt, beherrschen lassen. Weit mehr als jeder Psychologe muss der Manager der Komplexität einer dynamischen und sich verändernden Wirtschaft, lebenden Welt gerecht werden. Er ist verwickelt in ein undurchschaubares Netz von Wechselwirkungen, er muss mit unberechenbaren Größen, Märkten und Mächten kalkulieren. Und er hat es mit Menschen zu tun, die manchmal im Gegensatz zu Glühbirnen, gerade dann ihre brillante Strahl- und Leuchtkraft zeigen, wenn sie außer Fassung geraten – aber eben nicht immer!

Das mechanistische Weltbild und Menschenbild hat im Management folgende Auswirkungen in der gesamten Wirtschaft und in einzelnen Unternehmungen hinterlassen:

Menschen und Unternehmen in die Verantwortung führen

- Materialistische Auffassung der Unternehmensführung, Orientierung an kurzfristiger Rendite, einseitige Fokussierung auf Geldkapital.
- Eine Ego-/Machtkultur.
- Instrumentalisierung oder Trivialisierung der sozialen Systeme.
- Verlust an Gesamtverantwortung.
- Die Illusion der absoluten Macht der Menschen über die Schöpfung.
- Die Führungskraft als Macher.
- Der Zerfall ethischer Werte: Das Menschenbild des „homo oeconomicus“ oder des „homo functionalis“ verhindert verantwortungsbewusstes Denken und Handeln, das Prinzip des „Immer mehr und immer Schneller“ geht auf Kosten der Natur und der Lebensqualität.
- Der Zerfall ästhetischer Werte: Mangel an Bewusstsein für Schönheit, Harmonie und letztendlich Qualität.[87]

86 Simon, B. F. und CONECTRA: Radikale Marktwirtschaft – Grundlagen des systemischen Managements, dritte Auflage, 1998, S. 27.

87 Vgl. Lenssen, G.: Besinnung in der Wirtschaft, in Leadership Revolution – Aufbruch zur Weltspitze mit neuem Denken, Matheis, R. (Hrsg.) Frankfurt 1995, S. 325 ff.

Durch neues Denken dem sechsten Kondratieff auf die Sprünge helfen

Welche Konsequenzen ergeben sich für Sie aus diesen Überlegungen? Sollten die in Kapitel 1 aufgezeigten Thesen als Grundlage für die neue Basisinnovation, für ein allumfassendes Wohlgefühl und Gesundheit eine Chance haben, gilt es dieser „neuen, geforderten Menschlichkeit" auf die Sprünge zu helfen. Dies ist aber nur möglich, wenn Sie aufhören den Menschen durch die falsche Brille zu sehen, die Sie in deterministisch, reduktionistischer Manier das Wesentliche nicht sehen lässt, die das Wesentliche verstellt. Das neue Paradigma des sechsten Kondratieff setzt ein Menschenbild und Denken voraus, das nicht am Status quo festhält, sondern persönliches Wachstum zulässt und fördert. Setzt ein Menschenbild voraus, das den Menschen in seine Freiheit und Verantwortung zurückführt, das in einem förderlichen Kommunikationsstil zum Wohlgefühl und zur Gesundheit beiträgt. Betrachtet man die Welt der Wirtschaft als einen Teil der Gesellschaft, gelten diese Anforderungen somit für die Wirtschaft und für die Gesellschaft gleichermaßen.

2.1.3 Wie unser Welt- und Menschenbild unser Beobachten, Wahrnehmen, Denken, Verhalten und letztlich Erfolg beeinflusst

Wer mit falschen Landkarten ins Gebirge zieht, wird sich verirren.

Franz Moser

Ist Ihnen bewusst, dass es häufig nur Ihre persönlichen, tief verankerten, ja oftmals verkrusteten Haltungen, Standpunkte und Überzeugungen die Grundlage für Ihr Handeln sind? In diesen Haltungen spiegelt sich auf sehr menschliche Art das Bild wider, das Sie sich von der Welt, den Menschen und sich selber machen und diese Illusion halten Sie dann möglicherweise für die Realität.[88]

Haben Sie wirklich aufgehört zu entdecken, dass Ihr Bild von der Realität mit dieser selbst nicht übereinstimmt? Dazu folgende Geschichte:

---

88 Vgl. Kegan, R./Lahey, L.: Der wahre Grund, weshalb Mitarbeiter sich nicht ändern, in Harvard Business Manager 3/2002, S. 93.

Beispiel

Eine Frau, die wir in Australien trafen, erzählte uns von ihrem einjährigen Aufenthalt in den USA. „Sie fahren dort nicht nur auf der verkehrten Seite", sagte sie, „das Lenkrad ist auch noch auf der falschen Seite. Aus Gewohnheit bin ich immer wieder rechts eingestiegen. Eines Tages hatte ich tausend Dinge im Kopf, stieg wieder rechts ins Auto ein und wollte gerade losfahren. Da schaute ich hoch und dachte: Du liebe Güte, in diesem verbrecherischen Land klauen sie sogar die Lenkräder."

„Natürlich war der Gegenbeweis nur eine Armlänge entfernt, aber, und das ist der Punkt, warum hätte sie hinschauen sollen? Unsere tiefen Überzeugungen erscheinen uns als wirklich. Wenn wir wissen, wo ein Lenkrad hingehört, werden wir wahrscheinlich nicht woanders danach suchen."[89]

Wie lange Jahre Forschung dazu zeigen, müssen sich Menschen mehrfach von alten Ansichten, Denkweisen verabschieden und neue annehmen, wenn sie die Herausforderungen in ihrem Leben bewältigen wollen. Warum?

„Die Qualität Ihrer Zukunft hängt vollständig von der Qualität Ihres Denkens ab. Das gilt für das Privatleben, für die Gesellschaft und für die ganze Welt."[90]

Das Erkennen des Erkennens ist entscheidend

Ihr gewohntes Denken und das daraus resultierende Handeln sollte deshalb konsequent auf den Prüfstand gestellt werden. Denn Ihr Denken, Ihre Ansichten, Ihr Mentalmodell und das daraus resultierende Verhalten hängt davon ab, wie Sie die Welt, die Menschen, sich selbst beobachten, wie Sie sich und andere wahrnehmen und deuten, kurz, wie Sie erkennen.

Deshalb gehört das Menschenbild zu Ihren entscheidendsten Orientierungsgrößen, deren folgenschwere Auswirkungen Ihnen bewusst werden sollten.

Jeder Mensch hat seine persönliche Vorstellung davon, wie die Welt funktioniert und aufgrund dieser Weltanschauung sein entsprechendes Menschenbild, sein entsprechendes Denken und Handeln. Dies soll in Abbildung 15 veranschaulicht werden. Menschenbilder wirken in sozialen Interaktionen wie Stereotype oder Vorurteile. Sie lenken zunächst Ihre Erwartungen im Hinblick auf die Hand-

89 Kegan, R./Lahey, L.: Der wahre Grund, weshalb Mitarbeiter sich nicht ändern, in Harvard Business Manager 3/2002, S. 88 ff.

90 De Bono, E.: De Bonos neue Denkschule, Kreativer denken, effektiver arbeiten, mehr erreichen, Landsberg/München 2002, S. 13.

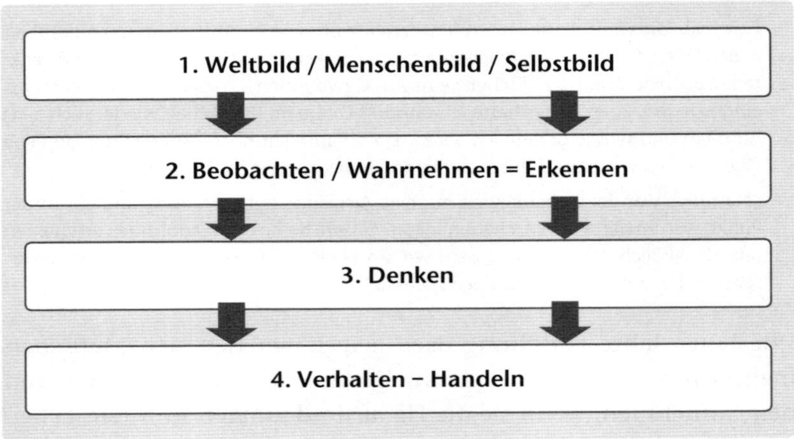

Abbildung 15: **Ihr Menschenbild prägt Ihr Erkennen, Ihr Verhalten**

lungsweisen anderer in eine bestimmte Richtung, die Sie nahezu unerschütterlich als „zutreffend" ansehen. Diese Erwartungen steuern dann Ihr Verhalten so, dass Ihre Erwartungen tatsächlich bestätigt werden. Folgende Geschichte verdeutlicht dieses Phänomen:

Beispiel

Ein Mann will ein Bild aufhängen. Den Nagel hat er, nicht aber den Hammer. Der Nachbar hat einen. Also beschließt unser Mann hinüberzugehen und ihn auszuborgen. Doch da kommt ihm ein Zweifel: Was, wenn der Nachbar mir den Hammer nicht leihen will? Gestern schon grüßte er mich nur so flüchtig. Vielleicht war er in Eile. Aber vielleicht war die Eile nur vorgeschützt und er hat etwas gegen mich. Und was? Ich habe ihm nichts angetan; der bildet sich da etwas ein. Wenn jemand von mir ein Werkzeug borgen wollte, ich gäbe es ihm sofort. Und warum er nicht? Wie kann man einem Mitmenschen einen so einfachen Gefallen abschlagen? Leute wie dieser Kerl vergiften einem das Leben. Und dann bildet er sich noch ein, ich sei auf ihn angewiesen. Bloß weil er einen Hammer hat. Jetzt reicht's mir wirklich. – Und so stürmt er hinüber, läutet, der Nachbar öffnet, doch noch bevor er „Guten Tag" sagen kann, schreit ihn unser Mann an: „Behalten Sie Ihren Hammer, Sie Rüpel!"[91]

Sie konditionieren den Menschen durch Ihre Ansichten, Mentalmodelle, durch das Bild, das Sie von ihm haben und Sie konditionieren Ihr Verhalten durch das Bild, das Sie von sich selbst haben. „Wir sind uns alle dieser Sache nicht bewusst und verfallen auf denselben Fehler wie der Schizophrene, der die Speisekarte anstatt der darauf beschriebenen Speisen isst, sich dann über den schlechten Geschmack beschwert und schließlich annimmt, dass man ihn vergiften will."[92]

91 Watzlawick,, P.: Anleitung zum Unglücklichsein, 18. Auflage, München 1999, S. 37.

92 Watzlawick, P.: Vom Unsinn des Sinns oder vom Sinn des Unsinns, 7. Auflage 2000, S. 19.

Dies bedeutet, dass Sie Ihre „mentalen Landkarten" aufdecken und einer kritischen Betrachtung unterziehen sollten.
Entsprechend Abbildung 1 sollten Sie sich dieser mentalen Landkarten zunächst bewusst werden, um in einem nächsten Schritt Ihre Geisteshaltung zu verändern. Denn erst, wenn sich Ihre Haltung ändert, ändert sich Ihr Verhalten und Handeln.

Mentale Landkarten aufdecken und hinterfragen

Aufgedeckt bezieht sich auf die Tatsache, dass Sie sich, wie erwähnt, dieser mentalen Landkarten und ihrer Auswirkung auf Ihr Verhalten gar nicht bewusst sind. So bleibt zum Beispiel die immer wieder vorgebetete Kundenorientierung im Sinne von „Hingabe an den Kunden" oft Illusion, weil sie im Widerspruch zu nicht geäußerten, aber sehr bestimmenden mentalen Landkarten stehen. „Kritische Betrachtung" meint, dass Sie im Unternehmen ein Klima der Selbstreflexion schaffen sollen.

Sie sollten sich dieser Verantwortung bewusst werden. Sie müssten lernen über Ihr Menschenbild und Ihr Selbstkonstrukt kritisch zu reflektieren und versuchen, ein zukunftsfähiges Menschenbild aufzubauen.

Das bisher Aufgezeigte sollte mit einer kleinen Geschichte, die man von Äsop erzählt, zusammengefasst werden:

Beispiel

Äsop saß am Straßenrand auf der Straße nach Athen. Da kamen Fremde vorbei und ein Fremder hielt an und fragte Äsop: Welche Art von Leuten lebt denn in Athen? Äsop entgegnete, sag mir erst woher du kommst und was dort für Leute wohnen. Der Fremde sagte, ich komme aus Argos. Die Leute dort taugen nichts, sie sind Diebe ungerecht und streitsüchtig. Ich war froh, dort wegzukommen. Wie schade antwortete Äsop, dass Ihr die Leute in Athen nicht anders finden werdet.

Gleich darauf kam ein anderer Reisender vorüber und stellte die selbe Frage: „Und als Äsop sich auch bei ihm nach seiner Herkunft erkundigte und den Bewohnern der Stadt, aus der er komme, sagte er ich komme von Argos, wo alle Menschen freundlich, ehrbar und wahrhaftig sind, für wahr ich habe sie ungern verlassen. Da lächelte Äsop und sagte, Freund ich freue mich, dass ich Euch sagen kann, Ihr werdet die Menschen in Athen ganz genau so finden.[93]

Hier begegnet Ihnen die sich selbst erfüllende Prophezeiung (self-fulfilling-prophecy). Eine selbst erfüllende Prophezeiung gilt als eine Annahme oder Voraussage, die rein aus der Tatsache heraus, dass sie gemacht wurde, das angenommene, erwartete oder vorhergesagte

93 Längle, A.: Vertauen – Mut oder Selbstaufgabe, Vortrag anlässlich der Pädagogischen Werktagung in Salzburg am 21. 7. 1988.

Ereignis zur Wirklichkeit werden lässt und so ihre eigene „Richtigkeit" bestätigt. Wer zum Beispiel, aus welchen Gründen auch immer, annimmt, man missachte ihn, wird sich eben deswegen in einer überempfindlichen, unverträglichen misstrauischen Weise verhalten, die in den anderen genau jene Geringschätzung hervorruft, die seine schon immer gehegte Überzeugung erneut beweist.[94]

Zurück zu Abbildung 13 und Abbildung 1. Zunächst sollten Sie sich also über Ihr Weltbild, Menschenbild und Selbstkonstrukt bewusst werden. Darüber gilt es kritisch zu reflektieren. Wie erwähnt, erst wenn Sie Ihr Welt- und Menschenbild verändern, können Sie anders wahrnehmen, denken und handeln als bisher.

Wir nehmen auf unsere ganz persönliche Art und Weise wahr

Zu Schritt 2, Abbildung 13: Ihr Menschenbild prägt Ihre Wahrnehmung. Was ist Wahrnehmung und wie erfolgt sie? Der Konstruktivismus lehrt, dass Menschen niemals eine genaue, objektive Kenntnis der Wirklichkeit haben können. Mit Hilfe Ihrer Sinnesorgane sind Sie also nicht imstande, eine objektive Wirklichkeit zu erfassen.

Nach dem Konstruktivismus können Sie demnach die Wirklichkeit nicht finden sondern nur „er-finden".

So viele Wirklichkeiten wie Beobachter

Das bedeutet: Jeder Mensch, auch Sie, nehmen auf Ihre ganz spezielle und persönliche Art und Weise wahr. Das Eisbergmodell in Abbildung 16 zeigt, dass die entscheidende Brille, durch welche Sie die Welt und die Menschen aber auch sich selber sehen, unterhalb des Bereiches der Vernunft liegt. Die dort aufgezeigten Elemente, die „persönliche Geschichte" genannt werden kann, prägen Ihr Beobachten und Ihr Wahrnehmen und demnach Ihr Denken und Handeln. Sie „filtern" die Informationen unwillkürlich durch Ihre persönliche Geschichte aufgrund der Ihnen persönlich relevant erscheinenden Faktoren. Daher ist Wahrnehmung immer auch selektiv. Hinzu kommt, dass bei der Bildung Ihres Selbstkonstruktes bestimmte Bereiche, die in der Psychologie als „blinder Fleck" bezeichnet werden, entgehen, gar nicht bewusst sind.

Ihre Wirklichkeit ist also immer Ihr persönlich „gezimmertes" Konstrukt und es gibt so viele Wirklichkeiten, wie es Beobachter gibt. Deshalb gilt:

---

94 Watzlawick. P.: Selbsterfüllende Prophezeiungen – in die erfundene Wirklichkeit, 12. Auflage 2000, S. 91.

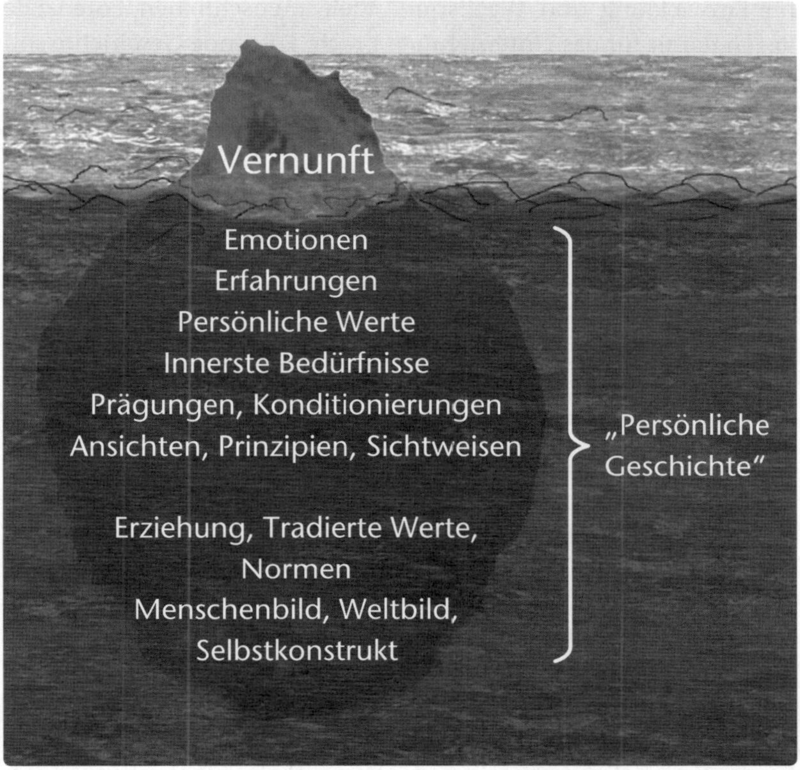

Abbildung 16: **Das Eisbergmodell der Wahrnehmung**

Kernsätze

- **Ihre Wahrnehmung ist immer subjektiv.**
- **Ihre Wahrnehmung ist immer selektiv.**
- **Sie haben einen „blinden Fleck".**

Haben Sie sich zum Beispiel ein bestimmtes Bild von einem anderen Menschen gebildet, werden Sie in der Regel verstärkt diejenigen Informationen „herausfiltern" und verarbeiten, welche den bestehenden Eindruck untermauern. Hinweise, die Ihren eigenen Auffassungen zuwiderlaufen, werden Sie hingegen weniger oder gar nicht wahrnehmen. Diesem Mechanismus kommt ein bedeutender Anteil an der Entstehung von Vorurteilen zu.

Des Weiteren verhindert dieser Mechanismus, dass von Ihnen vorgefertigte Bilder, Meinungen über einen Menschen eventuelle Veränderungen und Entwicklungen dieser Person nicht registrieren, ja nicht zuzulassen. Damit ersticken Sie jede Anstrengung zur Verbesserung bereits im Keim und geben Menschen keine Chance für Entwicklung und Wachstum. Viele menschlichen Potenziale liegen damit für das Unternehmen brach. Folgende Geschichte soll dies verdeutlichen:

Beispiel

Der Phonetik-Professor Higgins wollte aus dem Blumenmädchen Eliza Doolittle in George Bernard Shaws Bühnenstück „Pygmalion" eine Dame der feinen Gesellschaft machen. Am Ende seiner Mühen ist Eliza um einige Erfahrungen reicher und erklärt Higgins und dessen Freund Oberst Pickering: „Sehen Sie, wenn man davon absieht, was jeder sich leicht aneignet: sich anzuziehen, richtige Aussprache und so weiter, dann besteht der Unterschied zwischen einer Dame und einem Blumenmädchen wahrhaftig nicht in ihrem Benehmen, sondern darin, wie man sich ihr gegenüber benimmt. Für Professor Higgins werde ich immer ein Blumenmädchen sein, weil er mich immer wie ein Blumenmädchen behandelt und behandeln wird. Aber ich weiß, dass ich für Sie eine Dame sein kann, weil sie mich immer wie eine Dame behandeln und behandeln werden.[95]

Verinnerlichen Sie: „Landschaften verändern sich – Landkarten nie, deshalb sind Landkarten immer alt."[96]

Mentale Landkarten konsequent erneuern

Auch Ihre „mentalen" Landkarten sind alt, wenn Sie sie nicht bewusst und konsequent immer wieder erneuern. Erneuern im Sinne von Bewusstmachen dieses Mechanismus, erneuern im Sinne von Sichtweisen ändern, erneuern im Sinne von Hinterfragen und Loslassen tief verwurzelter und verkrusteter Ansichten, die Ihren Blick für das Wesentliche verstellen, das Wesentliche nicht erkennen lassen, den Fokus nur auf das Negative richten.

Den starken Einfluss von Erwartungen einer Person auf das Verhalten einer anderen haben Mediziner, Verhaltensforscher und Erziehungswissenschaftler längst aufgezeigt[97]:

Kernsätze

- **Was Manager von ihren Untergebenen erwarten und die Art, wie sie ihre Mitarbeiter behandeln, bestimmt weitgehend deren Leistung und Karrierefortschritt.**
- **Ein Merkmal hervorragender Manager ist ihre Fähigkeit, hohe Leistungserwartungen aufzubauen, denen die Untergebenen dann gerecht werden.**

95 Livingston, St. J.: Talentförderung: Wie spornen Sie ihre Belegschaft zu Höchstleistungen an? Erwarten Sie das Beste, in Harvard Business manager, April 2003, S. 65.

96 Längle, A.: Vertauen – Mut oder Selbstaufgabe, Vortrag anlässlich der Pädagogischen Werktagung in Salzburg am 21. 7. 1988.

97 Livingston, St. J.: a. a. O. S. 66.

- **Weniger tüchtigen Managern hingegen gelingt es nicht, vergleichbare Erwartungen zu entwickeln und folglich nimmt die Produktivität ihrer Untergebenen Schaden.**

Viel häufiger als vermutet tun Untergebene genau das, was ihrer Ansicht nach von ihnen erwartet wird.

> Wenn wir den Menschen so sehen, wie er ist,
> machen wir ihn schlechter.
> Wenn wir ihn sehen, wie er sein sollte,
> machen wir aus ihm das, was er werden kann.
> *Johann, Wolfgang v. Goethe*

Ein weiser Grundsatz für Begegnungen und für das Miteinander. Wir Menschen und auch Sie, haben nämlich ein sehr gutes Gespür dafür, ob man uns wohlwollend oder geringschätzend entgegentritt und entsprechend sind die Reaktionen und Entwicklungsmöglichkeiten. Entscheidend für eine bessere Qualität der Zusammenarbeit, für mehr Lebensqualität und Produktivität ist deshalb, Sie lernen sich für das Positive zu öffnen, das Positive zu sehen, zu erkennen. Das Beschriebene soll wiederum mit einer kleinen Geschichte zusammengefasst werden:

Sich für das Positive öffnen

Die Fabel von den ungleichen Boten

Beispiel

Der Adler hörte einst viel des Rühmens von der Nachtigall und hätte gern Gewissheit gehabt, ob alles auf Wahrheit beruhe. Darum schickte er den Pfau und die Lerche aus: Sie sollen das Federkleid der Nachtigall betrachten und ihren Gesang belauschen. Als sie wiederkamen, sprach der Pfau: „Der Anblick ihres erbärmlichen Kittels hat mich so verdrossen, dass ich ihren Gesang gar nicht gehört habe." Die Lerche hingegen sprach: „Ihr Gesang hat mich so entzückt, dass ich vergaß auf ihr Federkleid zu achten."[98]

Der Pfau in der Fabel sieht also den Kittel, die Lerche hört den Gesang. Jeder wählt das Seine, Sie wählen das Ihre, aufgrund Ihrer Geisteshaltung, Ihrer „persönlichen Geschichte", die Sie jederzeit auch ändern können!

---

98 Lukas, E.: Sehnsucht nach Sinn, Logotherapeutische Antworten auf existenzielle Fragen, 2. Auflage, München/Wien 1999, S. 54.

> „Wenn es Menschen gäbe, die wirklich zu der Einsicht durchbrächen, dass sie die Konstrukteure ihrer eigenen Wirklichkeit sind, würden sich diese Menschen durch drei besondere Eigenschaften auszeichnen. Sie wären erstens frei, denn wer weiß, dass er sich seine eigene Wirklichkeit schafft, kann sie jederzeit auch anders schaffen. Zweitens wären diese Menschen im tiefsten ethischen Sinn verantwortlich, denn wer tatsächlich begriffen hat, dass er der Konstrukteur seiner eigenen Wirklichkeit ist, dem steht das bequeme Ausweichen in Sachzwänge und in die Schuld der anderen nicht mehr offen. Und drittens wäre ein solcher Mensch konziliant."[99]

Fast alle Denkfehler sind Wahrnehmungsfehler

Dieser Paradigmenwechsel in Wahrnehmung und Geisteshaltung wäre der ideale Geist einer lernenden Organisation, der einen fundamentalen Quantensprung im Hinblick auf menschliches und wirtschaftliches Wachstum auslösen könnte. Denn fast alle Denkfehler sind Wahrnehmungsfehler. Dazu wieder eine kleine Geschichte:

Beispiel

Eine alte „Jungfer" erbt ein wunderschönes Haus am Ufer eines Flusses und hätte jeden Grund sich dieses Hauses zu erfreuen. Stattdessen hängt sie den ganzen Tag am Fenster um Fehlverhalten der Menschen zu entdecken. So sieht sie eines Tages Jugendliche, die nackt baden. Sofort alarmiert sie die Polizei und lässt die Nackten vertreiben. Am nächsten Morgen nach dem Aufstehen geht sie sofort ans Fenster um zu sehen, ob diese Jugendlichen nicht wieder nackt baden. Sie kann niemanden sehen. Nach einer Weile denkt sie, vielleicht kann ich sie ja nur aus der ersten Etage nicht sehen und macht sich sofort in die zweite Etage, um dort einen besseren Ausblick zu haben. Nachdem sie auch hier niemanden sieht, geht sie in die dritte Etage. Aber auch hier ist weit und breit kein Mensch zu sehen. Aber vielleicht sehe ich sie nur mit bloßen Auge nicht, denkt sie und holt das Fernrohr aus dem Schrank, um die Nacktbadenden zu entdecken.

Das Positive – das Gute fokussieren

Wie oft holen Sie Ihr Fernrohr um Fehler und Negatives zu entdecken und vergessen dabei das Gute, das Positive zu sehen? Ein kleines Experiment dazu: Bevor Sie den Text weiterlesen, halten Sie bitte kurz inne und absolvieren Sie den kurzen Selbsttest in folgendem Kasten:

99 Watzlawick, P.: Vom Unsinn des Sinns oder Vom Sinn des Unsinns, 7. Auflage, 2000, S. 80.

SELBSTTEST

Fällt Ihnen an folgenden Rechnungen irgend etwas auf?

25 – 4 = 21	5 + 7 = 12
7 + 12 = 19	18 + 15 = 33
13 + 9 = 22	23 – 4 = 19
17 – 3 = 13	25 + 7 = 32
35 – 23 = 12	7 + 26 = 33

Was ist Ihnen an diesen Rechungen aufgefallen? Wenn es Ihnen so gegangen ist, wie unzähligen Testpersonen vor Ihnen, dann lautet Ihre Antwort: „Eine dieser Rechnungen ist falsch". Das Frappierende daran ist: Glatte 100% der Befragten antworteten entweder mit „eine Rechnung ist falsch" oder mit „da ist ein Fehler". Keiner, absolut keiner, jedoch sagt: „Neun Rechnungen sind richtig."[100]

Wahrnehmung prägt Kommunikation und Kulturen

„So simpel das Experiment auch ist, so eindrucksvoll belegt es, wie stark wir alle darauf konditioniert sind, unsere Wahrnehmung ständig darauf zu richten (und oft genug darauf zu reduzieren), Fehler zu finden und vor allem das zu bemerken, was uns unangenehm auffällt, was nicht funktioniert. Wir streichen gedanklich ständig rot an was falsch ist, statt grün zu unterstreichen was richtig ist. Diese Präferenz für alles „Problematische" hat enorme Auswirkungen auf unsere tägliche Arbeit. Sie prägt den Kommunikationsstil im Unternehmen, beeinflusst massiv die Art und das Ausmaß der Kooperation und bestimmt damit das Klima und Energieniveau im Unternehmen wesentlich mit.

Ihre Wahrnehmung, das worauf Sie schauen, ist die Basis Ihrer Einschätzung einer Situation und die wiederum die Grundlage Ihres Handelns. So wie unser Schulsystem Lehrer darauf trimmt, Fehler zu entdecken, trainiert das Selbstverständnis als „Problemlöser" Manager darauf, vor allem die möglichen Aspekte einer Situation zu sehen. Die weithin übliche „Problemanalyse" wiederum trainiert Mitarbeiter in Deckung zu gehen, Schuld abzuwälzen und Verantwortung zu vermeiden."[101] Hier gilt die Maxime:

---

100 O.V.: Wie energetisiert man Unternehmen, in Unternehmensentwicklung – Die Praxis erfolgreichen Wandels, Wien, April/Mai 2003, S. 6.

101 O.V.: Wie energetisiert man Unternehmen, in Unternehmensentwicklung – Die Praxis erfolgreichen Wandels, Wien, April/Mai 2003, S. 6.

Kernsatz

◆ **Sehen Sie anders und die Wirklichkeit ändert sich!**

Spätestens seit der Quantenphysik ist klar, dass der Beobachter und das Beobachtete untrennbar sind.

Ihr Geist als Beobachter ist so wichtig wie das Beobachtete selbst. Wie Sie beobachten, bestimmt Ihre Zukunft und Wirklichkeit.

Verändern Sie das Wie und Sie verändern das Was.[102]

Die Art und Weise Ihrer Wahrnehmung, Ihres Beobachtens ist immer Ausdruck Ihrer ganz persönlichen Haltungen, mit denen Sie der Welt, den Menschen und den Dingen „antworten", für die Sie aber in vollem Maße verantwortlich sind.

> „Indem wir der Welt in ihrem gestimmten So-Sein gewahr werden, vergessen wir, was wir unternahmen, um sie in diesem So-sein zu finden. Und wenn wir zurückverfolgen, wie es dazu kam, finden wir kaum mehr als das Spiegelbild unserer Selbst in der Welt. Im Gegensatz zur weitverbreiteten Annahme enthüllt die sorgfältige Untersuchung einer Beobachtung die Eigenschaften des Beobachters. Wir, die Beobachter, unterscheiden uns gerade durch die Unterscheidung dessen, was wir anscheinend nicht sind, nämlich durch die Welt."[103]

Zurück zu Abbildung 15. Aus dem Dargestellten wird erkennbar, wie Welt-, Menschenbild und Selbstbild unser Beobachten und Wahrnehmen, unser Denken und damit unser Verhalten und Handeln bestimmen. Sokrates soll gesagt haben „Der Mensch ist, was er denkt."

Das ganze Denken, was wir sind und was andere Menschen sind umstrukturieren

Unser, Ihr, ganzes Denken über das, was wir, was Sie und was andere Menschen sind, muss umstrukturiert werden.[104] Warum? Sie haben gesehen, dass Ihr Denken und Verhalten die Zukunft gestalten, Ihre persönliche, jene Ihrer Mitmenschen und jene Ihres Unternehmens. Sie programmieren förmlich Erfolg oder Misserfolg, Atmosphäre oder ein destruktives Klima, Optimismus oder lähmende Gefühle. Nicht umsonst meinte Henry Ford: „Ob du glaubst, dass du etwas kannst oder ob du glaubst, dass du etwas

---

102 Matheis, R.: Mentalmodelle der Leader in Aufbruch zur Weltspitze mit neuem Denken, Matheis, R. (Hrsg.) Frankfurt 1995; Aufbruch zur Weltspitze mit neuem Denken, Matheis, R. (Hrsg.) Frankfurt 1995, S. 251.

103 Varela, F.: Kognitionswissenschaft – Kognitionsarbeit. Eine Skizze aktueller Perspektiven, Frankfurt 1990.

104 Vgl. Batson, G.: Ökologie des Geistes, Frankfurt 1985, S. 594.

nicht kannst, in beiden Fällen wirst du wahrscheinlich recht haben." Warum? Im Umgang mit anderen Menschen und im Hinblick auf deren Reaktionen haben Sie den Zusammenhang erkannt. Das Gleiche gilt für den Umgang mit sich selbst. Ihr Unterbewusstsein ist darauf programmiert, die Fragen zu beantworten, die Sie ihm stellen. Wenn sich ein Projekt verzögert und Sie sich fragen: Warum scheitert jedes Projekt an dem ich arbeite?, dann wird Ihr Unterbewusstsein alles zusammentragen, was diese Vorstellung zum Scheitern unterstützt. Es wird in Ihrem Kopf, in Ihrem Körper und in Ihrem ganzen Sein Beweismaterial anhäufen, das diese Überzeugung untermauert. Wenn Sie sich hingegen eine konstruktivere Frage stellen, beispielsweise: Wie kann Ihnen diese Verzögerung helfen voranzukommen um Ihr Ziel zu erreichen? werden Sie eine wesentlich nützlichere und positivere Antwort bekommen.[105]

Was immer Sie auch denken, Sie transportieren es nach außen und so wird Ihr äußeres Erscheinen und Wirken zum Spiegelbild Ihrer innersten Gedanken. Durch Ihr Denken ziehen Sie zu Ihnen in Harmonie stehende Menschen und Dinge an und umgekehrt.

Die empirische Evidenz zeigt, dass die langfristige und nachhaltige Wertsteigerung von Unternehmen durch die Mentalmodelle und das Verhalten der Führenden stärker beeinflusst wird, als durch die Marktattraktivität. Es sind letzten Endes Unternehmer und/oder Führungskräfte, die durch ihr Mentalmodell über Erfolg oder Misserfolg eines Unternehmens entscheiden.[106]

Ein neues Dienstleistungsverständnis durch veränderte Sichtweisen

Diese Sichtweisen könnten Ihnen neue Perspektiven für ein allumfassendes Dienstleistungsverständnis, erhöhte Profitabilität und eine verbesserte Lebensqualität eröffnen. Sie sind keineswegs eine Art „philosophischer Luxus", den sich nur jene Unternehmen leisten können, die in der Abgeschirmtheit ihrer Marktnische vor sich hinreflektieren, sondern Bedingung für menschliches und wirtschaftliches Wachstum.

Wie erwähnt, steht das lineare, mechanistische Denken in krassem Widerspruch zu den heutigen Anforderungen. In einer von

105 Vgl. Taylor, D.: The naked leader – „Der Ein-Minuten-Manager für die neue Generation", Wien 2003, S. 28.

106 Vgl. Hinterhuber, H. H.: Mentale Modelle der Führenden und strategische Ausrichtung der Unternehmen, in Schwerpunkte moderner Unternehmensführung, Hinterhuber, Stahl (Hrsg.), Renningen 2000, S. 111.

wachsender Dynamik, Komplexität und Undurchschaubarkeit gekennzeichneten Welt sollten Sie die Qualität Ihres Denkens verbessern. Denn:

Kernsätze

- **Wenn Sie so denken, wie Sie immer gedacht haben, werden Sie so handeln, wie Sie immer gehandelt haben.**
- **Wenn Sie so handeln, wie Sie immer gehandelt haben, werden Sie das bewirken, was Sie immer bewirkt haben.**[107]

Wachstum erfordert also Umdenken. Wenn Sie Ihr Denken verändern, sollten Sie wie aufgezeigt, zunächst bei Ihrem Welt-, Menschenbild und Selbstbild beginnen. In Friedrich Hebbels Gedicht: „Höchstes Gebot" findet sich nicht umsonst mehrfach die immer noch oder gerade heute ganz besonders aktuelle Ermahnung:

▶ **„Hab Achtung vor dem Menschenbild"**

Und diese Ermahnung sollten Sie so verstehen und ernst nehmen, wie sie vom Dichter gemeint war, nämlich als Aufruf zur Humanität, zur Achtung vom Menschen, für ein besseres Denken und miteinander Umgehen. Hierin finden Sie ein großes Potenzial.

Menschenbilder gestalten Zukunft

Daher stellt sich weniger die Frage, welche Zukunft Sie und Ihr Unternehmen zu erwarten haben als vielmehr, welches Menschenbild Sie im Hinblick auf Kunden, Mitarbeiter und andere Stakeholder anstreben sollen. Sie haben erkannt, die Zukunft lässt sich ohnedies nicht vorhersehen, sondern „nur" gestalten. Und diese Gestaltung hängt, gerade in Unternehmen, von dem Menschenbild ab, welches das Denken, Beobachten, Wahrnehmen und Handeln der meisten Unternehmensmitglieder leitet.[108]

---

107 Ackermann, A.: Easy zum Ziel – Wie man zum mentalen Gewinner wird, Anwill 2000, S. 3.

108 Vgl. Hinterhuber, H. H. u. a. Das Neue Strategische Management, 2. Auflage, Wiesbaden 2000, S. 92 ff.

2.1.4
Zusammenfassung

- Dass Ihr Welt- und Menschenbild entscheidend für den Umgang mit sich selber und mit anderen Menschen ist.
- Dass Sie Ihre diesbezügliche „Wirklichkeit" selbst konstruieren, was bedeutet: Sie haben die Menschen und die Wirklichkeit die Sie selbst „er-schaffen".
- Dass Erkennen effektives Handeln ist, wie Sie erkennen, bringen Sie sich selbst hervor.

Erkennen ist effektives Handeln

- Dass Sie durch Ihre Gedanken und Mentalmodelle Ihre Taten schaffen und dass nur wirksames Handeln effektiv ist.
- Dass es Ihre freie Entscheidung ist, wie Sie die Menschen und die Dinge sehen wollen, ob Sie Ihren Fokus auf das Gute richten wollen oder auf das Negative.
- Dass Sie sich der Verantwortung, die Ihnen daraus erwächst, in vollem Umfang bewusst werden und nur durch ständige Selbstreflexion und hartes Arbeiten an sich selbst, Ihr Verhalten Ihnen selber und anderen gegenüber verbessern können.
- Dass Ihre Gedanken Ihr Spiegelbild nach außen sind.
- Dass Sie durch Ihr Erkennen und Denken, Erfolg oder Misserfolg programmieren und dass die Zukunft von der Qualität Ihres Denkens abhängt.
- Dass es einer Neuorientierung bezüglich Menschenbild, Denken und Führung bedarf, um der zunehmenden Komplexität und der wachsenden Herausforderung gerecht zu werden.

Eine Neuorientierung in Menschenbild, Denken und Führung

2.1.5
Viktor Frankls Logotherapie und Existenzanlyse – Quelle für Lebensqualität, Gesundheit und Wertsteigerung

Und ich habe gegen einen Nihilismus
ein Gegengift entwickelt. Eine Sinnlehre gegen
die Sinnleere.

Viktor Frankl

Die Logotherapie und Existenzanalyse wurde vom international bekannten, mit 29 Ehrendoktortiteln bedachten Wiener Psychiater, Neurologen und Philosophen Viktor E. Frankl (1905–1997) begründet. Die Logotherapie (nicht zu verwechseln mit Logopädie) ist eine sinnzentrierte Psychotherapie, also sinnorientierte Beratungs- und

Behandlungsform. Logos bedeutet in diesem Zusammenhang Sinn. Die Existenzanalyse ist die anthropologische Theorie als deren Grundlage, die den Fragen nachgeht, wie Leben gelingen kann, wie Leben in allen Lebenslagen und Situationen sinn-voll sein kann.

Kernsatz

- **Die Existenzanalyse analysiert die Bedingungen für ein wertefühlendes, selbstgestaltetes, verantwortetes, mit innerer Zustimmung handelndes, erfülltes Leben und Wirken.**

Die Logotherapie wird häufig als die „Dritte Wiener Schule der Psychotherapie bezeichnet. Die erste ist die Psychoanalyse Sigmund Freuds und die zweite die Individualpsychologie nach Adler. Vereinfachend und lediglich nach dem Kriterium typischer Forschungsschwerpunkte könnten die drei Schulen folgendermaßen charakterisiert werden:

Sigmund Freud beschäftigte sich mit *„Dem Willen zur Lust"*
Alfred Adler mit *„Dem Willen zur Macht"*
Viktor Frankl mit *„Dem Willen zum Sinn"*[109]

Freuds umfassende Theorien konzentrierten sich auf das menschliche Triebleben. Adler untersuchte die Beziehung des Individuums zur sozialen Mitwelt und leitete das kompensatorische Machtstreben des Menschen aus dessen tiefsitzenden Minderwertigkeitsgefühlen ab. Frankl schließlich verstand den Menschen als ein Wesen, das sein Leben sinn-voll gestalten möchte und seelisch erkranken kann, wenn sein „Wille zum Sinn" frustriert wird.[110] Seine forschungsleitende Fragestellung war:

Der Wille zum Sinn

- **„Was erhält den Menschen gesund?"**

Darin lässt sich bereits der ganzheitliche Ansatz von Frankl erkennen, mit dem er dem heute geforderten Gesundheitsbegriff nach Salutogenese im Sinne einer gesunderhaltenden Lebensweise vorgreift.

Die reduktionistischen Lehren unter anderem von Freud, Adler, Marx, Skinner u.a. sind Folge des in der Industriegesellschaft weitverbreiteten mechanistischen Denkens. Der Mensch ist danach nichts als ein Oxidationsprozess, ein Reflexautomat, ein Trieb-

---

109 Vgl. Lukas, E.: Lehrbuch der Logotherapie, München – Wien 1998, S. 14.
110 Vgl. Lukas, E.: ebenda.

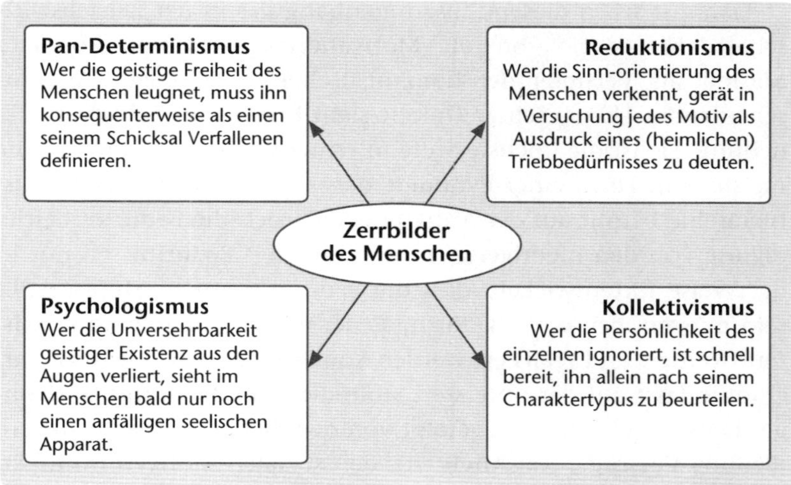

Abbildung 17: **Zerrbilder des Menschen nach Frankl**[112]

apparat, ein psychischer Mechanismus oder aber bloßes Produkt von Produktionsverhältnissen. Solche Darstellungen erwecken im Menschen ein Gefühl der Ohnmacht, verführen zu fatalistischer Lebenseinstellung, verabsolutieren jeweils nur einen Aspekt des Menschen und unterminieren den Enthusiasmus für Sinn und Werte – für Frankl der „Nihilismus von heute."[111]

Ein würdiges Menschenbild

Frankls Logotherapie steht hingegen unter dem Leitstern eines würdigen Menschenbildes und so hat er sich leidenschaftlich gegen jede Art von Determinismus, Reduktionismus, Psychologismus bzw. Pandeterminismus massiv gewehrt. Der behavioristischen Lehre ist nicht vorzuwerfen was sie getan, sondern was sie unterlassen hat.

Für Frankl geht es um vier Paare von Unterscheidungskriterien: Schicksal und Freiheit, Anfälligkeit und Intaktheit, Lust- und Sinnorientierung sowie Charakter und Persönlichkeit. Wo diese nicht beachtet werden und sämtliche geistigen Phänomene auf psychologische zurückgeführt werden, treten kritische Zerrbilder des Menschen auf. Es sind dies konkret, die in Abbildung 17 dargestellten Zerrbilder, gegen die Frankl aufgestanden ist. Diesen Fehlern soll in der logotherapeutischen Anthropologie ein Riegel vorgeschoben werden, denn sie sind quasi „Sünden wider den Geist" denen nichts Gutes entquillt.

111 Riemeyer, J.: Die Logotherapie Viktor Frankls – Eine Einführung in die sinnorientierte Psychotherapie, 2. Auflage 2002, S. 201.

112 in Anlehnung an Lukas, E.: a. a. O., S. 25.

Erwähnt sei in diesem Zusammenhang das in der Betriebswirtschaftslehre weit verbreitete Motivationskonzept von Abraham Maslow als Vertreter der humanistischen Psychologie. Als entscheidendes Thema seiner Theorie sieht Maslow die Selbstverwirklichung. Sie ist die höchste Stufe in seiner Bedürfnishierarchie, die meistens in Form einer Pyramide dargestellt wird. Die Bedürfnishierarchie beruht auf der Annahme, dass sich die Bedürfnisbefriedigung von den niedrigeren zu den höheren Bedürfnissen nur in der Weise fortentwickelt, dass die Bedürfnisse einer Stufe gestillt sein müssen, bevor die Bedürfnisse der nächst höheren Stufe existent werden und realisiert werden können. Seine Bedürfnishierarchie umfasst auf der untersten Stufe die Grundbedürfnisse (Hunger Durst, Schlafen etc.), gefolgt von den Sicherheitsbedürfnissen, (Schutz, Vorsorge, Angstfreiheit), den sozialen Motiven (Kontakt, Liebe, Zugehörigkeit), den Ich-Motiven (Anerkennung, Status, Achtung, Prestige) und als höchste Stufe die Selbstverwirklichung.

Selbstverwirklichung durch Sinnverwirklichung

Der „Selbstverwirklichungs-Trip" hat sich in den letzten Jahrzehnten in allen Lebens- und Arbeitsbereichen in der Tat als ein erstrebenswertes, vielleicht gar als das wichtigste Ziel großer Beliebtheit erfreut.

Dabei führt Selbstverwirklichung um ihrer selbst willen nicht zu einem erfüllten, zufriedenen Arbeiten und Leben. Falsch verstandene Selbstverwirklichung kann das narzisstische Potenzial im einzelnen mobilisieren und in Unternehmungen Missgunst, Grabenkriege und destruktive Verhaltensweisen nähren und damit einer in Theorie und Praxis zurecht eingeforderten Vertrauens- und Kooperationskultur im Wege stehen. Maslows Selbstverwirklichung entgegen kommt der Wille zum Sinn nicht erst dann auf, wenn die niedrigeren Bedürfnisse befriedigt sind.

Sinn ist nach Frankl die menschliche Primärmotivation und lässt sich weder auf andere Bedürfnisse zurückführen noch davon herleiten.[113]

Sinn ist der Schrittmacher des Seins.

Interessanterweise hat Maslow in seinen späteren Lebensjahren in einem Brief an Frankl bestätigt, dass er mit ihm übereinstimme,

113 Vgl. Frankl, V.: Die Sinnfrage in der Psychotherapie, München 1988, S. 45.

dass das Sinnbedürfnis das zentrale Bedürfnis des Menschen sei.[114] Das scheint in der betriebswirtschaftlichen Literatur aber noch nicht angekommen zu sein.

Sinn – das zentrale Bedürfnis des Menschen

2.1.6
Zusammenfassung: Hauptanliegen und Ziele der Logotherapie und Existenzanalyse

- **Die Bewusstwerdung der existenziellen Situation von Freiheit und Verantwortung als wesentliche Forderung an den einzelnen Menschen.**
- **Die Fähigkeit mit innerer Zustimmung (Authentizität) zu leben und zu arbeiten.**
- **Erspüren von erlebten Werten (Menschen, Aufgaben, Situationen), befragt zu sein.**
- **Fähig sein, gelingende Begegnungen und Beziehungen zu erleben und zu ermöglichen.**
- **Sinn-volles Leben und Wirken durch Engagement für Wert-volles zu ermöglichen.**
- **Gesunderhaltung durch sinn-volles Wirken und Be-wirken.**
- **Selbstgestaltung und menschliches Wachstum und Entwicklung ermöglichen.**

Wert-volles be-wirken

Die in der betriebswirtschaftlichen Theorie und Praxis zurecht geforderten Konstrukte wie Selbstverantwortung, Vertrauenskulturen, Beziehungsintelligenz, lernende Organisation, authentische Dienstleistungen, Kooperationsbereitschaft usw. könnten bei Verinnerlichung des logotherapeutischen Gedankengutes mit Leben erfüllt werden. Tatsächlich findet nicht umsonst Frankls Gedankengut bereits über den psychotherapeutischen Bereich hinaus große Bedeutung, vor allem in der Pädagogik, Soziologie, Theologie, Medizin, Philosophie und neuerdings und immer mehr in der Managementlehre, der Arbeitswelt und der betrieblichen Gesundheitsförderung.

114 Vgl. Frankl, V.: Der Mensch vor der Frage nach dem Sinn, München 1986, S. 146.

2.1.7
Das Welt- und Menschenbild der Logotherapie und Existenzanalyse

V. Frankl

Die Welt ist kein Manuskript,
das wir zu entziffern, sondern ein Protokoll,
das wir zu diktieren haben.

Im Weltbild der Logotherapie ist die Welt und damit auch die Welt der Arbeit voll von Sinn-möglichkeiten, hat Leben in allen Lebenssituationen einen bedingungslosen Sinn, den es unter keinen Umständen verliert.[115]

Kernsatz

- **Jede einzelne Lebens- und Arbeitssituation hat ihre ganz besonderen Sinnchancen und Sinnangebote.**

Jede Situation hat also ihren *einmaligen Aufforderungscharakter,* dem sich der Mensch stellen soll. „Mensch-Sein" wird bei Frankl verstanden als ein ständiges *„In-Frage-Stehen",* nämlich angefragt zu sein von erlebten und gespürten Werten (Beziehungen, Aufgaben Erleben usw.). Der Mensch ist also nicht nur ein Fragender und Forderneder, sondern er ist eigentlich dazu da, auf seine Lebensfragen seine Antworten zu finden, sein Leben in Freiheit zu verantworten.[116] Für Frankl darf die Frage daher nicht lauten, was habe ich vom Leben, von der Arbeit zu erwarten, sondern was erwarten das Leben, die Arbeit, die jeweilige Situation von mir? Welche Aufgaben harren meiner, wo kann ich mich einbringen? Das Sinnorgan ist das Gewissen, das wie ein Kompass die Richtung für sinn-volles Handeln weist.

Was wird von mir erwartet?

Frankl hat sich einem Bild vom Menschen als geschlossenes System verweigert und sieht ihn stattdessen als „in-Beziehung-zur-Welt-stehend".

Für Frankl ist der Mensch mit seinem ganzen Sein Antwort auf die Welt. Mit dem Spruch von Hebbel: „Das Leben ist nicht etwas – es ist die Gelegenheit zu etwas", den Frankl immer wieder zitiert, kommt die

115 Vgl. Lukas, E.: Viktor Frankl und die Logotherapie – Eine Kurzinformation über sein Leben und sein Werk, Perchtoldsdorf b. Wien 2003, S. 12.

116 Vgl. Längle, A.: Broschüre der GLE Wien.

Grundauffassung Frankls zum Sinn im Leben des Menschen zum Tragen.[117]

Sinnfindung in der Arbeit und Lebenssinn sind untrennbar und sinnvolles Leben setzt auch Sinnerfüllung in der Arbeit voraus. Sein Menschenbild hat Frankl im Konzept seiner Dimensionsontologie vorgelegt. Darin entfaltete er menschliches Sein dreidimensional: auf körperlicher, psychischer und geistiger Ebene. Der Mensch ist die Einheit dieser drei Aspekte des Menschseins (Abbildung 18).

Das Zusammentreffen dieser drei Kräfte, die in unterschiedliche Richtungen divergieren, lässt sich am besten mit Dimensionen darstellen, was Frankl als erster getan hat. „Der Mensch ist leiblich, seelisch und geistig zugleich. Das macht seine Einheit aus. Die drei Dimensionen des Menschen stehen in einem besonderen Verhältnis. Zum einen setzt sich der Mensch nicht aus den drei Dimensionen „zusammen“.[118] Die Einheit des Menschen entsteht vielmehr dadurch, dass sich das Geistige in ihm mit dem Psychophysischen „aus-ein-ander-setzt.“ Zum anderen entwickeln die drei Dimensionen des Menschseins ihre eigene Dynamik, die als Motivationskräfte zum Vorschein kommen.“[119] Als körperliches Wesen geht es dem Menschen um die Erhaltung und Gesundheit des Körpers, was durch Bedürfnisse geregelt wird. Als psychisches Wesen geht es dem Menschen um das Leben seiner vitalen Kräfte und um das Wohlbefinden in seinem eigenen Körper. Er strebt nach angenehmen Gefühlen und Spannungsfreiheit gemäß seiner Persönlichkeitsanlagen. Das Gelingen solchen Strebens wird als Lust erlebt, das Scheitern als Unlust, Spannung, Frustration.[120]

Die geistige Dimension – die Dimension eigentlichen Menschseins

Die geistige Dimension ist die Dimension der Lebenspläne und Lebensgestaltung, der Zielwahrnehmung und Willensvorgänge, der Empfänglichkeit für Sinn-fragen, Liebe, Ethos und religiöse Erfahrungen. Es ist die Dimension künstlerischer Intuition und wissenschaftlicher Inspiration, die Quelle jedweder kultureller Entwicklung. Die drei Dimensionen sind von einander verschieden und es

117 Waibel, E. M.: Erziehung zum Selbstwert – Persönlichkeitsförderung als zentrales pädagogisches Anliegen, 2. Auflage 1998, S. 94, zitiert nach Frankl.

118 Längle, A.: Viktor Frankl – ein Porträt, München 2001, S. 240.

119 Längle, a. a. O., S. 240.

120 Ebenda

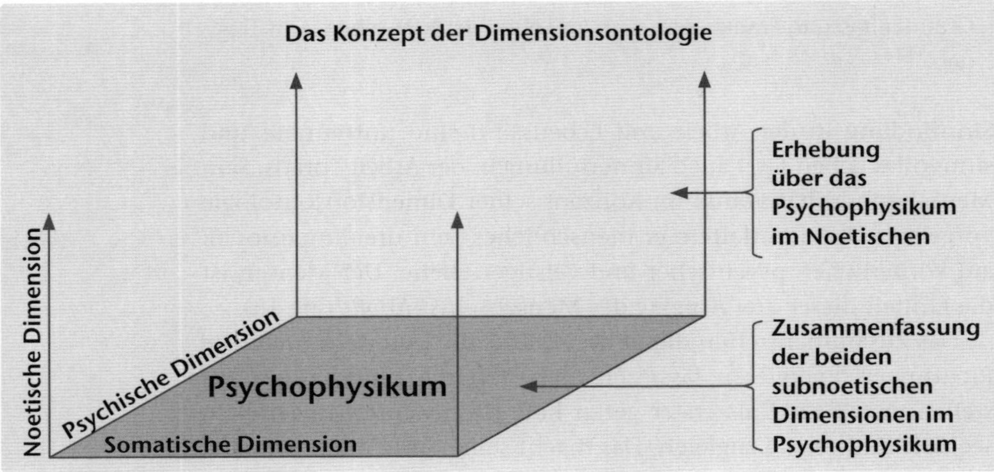

Abbildung 18: **Das Konzept der Dimensionsontologie nach Frankl**[121]

kann nicht von der einen auf die andere geschlossen werden. Ihre dynamischen Kräfte entfalten sie unabhängig voneinander.[122]

> Das Geistige ist aber nicht nur eine eigene Dimension, sondern auch die eigentliche Dimension des Menschseins. So sehr jedoch die geistige Dimension die eigentliche ausmacht, sowenig handelt es sich bei ihr um die einzige Dimension des Menschseins. Ist der Mensch eine leiblich-seelisch-geistige Einheit und Ganzheit.[123]

Nach Frankl „machen nicht nur Erbe und Umwelt den Menschen aus, sondern:

Kernsatz

- **„Der Mensch macht auch etwas aus sich."**

Die geistige Dimension ist die spezifisch humane Dimension, die den Menschen von allen anderen Lebewesen unterscheidet. Aufgrund seiner geistigen Freiheit ist der Mensch *nicht Opfer* einer Situation, sondern ihr *Gestalter,* wenn nötig auch Umgestalter und er kann sich über Determinierungen und Beschränkungen hinwegsetzen und wachsen. Aufgrund seiner Freiheit ist der Mensch aufgeru-

121 Lukas, E.: Lehrbuch der Logotherapie, München – Wien 1998, S. 21.

122 Lukas, E.: Viktor Frankl und die Logotherapie – Eine Kurzinformation über sein Leben und sein Werk, Perchtoldsdorf b. Wien 2003, S. 12.

123 Frankl, V. E.: Logotherapie und Existenzanalyse – Texte aus sechs Jahrzehnten, Weinheim u. a., 2002, S. 63/64.

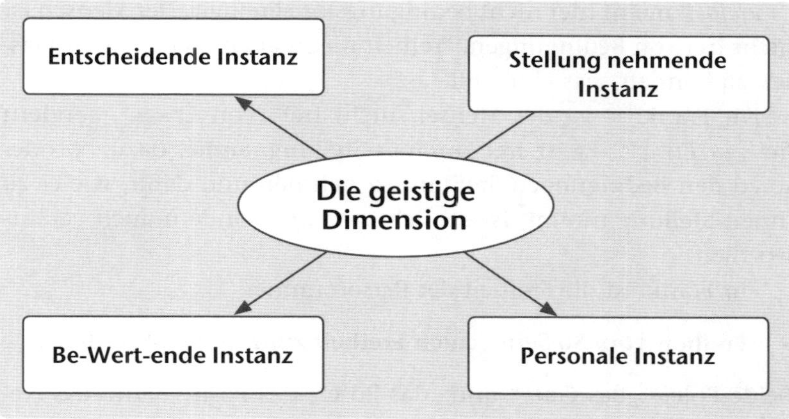

Abbildung 19: **Die geistige Dimension des Menschen**

fen zu planen, zu unterscheiden und zu entscheiden zwischen den Möglichkeiten, die sich ihm bieten. Es liegt an ihm, sein Leben und seine Zukunft zu gestalten. Es liegt an ihm, diese Möglichkeiten aufzugreifen oder liegen zu lassen.

Frankl erlöst somit den Menschen von seiner bedingungslosen „Schicksals- und Opferrolle" und führt ihn zurück in die Authentizität und Verantwortung, der ideale Geist für menschliches Wachstum und Organisationsentwicklung.

Die geistigen Potenziale für menschliches und unternehmerisches Wachstum nutzen

Die Logotherapie hat ihr Schwergewicht auf des Erkennen und Fördern der geistigen Fähigkeiten des Menschen gelegt. Deshalb muss die Wirtschaft bei der Logotherapie anzapfen, um die geistigen Potenziale für menschliches und unternehmerisches Wachstum zu nutzen. Das Geistige stellt die entscheidende, die Stellung nehmende, die bewertende und die personale Instanz im Menschen dar[124] (Abbildung 19).

In der Tat sind es diese geistigen Fähigkeiten, die Führende und Mitarbeiter in die Lage versetzen können, das vielfach verlorene Vertrauen in Wirtschaft und Unternehmen durch sinn-volles Wirken und Be-wirken wieder zu gewinnen.

Die vier Charakteristika und Grundsäulen der geistigen Person sind die Freiheit, die Verantwortung, die Selbstdistanzierung und die Selbsttranszendenz.

124 Riemeyer, J.: a. a. O., S. 117, zitiert nach Lukas, 1990, S. 84.

Freiheit meint hier nicht bedingungslose Freiheit. Der Mensch ist nicht frei von Bedingungen. Freiheit meint auch nicht tun und lassen zu können, was man will.

Für Frankl[125] ist der Mensch nicht frei „von Etwas", sondern *frei „zu Etwas"*. Er ist frei zu einer Stellungnahme, dazu, so oder so zu den Bedingungen Stellung zu nehmen und dafür, wie er zu ihnen Stellung nimmt, ist er nicht nur frei, sondern auch verantwortlich.

Für Frankl ist die Freiheit der Person immer

▶ **„Freiheit vom So Sein – auch Freiheit zum Anders-Werden."**

Der Mensch, das ambivalente Wesen

Beide Pole – „das Gute" und „das Böse", das Positive und das Negative sind im menschlichen Wesen verankert. Es ist der Freiheit und der Verantwortung eines jeden Menschen überlassen, sich zwischen diesen Polen zu definieren, entweder durch verantwortetes, das heißt gewissenhaftes Tätigsein oder durch unverantwortetes Untätigsein, beziehungsweise durch Unterdrückung des Gewissens. Interessanterweise findet sich dieses ambivalente, weltoffene Menschenbild bereits bei Adam Smith, dem Gründervater der Wirtschaftswissenschaften.

Smith sah in den Menschen Kräfte am Werk, welche ihrem Eigennutzenstreben entgegenwirken und es ausbalancieren: Die Fähigkeit der Menschen, sich in die Lage anderer Menschen zu versetzen und das Gewissen. Erst durch diese im Menschen angelegte Selbstkontrolle sah sich Adam Smith legitimiert, den Staat aufzurufen, so wenig wie möglich im Wirtschaftsleben zu intervenieren.[126] Diese Kräfte im Menschen und die Existenz des Gewissens als Prüfstein für wirtschaftliche Entscheidungen scheinen vielfach in Vergessenheit geraten zu sein. Deshalb gilt es Rahmenbedingungen zu schaffen, die Werte, ethische Anforderungen und wirtschaftliches Eigeninteresse in Einklang bringen. Frankl sagt:

Kernsatz

◆ **„Sich" entscheidet der Mensch: alle Entscheidung ist Selbstentscheidung und Selbstentscheidung allemal Selbstgestaltung.**[127]

---

125 Frankl, V. E.: Der Wille zum Sinn, 4. Auflage, München 1997, S. 141.

126 Anker, H.: Das Menschenbild des Neoliberalismus – Die Fiktion von Freiheit und Verantwortung in Logotherapie in der Wirtschaft und Arbeitswelt und im Management, Graf (Hrsg.) 2004.

127 Frankl, V. E.: Logotherapie und Existenzanalyse – Texte aus sechs Jahrzehnten, Weinheim u. a., 2002, S. 97.

Für die Logotherapie ist die Person mit ihrer personalen Eigenart von zentraler Bedeutung. Entgegen den vielfältigsten Typologisierungen in der Führungslehre befreit sie die Person vom „Typendasein" und ermöglicht das Unikat, das Original. Ein Ansatz, der dem in der betriebswirtschaftlichen Theorie und Praxis vielfach geforderten Imperativ „Einzigartigkeit" und „Unverwechselbarkeit" neue Möglichkeiten öffnet.

Verantwortung steht für die ethische Reflexion. Es geht also um die Frage des transsubjektiven Sinnes, der die Werte in der Welt erhält und vermehrt und nicht um Eigennutz auf Kosten anderer.

Verantwortung ist Ausdruck meiner Verbundenheit mit einem Menschen, mit einer Idee oder einer Sache. Verantwortlich sein, das heißt: sich widmen. Sich hingeben wollen, für etwas da sein wollen, ist freiwilliges Sich-Verpflichten. Für etwas verantwortlich sein heißt: es lieben – im Bewusstsein, damit im Sinne meines höchsten Wertes zu leben. Verantwortung ist Engagement für die eigenen Werte.[128] Verantwortung kommt also von innen, während Pflicht von außen kommt. Verantwortung geht weit über bloße Pflichterfüllung hinaus.

Verantwortung ist freiwilliges „Sich-Verpflichten"

Pflichterfüllung heißt „Verordnetes", „Vorgegebenes", „Fremdbestimmtes" zu erfüllen. Verantwortung hingegen bedeutet in Freiheit zu entscheiden, Stellung zu nehmen, bedeutet von innen heraus zu wollen, in jeder Situation unser Bestes geben zu wollen. Verantwortung in diesem Sinne könnte das erfüllen, was heute vermehrt von Führenden und Mitarbeitern gefordert wird.

Verantwortung bedeutet in Freiheit zu entscheiden

Selbstdistanzierung meint die Fähigkeit des Menschen, sich selbst gegenübertreten bzw. entgegentreten zu können und damit seine geistige Fähigkeit, sich von seinen Bedingtheiten distanzieren zu können, nicht ausgeliefert zu sein. In dieser Fähigkeit liegen die Potenziale menschlichen Wachstums und Fortschritts. Auch der von Frankl geprägte Satz

Kernsatz

◆ **„Muss man sich denn auch alles von sich gefallen lassen?"**

ist ein zentraler Kernsatz der Logotherapie und die Erlösung aus einer hilflosen, resignierten, schicksalsgläubigen und lethargischen

128 Längle, A.: (1989) a. a. O., S. 87.

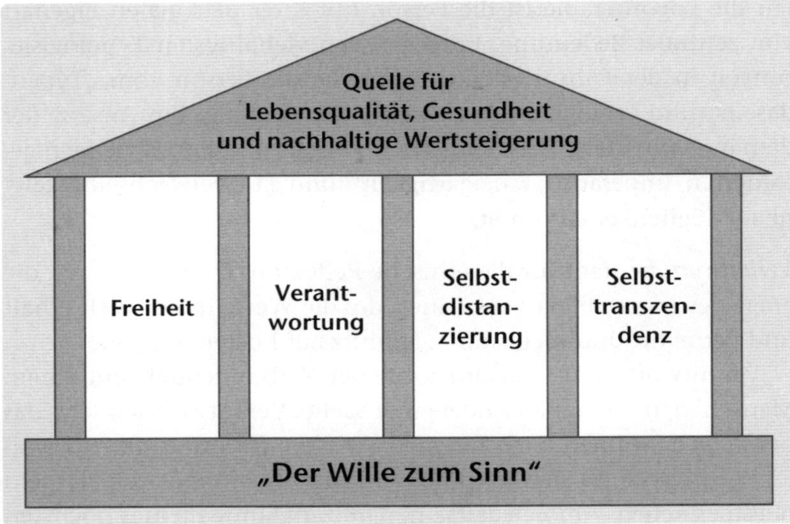

Abbildung 20:
Die Möglichkeiten der geistigen Dimension des Menschen

Opferrolle. Diese Fähigkeit der Selbstdistanzierung umfasst die von Frankl benannte „Trotzmacht des Geistes".

Als *Selbsttranszendenz* bezeichnet Frankl menschliches Sein, das sich immer wieder auf etwas bezieht, das nicht wieder er selbst ist. Im Verwirklichen von Werten, im Streben nach Sinn, vergisst der Mensch ganz auf sich und ist sich dabei doch am nächsten. Dabei sind die Weltoffenheit und die Fähigkeit, sich von etwas berühren zu lassen, Voraussetzung. Frankl zitiert in diesem Zusammenhang oft Jaspers[129]

▶ **„Was der Mensch ist, das ist er durch die Sache, die er zur Seinen macht."**

Ganz Mensch sein im Dienste an einer Sache

Frankl sagt: „Ganz Mensch ist der Mensch nur im Dienst an einer Sache oder in der Liebe zu einer Person und sich selbst verwirklicht er erst dann, wenn er sich selbst transzendiert."

Selbsttranszendenz bedeutet über das eigene Selbst hinaus die Frage auf den Kopf zu stellen: Nicht was bieten das Unternehmen und die Arbeit oder andere Menschen mir oder was muss es mir bieten, sondern: Was kann ich zu besseren, wertvolleren Bedingungen für andere Menschen beitragen, was kann ich für die Gesellschaft, die Unternehmensgemeinschaft tun und damit zu einem wertvol-

129 Waibel, E. M.: Erziehung zum Selbstwert, 2. Auflage Donauwörth 1998, S. 74.

leren Leben anderer Menschen beitragen? Zusammenfassend soll das Menschenbild der Logotherapie und Existenzanalyse in Abbildung 20 dargestellt werden.

Das Gedankengut und Lebenswerk Frankls ist wissenschaftlich fundiert, weltweit anerkannt und unterscheidet sich dadurch von vielen aktuellen, modischen Erfolgs- und Lebensgestaltungsrezepten.

2.1.8 Zusammenfassung des logotherapeutischen (ganzheitlichen) Menschenbildes

Die kleinste Bewegung ist für die ganze Natur von Bedeutung.

Blaise Pascal

- Der ganzheitliche Mensch ist der Geistmensch bestehend aus Körper, Seele und Geist.
- Der Mensch ist ein ambivalentes Wesen. Beide Pole: Das Gute und das Böse, sind im Menschen angesiedelt.
- Die Primarmotivation des Menschen ist der „Wille zum Sinn“.
- Der Mensch ist aufgrund seiner „Freiheit des Willens“ ein potenziell entscheidendes Wesen, er entscheidet immer „was er ist“.
- Er hat die potenzielle Fähigkeit sich selbst zu erschaffen, zu entwickeln und zu wachsen, indem er erkennt, wie er erkennt.
- Der Mensch ist nicht Opfer, sondern Gestalter seines Lebens, seiner Arbeit, seiner Lebenssituationen.

Nicht Opfer, sondern Gestalter

- Der Mensch ist nicht bedingungslos seinen Bedürfnissen, Trieben und Anlagen ausgeliefert. Sein Denken und Verhalten wird potenziell durch sein Gewissen und seine persönlichen Werte bestimmt.
- Aufgrund seiner geistigen Dimension ist er fähig, in Freiheit und Verantwortung, in Selbstdistanzierung und Selbsttranszendenz, Wert-volles für sich und andere Menschen hervorzubringen.
- Der Mensch ist potenziell fähig, Beziehungen zu seinem Inneren und zu seiner Umwelt herzustellen und gelingende Begegnungen und Beziehungen zu ermöglichen.
- Der Mensch ist potenziell fähig, Beruf als Berufung zu leben, indem er Werte für andere Menschen schafft, anderen Menschen zu Erfolgserlebnissen verhilft und sie so in ihrem Selbstwert stärkt.

Beruf als Berufung leben

2.2
Welchen konkreten Nutzen kann das ganzheitliche Menschenbild für Sie persönlich und Ihr Unternehmen bringen?

Tue das, wodurch du würdig bist glücklich zu sein.

Immanuel Kant

Zukunftsführende und für alle Beteiligten erfolgsversprechende Einstellungen

Frankls Menschenbild des sinn-orientierten, in Freiheit und Verantwortung entscheidenden Geistmenschen eröffnet Ihnen, lieber Leser, zukunftsführende und für alle Beteiligten erfolgsversprechende Einstellungen und Persönlichkeitsentwicklungen. Es ist gewiss keine „einfache Kost“ oder gar „Schonkost“, es verspricht Ihnen auch nicht „von der Ameise zum Adler“ zu werden, indem Sie einfach daran glauben ein Adler zu sein, nein im Gegenteil. Es ist eine immer wieder herausfordernde schwere, aber sich lohnende „Kost.“

Was kann das nun konkret für Sie bedeuten?

2.3 Anleitungen zur praktischen Umsetzung des ganzheitlichen Menschenbildes

Der Wille zum Sinn – Das Motivationskonzept

- Ihre Selbstmotivation ersetzt die gängigen, reduktionistisch-mechanistischen, auf Triebbefriedigung und Selbstverwirklichung ausgerichteten und nicht nachhaltig wirksamen Motivierungstechniken.
- Ihre Selbstmotivation durch Sinn-orientierung erhöht die Wertsteigerung des Unternehmens, durch höheres Engagement, reduzierte Fehlzeiten und Ihren Selbstwert.

Selbstmotivation erhöht Selbstwert

- Sinn-orientierte Rahmenbedingungen haben motivationalen und salutogenen Charakter.[130]
- Naive, allgemeingültige Motivierungsrezepte erübrigen sich durch Sinn-möglichkeiten und Sinn-findung in der Arbeit.
- Ihre Sinn-orientierte Arbeit verhindert Arbeitsfrust und Burnout und führt Sie zu Erfüllung und Freude, die sich im Kundenkontakt zu Kernkompetenzen entwickeln könnte.

Freiheit

- Ihr geistiges Geschenk der Freiheit bietet Ihnen die Grundlage für die in wirtschaftlicher Theorie und Praxis geforderte Authentizität.

Die Grundlage für Freiheit und Authentizität

- Ihre Freiheit vom So-Sein zum Anders-werden ist Ihre persönliche Herausforderung permanenter Selbstführung und Selbstgestaltung in neuester, wirtschaftlicher Wortschöpfung „Selfness".
- Ihre Freiheit zur Selbstgestaltung ermöglicht Ihnen die Basis für einen besseren, selbstwertfördernden Umgang mit anderen Menschen und eröffnet das Tor für die vielzitierte Vorbildwirkung.
- Ihre Freiheit, Bedingtheiten und Determinierungen zu trotzen, ist Ansporn für Ihre Herausforderung Ihre verborgensten Potenziale zu nutzen und deshalb die Basis für nachhaltige Personal- und Organisationsentwicklung.
- Ihre Freiheit „Zu-Etwas" eröffnet Ihnen die Möglichkeit Ihr Bestes zu geben, Beruf zu „Be-Rufung" zu verwandeln.

Möglichkeit, Ihr Bestes zu geben

---

130 Vgl. Graf u. Grote.: Studie: Betriebliche Gesundheitsförderung, 2003.

- Ihre Freiheit zur Einstellungsmodulation ermöglicht Ihnen zu schwierigen Situationen, Arbeitsinhalten, Menschen eine lösungsorientierte, innovative Haltung zu entwickeln und verhindert Weichlichkeit, Resignation und Demotivation.
- Ihre Freiheit ermöglicht negativen, destruktiven, nicht förderlichen Gefühlen zu trotzen und damit einen positiven Beitrag zu einer förderlichen, wertsteigernden Unternehmenskultur beizutragen.
- Ihre Freiheit ermöglicht den Focus auf das Gute, das Positive in Menschen und Situationen zu richten und damit Unternehmen zu energetisieren (ohne das Negative zu übersehen).
- Ihre Freiheit Stellung zu beziehen bedeutet über Ihre Wirklichkeitskonstruktionen, Ihr Denken und Handeln kritisch zu reflektieren und ermöglicht im Unternehmen ein Klima der Selbstreflexion und permanenten Wachstums.

Ein Klima der Selbstreflexion und permanenten Wachstums

Verantwortung

- Ihre Verantwortung entbindet von Last und Zwang und ermöglicht Ihnen selbstbestimmtes, innerlich bejahtes Commitment für die Werte und Ziele des Unternehmens und erspart Kosten für Kontrollprozesse.
- Ihre Verantwortung führt zu authentischer, weil selbstgewählter Haltung und ist Voraussetzung für die vielpropagierte Vertrauenskultur.
- Ihre Verantwortung bedeutet Sinn-volles für alle Unternehmensmitglieder leisten zu wollen und ermöglicht Ihnen, vom „Du" her zu denken. Lässt den Quantensprung vom Denken in egoistischen Einzelinteressen zu einer Orientierung an einem Gesamtinteresse zu.

Vom „Du" her denken

- Ihre Verantwortung bedeutet für das Unternehmen und die Mitglieder Ihr Bestes zu geben und sich den Aufgaben des Unternehmens zu stellen.
- Ihre Verantwortung führt zu einem menschlicheren, respektvolleren Umgang miteinander und leistet einen großen Beitrag zur betrieblichen Gesundheitsförderung und damit auch Kostenreduktion.
- Ihre Verantwortung ermöglicht Konflikte durch konziliantes Verhalten im Sinne von Zulassen unterschiedlicher Sichtweisen

Unterschiedliche Sichtweisen zulassen

konstruktiv zu lösen. Damit könnte vielen destruktiven Verhaltensweisen ein Riegel vorgeschoben werden.

- Ihre Verantwortung bedeutet über Ihre „Bequemlichkeitszonen" hinauswachsen zu wollen und permanent für die persönliche Weiterentwicklung Sorge zu tragen. Der ideale Geist einer lernenden Organisation.

Über Bequemlichkeitszonen hinauswachsen

- Ihre Verantwortung übernehmen ermöglicht es Ihnen, Ihr Denken und Handeln als Akte der Selbstgestaltung zu verinnerlichen.
- Ihre Verantwortung setzt Ihre ungenutzten Potenziale frei.

Selbstdistanzierung

- Ihre Selbstdistanzierung setzt die hohe Schule der Selbsterkenntnis voraus. Damit würde das wichtigste, weil zielführendste Führungsinstrument, die eigene Person, für den betrieblichen Wertschöpfungsprozess mobilisiert.
- Ihre Selbstdistanzierung lässt Sie sich selber sehen zu. Damit eröffnet sich die Möglichkeit des viel geforderten empathischen Verhaltens gegenüber Mitarbeitern und den übrigen Stakeholdern und der wiederum viel geforderte „menschliche Mehrwert" könnte dadurch realisiert werden.
- Ihre Selbstdistanzierung ermöglicht in der Qualität der Zusammenarbeit Synergieeffekte hervorzubringen und die Motivation der Mitarbeiter zu verbessern.

Synergieeffekte in der Qualität der Zusammenarbeit

- Ihre Selbstdistanzierung ermöglicht die individuelle Balance zwischen Arbeit und Freizeit zu finden. Damit könnte die Produktivität der Arbeit gesteigert werden.
- Ihre Selbstdistanzierung ermöglicht die vielfach eingeforderte Haltung des Dienens – der dienenden Führungskraft, die sich am Nutzen aller orientiert und ihre Mitarbeiter im Sinne des Unternehmens und ihrer Persönlichkeit fordert und fördert.
- Ihre Selbstdistanzierung ermöglicht die gesunde, konstruktive Spannung zwischen dem Sein und dem Sein-Sollen und damit Ihr permanentes Wachstum.

Konstruktive Spannung zwischen dem Sein und dem Sein-Sollen

Selbsttranszendenz

- Ihre Fähigkeit zur Selbsttranszendenz wäre die Voraussetzung für die vielgeforderte authentische Dienstleistungskultur.

- Ihre Fähigkeit zur Selbsttranszendenz wäre die Voraussetzung für Begeisterung und könnte Sie von automatisierten Arbeitsabläufen, in denen Sie nicht wirklich anwesend sind, sondern nur „Dienst nach Vorschrift" lieblos abhacken, befreien.

Die volle Hingabe

- Ihre Fähigkeit zur Selbsttranszendenz ermöglicht Ihnen die volle Hingabe an eine Aufgabe oder andere Menschen und lässt das vielstrapazierte Konstrukt „Kundenorientierung" in einem anderen, in einem kundengerechteren Licht erstrahlen.

Sich einlassen auf das Gegenüber

- Ihre Fähigkeit zur Selbsttranszendenz ermöglicht Ihnen, „Sich ein zu lassen" auf Ihr Gegenüber, bedeutet andere Menschen in Ihrem „So-Sein" zu bejahen, zu bestätigen und würde damit die vielfach strapazierte leere Worthülse von „Beziehungsmanagement" mit Leben erfüllen.
- Ihre Fähigkeit zur Selbsttranszendenz wäre die Basis für eine Steigerung von Lebensqualität, Servicequalität und gelingenden menschlichen Begegnungen und Beziehungen.

Diese Potentiale zu nutzen oder nicht, liegt im freien Entscheiden und Willen des Einzelnen.

Sie, lieber Leser, haben also die Möglichkeit aufbauend auf diesem Gedankengut Ihre geistigen Potenziale zu nutzen.
Sie haben die Möglichkeit:
Führung und Arbeit als Leben und Vorleben,
als Lernen und Lehren,
als Wirken und Be-Wirken,
als Prozess, als Kunst und als „Kunstwerk"
im Sinne von „Selbstgestaltungsauftrag und Weltgestaltungsauftrag" lebbar machen.

Führung als Selbstgestaltungsauftrag und als Weltgestaltungsauftrag

Das Verinnerlichen dieses Gedankengutes übersteigt das häufig in der täglichen Praxis vorzufindende „Symptomkurieren" mit nachhaltigen Wirkungen.

Zum Abschluss dieses Teils für Sie noch ein paar Gedanken zum Schmunzeln und zum Nachdenken: Eine Weisheit der Dakota-Indianer:

▶ **„Wenn du entdeckst, dass du ein totes Pferd reitest, steig ab."**

Doch wir Manager versuchen oft andere Strategien, nach denen wir in dieser Situation handeln:

1. Wir besorgen eine stärkere Peitsche.
2. Wir wechseln die Reiter.
3. Wir sagen: „So haben wir das Pferd doch immer geritten."
4. Wir gründen einen Arbeitskreis um das Pferd zu analysieren.
5. Wir besuchen andere Orte, um zu sehen, wie man dort tote Pferde reitet.
6. Wir erhöhen die Qualitätsstandards für den Beritt toter Pferde.
7. Wir bilden eine Task Force, um das tote Pferd wiederzubeleben.
8. Wir schieben eine Trainingseinheit ein, um besser reiten zu lernen.
9. Wir stellen Vergleiche unterschiedlich toter Pferde an.
10. Wir ändern die Kriterien, die besagen, ob ein Pferd tot ist.
11. Wir kaufen Leute von außerhalb ein, um das tote Pferd zu reiten.
12. Wir schirren mehrere tote Pferde zusammen an, damit sie schneller werden.
13. Wir erklären: „Kein Pferd kann so tot sein, dass man es nicht noch schlagen könnte."
14. Wir machen zusätzliche Mittel locker, um die Leistung des Pferdes zu erhöhen.
15. Wir machen eine Studie, um zu sehen, ob es billigere Berater gibt.
16. Wir kaufen etwas zu, das tote Pferde schneller laufen lässt.
17. Wir erklären, dass unser Pferd „besser, schneller und billiger" tot ist.
18. Wir bilden einen Qualitätszirkel, um eine Verwendung für tote Pferde zu finden.
19. Wir überarbeiten die Leistungsbedingungen für Pferde.
20. Wir richten eine unabhängige Kostenstelle für tote Pferde ein.
21. Wer sagt dass man tote Pferde nicht reiten kann?
22. Wir lassen das Pferd schnellstens zertifizieren.
23. Wir frieren das Pferd ein und warten auf eine neue Technik, die es uns ermöglicht, tote Pferde zu reiten
24. Wir bilden einen Gebetskreis, der unser Pferd gesund betet.
25. Wir stellen das tote Pferd bei jemand anderem in den Stall und behaupten, es sei seines.

26. Wir stellen fest, dass die anderen auch tote Pferde reiten und erklären dies zum Normalzustand!
27. Wir ändern die Anforderung von „reiten“ in „bewegen“ und erteilen einen neuen Entwicklungsauftrag.
28. Wir sourcen das Pferd aus. Wetten, dass das Vieh nur simuliert!
29. Wenn man das tote Pferd schon nicht reiten kann, dann kann es doch wenigstens eine Kutsche ziehen.[131]

131 webmaster@scheissprojekt.de, Februar 2002.

3.
Das Konzept GEBEN

◆

Nur allein der Mensch vermag das Unmögliche.
Er unterscheidet, wählet und richtet. Er kann dem
Augenblick Dauer verleihen.

Johann Wolfgang v. Goethe

Lernen ohne zu denken ist verlorene Mühe.
Denken ohne etwas gelernt zu haben ist gefährlich.

Konfuzius

Konzept G E B E N:	
G	eisteshaltungen entwickeln, die Sinn-möglichkeiten zulassen und Erfolg „er-folgen“ lassen.
E	ngagement, „Sein Bestes“ geben, Sinn-findung durch Werteverwirklichung.
B	egeisterung durch authentische, zwischenmenschliche Beziehungen, Zulassen und Fördern von Individualität.
E	ntwicklung der Potenziale bei Führenden und Mitarbeitern und Erschließen neuer Wachstumspfade.
N	achhaltiger Erfolg im Sinne von Gewinn, Umsatz, Sinn-fülle, Freude, Wertschätzung, Lebensqualität und Gesundheit.

3.1 Das Konzept GEBEN: Grundlagen

Holger Rust

In den heutigen Denkkulturen verbreiten sich Ideen von Erfolg und Führung fast automatisch – ohne hinterfragt zu werden.

Ganzheitliches Denken und Handeln in der täglichen Führungspraxis leben

In diesem Teil wird dargestellt, wie Sie, lieber Leser, ganzheitliches Denken und Handeln basierend auf dem sinnorientierten Menschenbild in der täglichen Führungspraxis leben könnten. Welche der angebotenen Möglichkeiten und Potenziale Sie dabei verwenden und was Sie tun oder unterlassen wollen, unterliegt selbstverständlich Ihrer freien Entscheidung. Das Konzept GEBEN soll Ihnen eine Hilfestellung auf der „Entdeckungsreise" zu *Ihrem ganz persönlichen,* authentischen, weil verantwortungsbewussten *Lebens- und Führungsstil* sein. Es soll Ihnen zeigen, wie nachhaltiger Erfolg in einer durch sinn-orientierte Vertauenskultur geprägten Gemeinschaft im Hinblick auf Organisations- und Persönlichkeitsentwicklung, Wert- und Werteorientierung erreicht werden kann (Abbildung 7). Die Notwendigkeit eines ganzheitlichen wert- und werteorientierten Konzeptes wird durch die Defizite in der Praxis und durch den aktuellen gesellschaftlichen Wertewandel noch deutlicher. Den Thesen der Zukunftsforscher entsprechend, reicht eine einseitige, nur am Unternehmenswert orientierte Führung nicht mehr aus. Die nachstehenden Thesen erfordern Ganzheitlichkeit, klare Konzepte und ein effizientes Steuerungsinstrumentarium.

Einen ganz persönlichen, authentischen Lebens- und Führungsstil entwickeln

Kernsätze

- **Die klassischen Wertschöpfungsprinzipien „Bedürfnisse" und „Wünsche" führen in die Sättigungsfalle.**
- **Der Ausweg aus der Sättigungsfalle liegt im Wertschöpfungsprinzip „Werte"**
- **Die Logik der Individualisierung führt zu einer Aufwertung der Werte.**
- **Die Zersplitterung des Werteuniversums ruft nach einem starken Zentrum.**
- **Alle wirklich profitablen Märkte der Zukunft sind Lebensqualitätsmärkte.**
- **Das Wertschöpfungsprinzip Lebensqualität beginnt im eigenen Kopf.[132]**

132 Horx, M.: Trendnavigator, 27. Mai 2004.

3.1.1 Die Balanced Score Card als Steuerungsinstrument

Wenn wir die Ziele wollen,
wollen wir auch die Mittel.

Immanuel Kant

Beginnen wir mit dem Steuerungsinstrument. In diesem Bereich hat sich als geeignetes strategisches Führungs- und Steuerungsinstrument zum wirkungsvollen Erreichen von Vision, Werten, Strategien und Zielen aber auch zum Messen und Entwickeln der sogenannten „soft facts" in letzter Zeit für viele Bereiche die Balanced Scorecard (Abbildung 21) bewährt. In diesem integrierten Konzept werden in einem Top-down-Verfahren die strategischen Ziele eines Unternehmens im Hinblick auf die vier wichtigsten Perspektiven: die Finanzperspektive, die Kundenperspektive, die Perspektive interner Geschäftsprozesse und die Perspektive Lernen und Wachstum, kontrollier- und steuerbar. Die Balanced Scorecard (BSC) stellt die Verbindung zwischen der Messung und der Verbesserung von Leistungen her. Sie hilft den Anwendern die Umsetzung einer entwickelten Strategie in allen vier Perspektiven konsequent zu verfolgen. Sie könnten die BSC als ein strategisches Führungssystem einsetzen, ein ergänzendes Instrument zu weiteren Konzepten und Ansätzen wie sie in den folgenden Kapiteln dargestellt werden.

Messung und Verbesserung der Leistungen

So können Sie kritische Führungsprozesse meistern wie zum Beispiel:

- Die Klärung und das Herunterbrechen von Sinn-Vision und Strategie.
- Die Kommunikation, den Dialog und das Verknüpfen von strategischen Zielen und Maßnahmen.
- Die gemeinsame Planung und Festlegung von Zielen und Werten und die Abstimmung der strategischer Initiativen.
- Die Verbesserung von strategischem Feedback und Lernen.[133]

So könnten Sie Ihren Mitarbeitern, die aus der Sinn-Vision, dem Leitbild (Mission), den Werten und den Strategien abgeleiteten Ziele permanent deutlich machen. Die BSC würde somit den Rahmen schaffen, um Sinn-Vision, Leitbild und Strategien in Ziele und Kennzahlen zu übersetzen. Durch diese genaue Artikulation der

133 Vgl. Kaplan, R. S./Norton, D. P.: Balanced Scorecard, Stuttgart 1997, S. 20 ff.

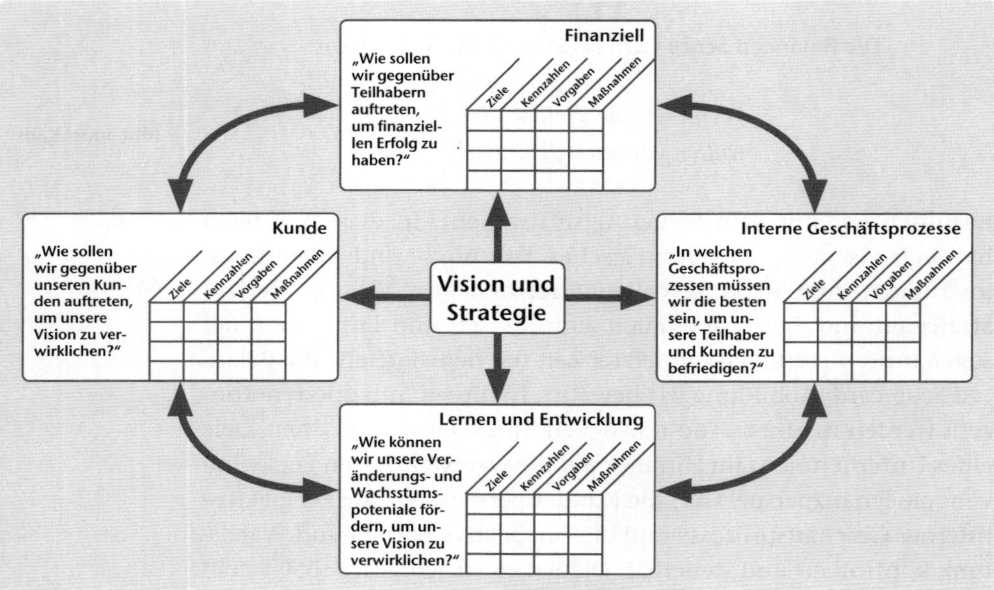

Abbildung 21: **Die Balanced Scorecard ein ganzheitliches Steuerungsinstrument**[134]

gewünschten Ergebnisse und der dahinter stehenden Werttreiber würden Potenziale, Wissen, Energien und Werte aller Mitarbeiter auf die strategischen Ziele hin ausgerichtet. Die dabei verwendeten Messgrößen würden Ihre Mitarbeiter permanent über den gegenwärtigen und zukünftigen Erfolg informieren.

Um Ihre Mitarbeiter auf das gemeinsame Erreichen der langfristigen Zielsetzungen auszurichten, müssten Sie, ihnen einen umfassenden und vor allem verständlichen Überblick über die wesentlichen Aspekte der aktuellen Geschäftsentwicklung vor dem Hintergrund der strategischen Marschroute gewähren.

Erzielte Leistungen und Auswirkungen ergriffener Maßnahmen gemeinsam mit den Mitarbeitern beurteilen

Deshalb sollten Sie – ausgehend von den generellen Zielen – über bestimmte Maßgrößen, welche über finanzielle Kennziffern hinausgehen, die erzielten Leistungen des Unternehmens und die Auswirkungen ergriffener Maßnahmen gemeinsam mit den Mitarbeitern beurteilen und laufend im Dialog über Chancen und Verbesserungsmöglichkeiten nachdenken und diese vorantreiben.

Zur wirkungsvollen Vermittlung von Strategien, Zielen und Werten an Ihre Mitarbeiter erweisen sich die zur BSC dazugehörigen sog. „Strategy Maps“ (Strategiekarten) (Abbildung 22) als sehr

134 Ebenda

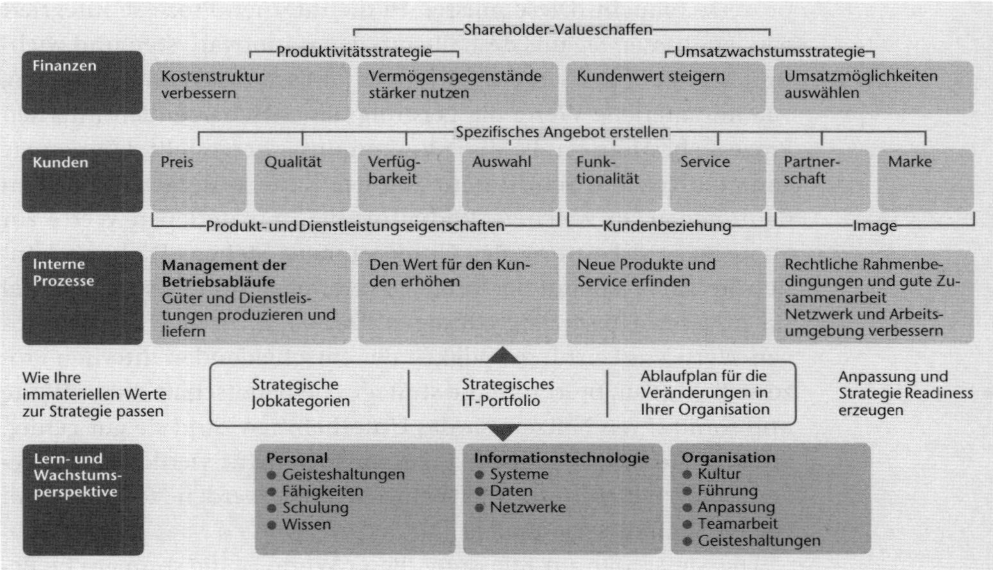

Abbildung 22: **Die Strategiekarte**[136]

wertvoll. Mit Hilfe dieser Strategy Map könnten Sie Ihre immateriellen Werte mit der Strategie und Leistung Ihres Unternehmens verknüpfen.

Immaterielle Werte verstärken interne Prozesse

Die immateriellen Werte beeinflussen Ihre Unternehmensleistung, indem sie interne Prozesse verstärken, die einen Mehrwert für Kunden und Kapitalgeber schaffen. Strategiekarten sind von oben nach unten aufgebaut. Am Anfang stehen die langfristigen Finanzziele. Danach würden Sie festlegen, welches spezifische Angebot für den Kunden ein Umsatzwachstum generieren kann, das diesen Finanzzielen entspricht. Anschließend bestimmen Sie, welche Prozesse für das Erzeugen und Liefern dieses Angebotes notwendig sind. Schließlich definieren Sie, welches Personal, welche Informationstechnik und welche Anforderungen an die Organisation des Unternehmens benötigt werden, um die festgelegten Prozesse abzuwickeln.[135]

Der Lern- und Wachstumsbereich bildet die Basis der Karte. Die Ziele geben Auskunft darüber, welche Aufgaben (Mitarbeiter), welche Systeme (Informationstechnik) und welches Umfeld (Organisation) das Unternehmen zur Unterstützung der Wertschöpfungs-

---

135 Vgl. Kaplan, R. S./Norton, D. P.: a. a. O.

136 Kaplan, R. S./Norton, D. P.: Grünes Licht für Ihre Strategie, in Harvard Businessmager, Mai 2004, S. 19 ff.

prozesse braucht. Diese müssen in die internen Prozesse integriert werden. Lassen Sie uns deshalb auf diesen innovativsten und wichtigsten Aspekt des Scorecard Systems konzentrieren und aufzeigen, wie immaterielle Werte die Leistung der entscheidenden internen Prozesse bestimmen. Ist diese Verknüpfung hergestellt, können Sie ganz einfach die Schritte entlang der Karte verfolgen. Sie sehen dann genau, in welchem Verhältnis die immateriellen Werte zur Strategie und Leistung des Unternehmens stehen. Dadurch können Sie die Werte mit der Strategie vereinigen und messen, wie viel sie zu deren Umsetzung beitragen. Der Grad, zu dem die derzeitigen Werte zur Leistungsfähigkeit der entscheidenden internen Prozesse beitragen, bestimmt die strategische Bereitschaft dieser Werte und somit ihren Nutzen für das Unternehmen. Sind sie gut genug, erhalten sie die Farbe „Grün", bestehen Defizite, werden sie rot gekennzeichnet, sind die Werte mittelmäßig, werden sie mit einem gelben Symbol versehen.[137]

Strategische Bereitschaft entwickeln

Die Messgröße zur Erfassung dieser Werte ist die strategische Bereitschaft (Strategic Readyness). Bei Ihren Mitarbeitern bemisst sich die Strategische Bereitschaft danach, ob die Mitarbeiter über die richtigen Fähigkeiten und den richtigen Grad an Fähigkeiten und Geisteshaltungen verfügen, um die entscheidenden internen Prozesse auf der Strategiekarte auszuführen. Der erste Schritt um einzuschätzen, wie es um die Bereitschaft Ihres Personals steht, ist es, die Strategischen Job Kategorien zu bestimmen, also die Positionen, in denen Mitarbeiter mit den richtigen Fähigkeiten, Talenten und Kenntnissen den größten Einfluss darauf haben, die entscheidenden internen Prozesse des Unternehmens zu verbessern. Beim nächsten Schritt geht es darum, die genauen spezifischen Kompetenzen festzulegen, die für die Ausführung all dieser strategischen Jobs erforderlich sind.[138]

Wenn Sie die entscheidenden internen Prozesse, die sich aus der Strategiekarte ergeben, erfolgreich abwickeln wollen, gilt es, die komplexe Dimension der Unternehmenskultur, der Geisteshaltungen, der Motivation und der Kundenorientierung zu verändern. Dies ist freilich das schwierigste Unterfangen und wird in den folgenden Kapiteln dargestellt. Der größte Trugschluss liegt nicht selten darin, zu glauben ein Kennzahlensystem könne alles erfassen.

---

137 Kaplan, R. S./Norton, D. P.: Grünes Licht für Ihre Strategie, in Harvard Businessmager, Mai 2004, S. 19 ff.

138 Vgl. Kaplan, R. S./Norton, D. P.: a. a. O.

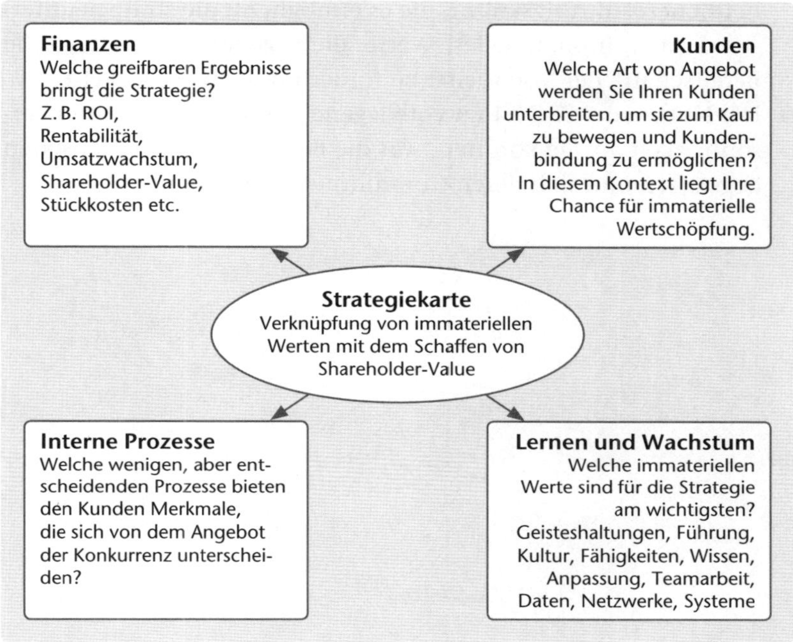

Abbildung 23: **Aufbau der Strategiekarte**[139]

3.1.2 Zusammenfassung

Die Definition von Wahnsinn ist,
immer wieder das Gleiche zu tun und
andere Ergebnisse zu erwarten.

Albert Einstein

- In Kombination mit einer ganzheitlichen, auf Dialog aufbauenden Kultur könnten Sie die BSC als Steuerungssystem wirkungsvoll einsetzen.
- Wichtig ist, dass Sie darauf achten, nicht „nur" Kennzahlen starr miteinander zu verketten.
- Die Kennzahlen müssen exakt zur Strategie passen, die Strategie unterstützen.
- Grundlegend und Voraussetzung für die Nützlichkeit des Scorecard Systems ist die Verbindung mit einer innovativen, ganz-

139 Vgl. Kaplan, R. S./Norton, D. P.: a. a. O.

heitlichen Führungskultur, die es ermöglicht, die strategieunterstützenden, immateriellen Werte, die sogenannte „strategische Bereitschaft" der Mitarbeiter zu fördern und zu entwickeln.

- Der Nutzen der BSC hängt vorwiegend von Ihnen, von Ihrer Persönlichkeit ab. Sie könnten, was die BSC nicht kann: Menschen begeistern und sich deren Commitment verdienen.

3.2
Das Konzept GEBEN: G

Die Zukunft soll man nicht voraussehen
wollen, sondern möglich machen.

Antoine
de Saint-Exupéry

Kernfragen

- **Welcher Zukunft möchten Sie eine Chance geben?**
- **Wie können Sie Ihre und die Zukunft Ihrer Mitarbeiter und Kunden möglich machen?**
- **Haben Sie schon darüber nachgedacht, was Sie tatsächlich „bewirken" – welche Spuren Sie hinterlassen?**
- **Wie können Sie Führungsstärke entwickeln?**
- **Wie kann es Ihnen gelingen eine Vertrauenskultur aufzubauen?**

3.2.1
Geisteshaltungen, entwickeln, die Sinn-möglichkeiten zulassen und Erfolg „er-folgen" lassen

Doch herrlich ist es zu wissen, dass die Zukunft,
meine eigene Zukunft und mit ihr die Zukunft der
Dinge, der Menschen um mich, irgendwie –
wenn auch in noch so geringem Maße – abhängig
ist von meiner Entscheidung in jedem Augenblick.
Was ich durch sie verwirkliche, in die Welt schaffe,
das rette ich in die Wirklichkeit hinein und
bewahre es so vor der Vergänglichkeit.

Viktor E. Frankl

Ihr persönlicher und unternehmerischer Erfolg und der Ihrer Mitarbeiter setzt eine gelungene Kombination aus fachlichem know how, Instrumenten und Geisteshaltungen voraus. Ihre Geisteshaltungen und die Ihrer Mitarbeiter werden dabei in Zukunft die entscheidende Rolle spielen. Es reicht nicht mehr aus, wenn Sie die „Dinge richtig tun", sondern Sie müssen auch und vor allem die „richtigen Dinge" tun. Was Sie und Ihre Mitarbeiter tun ist wichtig, aber entscheidend ist, „wie" Sie es tun. Einzigartigkeit und nachhaltige Wettbewerbsfähigkeit basieren auf Ihren nicht kopierbaren Geisteshaltungen. Mit einfachen Worten: Ihr Erfolg von Strategie und Methodik wird zunehmend von Ihren ethisch fundierten Haltungen abhängen. Denn:

Führung beginnt im Geist! In Ihrer geistigen Dimension liegen die Qualität und die Erfolgspotenziale der Zukunft. Ihre Bewusstseins- und Einstellungsqualität diktiert alle übrigen Qualitäten:

Kernsätze

- **Sie diktiert Ihre Führungsqualität.**
- **Sie diktiert Ihre Lebensqualität.**
- **Sie diktiert Ihre Selbstgestaltungs- und Lernqualität.**
- **Sie diktiert Ihre persönliche Wohlfühlqualität und die Ihrer Mitarbeiter und Kunden.**
- **Sie diktiert die Qualität Ihrer Beziehungen.**
- **Sie diktiert Ihre Leistungs- und Ihre Servicequalität.**
- **Die Effizienz Ihres Geisteskapitals diktiert die Effizienz Ihres Gesamtkapitals.**

Die richtigen Dinge in Gang bringen

Wie können Sie die richtigen Dinge in Gang bringen? Wie können Sie die Effektivität Ihrer Leistungen und die Ihrer Mitarbeiter mit einem hohen Kundennutzen, Werte schaffen für die Stakeholder und der Würde des Menschen vereinbaren? Diese Zielsetzungen werden fälschlicher Weise vielfach als sich gegenseitig konkurrierend angesehen. Sie sind es aber nicht. Im Gegenteil, sie bedingen sich gegenseitig. Sie müssen dazu „nur" umdenken, ganzheitlich denken. Wissen Sie, dass dazu nichts weiter nötig ist, als sich selbst und Ihren Mitarbeitern die Potenziale, die Sie bereits besitzen, bewusst zu machen und sie dann zu nutzen?

Die Potenziale bewusst machen und nutzen

▶ **Jede nachhaltige Veränderung beginnt im Geist!**

Wenn Sie sich und andere sinn-orientiert, also nachhaltig „erfolgsfähig" führen und entwickeln wollen, dann müssen Sie exakt da anfangen, wo die meisten Führungsinstrumente aufhören: beim Menschen. Sie dürfen aber nicht nur bei seiner fachlichen Kompetenz und Intelligenz (IQ) stehen bleiben. Auch der viel geforderte und erfolgsversprechende „Zusatz emotionale Intelligenz" (EQ) ist nicht ausreichend. Zugegeben, es ist immerhin schon gut, wenn Sie über soziale Kompetenz, Empathie, Motivation, Selbstkontrolle und Überzeugungskraft verfügen. Aber wenn Sie diese Konstrukte nicht vor den Prüfstein Ihrer höchsten Intelligenz, Ihrer geistigen, spirituellen Intelligenz stellen, können Sie mit diesen „Fähigkeiten" auch Unwerte realisieren. Haben doch viele in hohem Ausmaße intelligente und emotional intelligente Menschen großen Schaden angerichtet und tun es immer noch. Aktuelle Schlagwörter wie „Darwinopportunismus“ und „Raubtierkapitalismus“ zeugen von solchen Haltungen.

Ihre spirituelle Intelligenz (SQ) ist Ihre höchste Intelligenz, sie ist Ihre geistige Dimension, Sie kennen sie aus dem ganzheitlichen Menschenbild. Sie ist Ihr Gewissen. Ihr SQ ist Ihr Gespür für Sinn und Werte, ist Ihre Richtschnur, Ihr Leitstern.

Ihre Spirituelle Intelligenz verleiht Ihnen die Fähigkeit sich „neu zu verdrahten“, die Fähigkeit zu Wachstum und Transformation, zur Weiterentwicklung Ihrer menschlichen Potenziale.

Sie gebrauchen Ihren SQ, um kreativ zu sein. Sie bedienen sich seiner, wenn Sie flexibel, visionär oder in kreativer Weise spontan sein müssen – Situationen also, die Ihnen im heutigen Führungsalltag immer häufiger begegnen.

Die spirituelle Intelligenz – der Kompass auf Messers Schneide

Ihr SQ ist Ihr Kompass auf „Messers Schneide“. Ihre existenziellen Probleme, die Sie am meisten herausfordern, eröffnen sich außerhalb des Erwarteten und Vertrauten, außerhalb der vorgegebenen Regeln, jenseits Ihrer Erfahrungen, jenseits dessen, womit umzugehen Sie bereits gelernt haben.[140] Herausforderungen, die Ihnen im Dschungel der wachsenden Komplexität immer öfter begegnen. Ihr SQ ermöglicht Ihnen Geisteshaltungen und Einstellungen, die für Sie selber und für andere gut und nachhaltig sind. Er ermöglicht Ihnen andere Menschen zu inspirieren.

Mit Hilfe Ihrer spirituellen Intelligenz können Sie einen Zugang zu Ihren verborgensten Ressourcen, zu Ihrer tiefsten Schicht, zu Ihrem wahren Selbst finden und aus der Quelle Ihrer einzigartigen „Musik“ schöpfen, die Sie hervorzubringen vermögen.

Hier liegen Ihre wahren Quellen für Wachstum, Einzigartigkeit und Authentizität, heute stark geforderte Konstrukte, die Sie mit Leben erfüllen können. Im Anzapfen dieser Quelle, in Kombination mit Fachkompetenz im Sinne von leidenschaftlicher Professionalität und emotionaler Intelligenz liegen die Erfolgspotenziale für das 21. Jahrhundert (Abbildung 24).

Bislang werden im Rahmen der Organisations-, Personal- und Führungskräfteentwicklung Fachkompetenz und Emotionale Kom-

---

140 Vgl. Zohar, D./Marshall I.: SQ Spirituelle Intelligenz. Bern u. a. 2000, S. 22 ff.

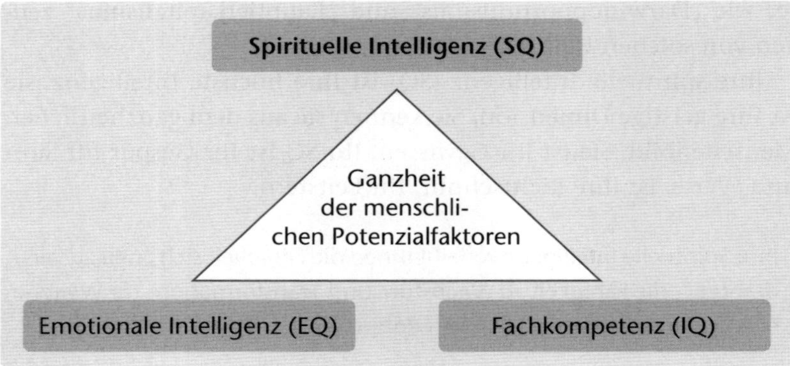

Abbildung 24: **Die Ganzheit der menschlichen Potenzialfaktoren**

petenz entwickelt. Die mächtigen Quellen der Spirituellen Intelligenz, der Geisteshaltungen liegen noch vielfach brach. Mit Hilfe Ihrer geistigen Fähigkeiten können Sie auch den Anforderungen der Zukunftsmärkte für Lebensqualität und dem Megatrend Gesundheit und „Selfness“ entsprechen. Mit Hilfe Ihrer spirituellen Intelligenz geben Sie Ihrem Leben, Ihrer Arbeit Richtung. Wissen Sie, was Sie wollen und warum Sie es wollen? Legen Sie Ihre Grenzen für den Umgang anderer Menschen mit Ihnen fest! Verstehen Sie sich als Gestalter und wenn nötig auch als Umgestalter von Umständen und Situationen. Damit können Sie der heute vielfach vorzufindenden operativen Hektik bei geistig-visionärer Windstille einen Riegel vorschieben. Damit würden Sie nicht zu jenen Führungskräften gehören, die zwar immer schneller gehen, aber übersehen, dass sie sich längst im Hamsterrad befinden und innerlich ausbrennen. Zum Ansehen der „Manager“ heutzutage folgende derzeit kursierende Geschichte:

Dem Leben und der Arbeit Richtung geben

Beispiel

Ein Mann in einem Heißluftballon stellte fest, dass er die Orientierung verloren hatte. Er ließ sich also auf niedrigere Höhe sinken und erspähte unten auf der Wiese eine Frau. Er ließ den Ballon noch weiter sinken und rief: Entschuldigung können sie mir helfen? Ich hatte einem Freund versprochen ihn vor einer Stunde zu treffen, aber ich habe keine Ahnung, wo ich derzeit bin.

Die Frau antwortete: Sie sind in der Gondel eines Heißluftballons, etwa neun Meter über dem Boden, zwischen dem 40. und 41. Grad nördlicher Breite und zwischen dem 59. und 60. Grad westlicher Länge.

Sie müssen Ingenieurin sein, sagte der Ballonfahrer.

Richtig, erwiderte die Frau, woher wissen Sie das?

Na ja, entgegnete der Ballonfahrer, alles, was Sie mir sagen, ist rein technisch gesehen korrekt, aber ich habe keine Ahnung, wie ich Ihre Information interpretieren

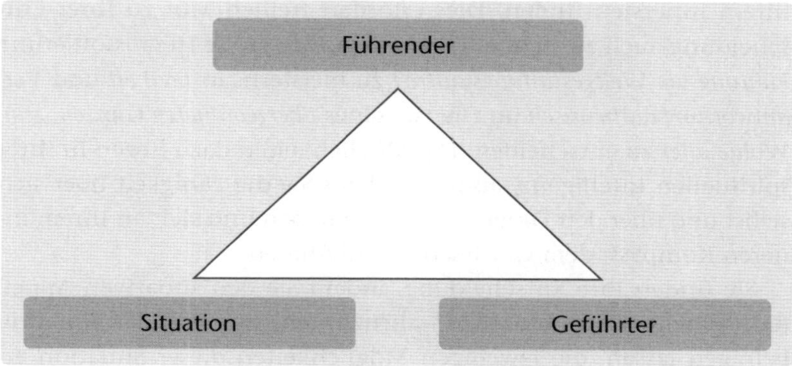

Abbildung 25:
Die Einzigartigkeit jeder Führungssituation

soll und weiß nach wie vor nicht, wo ich bin. Um ehrlich zu sein, sind Sie wirklich keine große Hilfe.

Die Frau bemerkte, Sie müssen Manager sein.

Ganz recht, erwiderte der Ballonfahrer, aber woher wissen Sie das?

Nun, sagte die Frau, Sie haben keine Ahnung, wo Sie sind oder in welche Richtung Sie sich bewegen. Dank einer Menge heißer Luft sind Sie zu Ihrer gegenwärtigen Position aufgestiegen. Sie haben etwas versprochen und jetzt keine Ahnung, wie sie es halten können und Sie erwarten, dass die Leute unter Ihnen Ihre Probleme lösen. Tatsache ist, dass Sie jetzt in derselben Lage wie vor unserer Begegnung sind, aber irgendwie ist das jetzt meine Schuld.[141]

Die Einzigartigkeit der Situation erkennen

Nun werden Sie fragen, wie sieht dann der ideale Führungsstil, richtiges Führungsverhalten, aus? Wie mixen Sie den richtigen „Cocktail?“ Gibt es ein Rezept? Leider oder besser, Gott sei Dank, nein. Das wäre schon deshalb langweilig, weil Sie als Person nicht gefordert würden. Ein Rezept kann es auch deshalb nicht geben, weil Führung immer ein Interdependenzphänomen aus Führendem, Geführtem und Situation ist. Jede Situation ist einzigartig, ihr persönliches Gesamtempfinden in jeder Situation ein anderes. Das Gesamtempfinden Ihres Geführten ist ebenfalls in jeder Situation ein anderes. Vielleicht ist Ihr Geführter ein „Musterschüler“. Vielleicht ist er das Gegenteil. Und was tun Sie, wenn Sie, wie in der Praxis, nicht nur einen Geführten, sondern viele haben? Was tun Sie, wenn Sie im Rahmen Ihrer Geführten eine bunte Mischung vorfinden? Fragen über Fragen. Das richtige Rezept, jede einzelne Führungssituation sinn-voll zu meistern, müssen Sie in sich selbst, in

141 Taylor, D.: the naked leader, Wien 2003, S. 48.

Ihrem Innersten finden. Dies erfordert freilich Mut zu Ihrer Entscheidung auch zu stehen. Hierin liegt Ihre große Herausforderung *Führung als Weltgestaltungsauftrag* zu meistern. In *Freiheit* und *Verantwortung authentisch* im Dienste eines *übergeordneten Ganzen, zum Wohle aller* zu entscheiden. Die Möglichkeiten dazu liegen in Ihrer spirituellen Intelligenz, aufgrund derer Sie die Fähigkeit über sich selbst und über den Dingen zu stehen haben und sich an Ihrem inneren Kompass, dem Gewissen zu orientieren.

Im Dienste eines übergeordneten Ganzen

Sie finden Ihre Entscheidung, indem Sie den situativen Appell jeder einzigartigen Situation wahrnehmen, sich von der Situation befragen lassen, die jeweiligen Möglichkeiten dieser Situation erkennen. Die sinn-vollste Entscheidung ist die für Sie wert-vollste, weil sie Ihren, in dieser Situation wichtigsten Wert realisieren können.

> Mensch sein heißt befragt sein
> und Leben heißt antworten.
>
> *V. Frankl*

Allerdings, auch wenn Sie noch so gewissenhaft entscheiden, Sie sind trotz allem immer „nur“ Mensch. Und menschliche Entscheidungen kennzeichnen sich dadurch, dass sie zu 50% richtig, aber eben zu 50% auch falsch sein können. Dieses Faktum steht dem utilitaristischen Machbarkeits- und Beherrschbarkeitsanspruch vieler trivialer Köpfe entgegen. Dies verlangt Ihnen ein großes Maß an Demut und Bescheidenheit ab. Hierin liegt für Sie aber auch die große Chance aus Fehlern zu lernen. Die vielfach geforderte *Fehler-Lern-Kultur* lebbar zu machen. Hier verbirgt sich der latente Aufruf zu permanenter *Lern- und Entwicklungsbereitschaft. Sinn erfordert Sie eben als ganzen Menschen und in vollem Ausmaße.*

Ihre zentralen und primären Fragestellungen lauten deshalb:

Kernfragen

- **Wie können Sie durch gezielte, permanente Selbstführung und Selbstentwicklung anders werden – selbstbestimmt und verantwortungsvoll anders sein?**
- **Wie können Sie durch Ihre Geisteshaltungen Ihre Potenziale und die Ihrer Mitarbeiter zur Entfaltung bringen?**

- **Wie können Sie Ihre positiven Energien, das Gute, die Stärken in sich und in anderen mobilisieren?**
- **Wie können Sie tag – täglich über sich selbst hinauswachsen und der/die werden, der/die Sie sein könnten?**
- **Wie könnten Sie sich zum Nutzen aller entwickeln?**

Darauf *aufbauend und erst an zweiter Stelle* eröffnen sich dann die Fragestellungen

- Was können Sie anders tun?
- Wie können Sie es anders machen?

- **Es ist Ihr SQ – Ihr Geist, der Zinsen trägt!**[142]

Wie Sie Ihre spirituelle Intelligenz – die richtigen Geisteshaltungen entwickeln können? Zurück zu Abbildung 1, „Schritte zur Verhaltensänderung". Wir sagten, im ersten Schritt geht es um eine Bewusstseinsveränderung. Konkret bedeutet dies, dass Sie sich, der in Teil 2 aufgezeigten Bedeutung und Konsequenz Ihres Welt- und Menschenbildes, Ihres Selbstkonstruktes für Ihr Beobachten, Wahrnehmen, Denken und Handeln bewusst werden. Sie reflektieren darüber. Sind Sie davon überzeugt, dass Sie etwas an sich ändern wollen, dass Sie das ganzheitliche Menschenbild verinnerlichen wollen, werden Sie in einem zweiten Schritt Ihre Einstellungen, Ihre Geisteshaltungen ändern. Ändern Sie Ihre Einstellungen, ändert sich auch Ihr Handeln und Verhalten. So einfach das auch klingen mag, so groß ist die Herausforderung. Dies ist keine einmalige Aktion, die Sie nach Erledigung abhaken können, dies ist ein Prozess, ein Prozess ohne Ende. Aber es ist ein lohnender Prozess, für Sie und andere. Um das Gesagte zu vertiefen finden Sie in der nachstehenden Darstellung eine Gegenüberstellung von Führungsverhalten mit mangelnder bzw. unterentwickelter spiritueller Intelligenz im Vergleich zu Führungsverhalten mit hoch entwickelter spiritueller Intelligenz.

Selbstentwicklung – ein lohnender Prozess

142 Vgl. Böckmann, W.: a. a. O.

Führungsverhalten mit unterentwickelter spiritueller Intelligenz	Führungsverhalten mit hoch entwickelter spiritueller Intelligenz
Visions- und konzeptlos	Sinn-Vision und klare Konzepte
Mechanistische Haben-Kultur aufbauend auf einem mechanistisch-reduktionistischen Menschenbild	Ganzheitliche Sinn- und Sein-Kultur Ganzheitliches Menschenbild
Fehlen von Werten und klaren Regeln	Klare, gelebte Werte und Regeln
Trivialisiert Menschen und soziale Systeme	Stellt das klassische Führungsverständnis in Frage, nach dem alleine der Manager weiß, was richtig ist
Konserviert das „ewig Gestrige", das immer Gewesene, ist introvertiert	Sucht nach neuen Möglichkeiten, verlässt die Bequemlichkeitsfalle
baut auf Positionsautorität und Sanktionsgewalt auf	führt durch Persönlichkeit und gelebte Werte
instrumentalisiert und funktionalisiert Menschen	begegnet Menschen mit Würde und Wertschätzung
Übt Macht über Menschen aus	richtet Menschen auf
baut auf starren Planungs- und Kontrollsystemen	führt mit Zielen und Werten
Gewinn als einziger Maßstab unternehmerischer Effizienz	Trägt Verantwortung für das Gemeinwohl und die gesellschaftliche Entwicklung
Führungskompetenz wird nur an finanziellen Ergebnissen gemessen	Führungskompetenz wird gemessen an Fragen wie: Erfolge der Mitarbeiter, Sinnmöglichkeiten, Prägung durch Vorbild, Lebensqualität, Resultatsorientierung
Eigennutz, Eigeninteresse, kompetitives Verhalten	Beitrag an das Ganze, Kooperation, orientiert sich an einem transsubjektiven Sinn
Pflichterfüllung	Verantwortung, Authentizität, hoher Motivationsgrad
Hortet Wissen und Informationen	Austausch von Wissen und Informationen
Misstrauenskultur	Sinnorientierte Vertrauenskultur
Egozentrismus	Denken vom „DU" her, inneres Verbesserungsdenken, innovativ
Geringe Beziehungsqualität	Hohe Beziehungsqualität
Unerbittlich, zum Teil ethisch fragwürdig, selbstsüchtig	Ethisches, sinn-orientiertes Verhalten
Führungskraft als Macher	Dienende Führungskraft
Sinnleere	Sinnfülle

Sich selbst übersteigen

Für die Entwicklung Ihres SQ kann Ihnen das folgende Führungsinstrument von Nutzen sein. Es kann Ihnen helfen proaktiv statt reaktiv zu handeln. Und erinnern Sie sich: Nicht die anderen, die Mitarbeiter, die Kunden, die Verhältnisse, der Markt, die Wirtschaftslage usw. usw. macht etwas aus Ihnen, macht Sie zu etwas. Nein, Sie alleine entscheiden auf grund Ihrer Freiheit zur Verantwortung, „was Sie aus sich machen, was Sie mit sich machen lassen".

3.2.1.1 Ihr Führungsinstrument zur Entwicklung Ihrer Spirituellen Intelligenz

Der Mensch ist das Wesen,
das immer entscheidet, was es ist.

V. Frankl

Kernfragen

- **Ist Ihnen Ihr Welt- und Menschenbild als wichtiges konstituierendes Element für Ihr Beobachten, Denken und Handeln bewusst?**
- **Welches Weltbild haben Sie?**
- **Orientieren Sie sich am ganzheitlichen Menschenbild mit den geistigen Fähigkeiten: Der Sinnorientierung, der Freiheit, der Verantwortung, der Selbstdistanzierung und der Selbsttranszendenz?**
- **Sehen Sie eher die Probleme oder die Chancen, die Herausforderungen?**
- **Welche Geisteshaltung haben Sie anderen Menschen (Ihren Mitarbeitern, Kunden, Partnern) gegenüber?**
- **Haben Sie ein geschlossenes und gefestigtes Menschenbild, das den Status quo bestätigt und keine Veränderung zulässt?**
- **Wie bauen Sie ein ganzheitliches Menschenbild auf, das vorhandene Wachstumspotenziale und Stärken in anderen Menschen entfalten kann?**

Stärken entfalten lassen

- **Konditionieren Sie Menschen durch Ihr geschlossenes, negatives Menschenbild, sodass eine negative self-fulfilling-prophecy die Folge ist?**
- **Halten Sie an negativen Erfahrungen fest oder sehen Sie auch das Gute in anderen Menschen?**
- **Ist Ihnen klar, dass andere Menschen so sind wie Sie? Im Sinne davon, dass sie genauso wie Sie, offen und dankbar für Gutes sind und umgekehrt verletzbar sind?**

- **Sind Sie im Umgang mit anderen Menschen gleichwertig oder fördern Sie durch Ihr Bild eine vertikale Kommunikation und Über- und Unterstellung?**
- **Sehen Sie im Menschen die Fähigkeit zur Übernahme von Verantwortung?**
- **Vertrauen Sie anderen Menschen?**
- **Können Sie andere Sichtweisen und Wertesysteme tolerieren?**
- **Fördern oder hemmen Sie durch Ihr Führungsverhalten die Selbstbestimmung und die Entwicklung anderer Menschen?**
- **Welches Weltbild haben Sie?**
- **Erlaubt und ermutigt Ihr Führungsverhalten andere zur Selbstreflexion und zum Wachstum?**
- **Lässt Ihr Führungsverhalten zu, dass andere Menschen an Ihrer Seite über sich hinauswachsen, sich transzendieren können?**

Eine sinnorientierte Unternehmenskultur ermöglichen

- **Welche Einstellung haben Sie zum Dienen?**
- **Ermöglicht Ihr Führungsverhalten eine förderliche, salutogene Unternehmenskultur in der Menschen eine hohe Lebensqualität erfahren?**
- **Sehen Sie Arbeit als Lust oder als Frust?**
- **Sorgen Sie für ein gesundes Selbstkonstrukt?**
- **Welche Einstellung haben Sie zu Ihrem Führungsauftrag?**
- **Über welche bisherigen Erfolge freuen Sie sich am meisten?**

Anschließend könnten Sie folgenden Fragen antworten:

a) Welche Ihrer bisherigen Geisteshaltungen waren für Sie und andere förderlich?
b) Welche Ihrer bisherigen Geisteshaltungen standen Ihrem Erfolg im Wege?
c) Welche Ihrer Geisteshaltungen möchten Sie im kommenden Monat ganz besonders unter die Lupe nehmen?
d) Was nehmen Sie sich für den nächsten Monat vor?
e) Wie wollen Sie es machen?
f) Wie messen Sie die Ergebnisse?
g) Womit belohnen Sie sich für den Erfolg?

3.2.1.2
Zusammenfassung

Was tut's? Kein Ding der Welt ist
groß aus sich noch klein. Der Geist, wie's ihm
gefällt, bestimmt und misst das Sein.

Manfred Hausmann

- Durch die Entwicklung und Förderung Ihres SQ könnten Sie für die Wahrnehmung Ihrer inneren und äußeren Wirklichkeit ein neues Fenster aufstoßen und den einen oder anderen Akzent etwas anders setzen als Sie es gewohnt sind.
- Mit Hilfe Ihrer spirituellen Intelligenz sind Sie kreativ, zukunftsorientiert und treiben den erfolgreichen Wandel an.
- Ihre spirituelle Intelligenz lässt Sie den „feinen Unterschied" zwischen Beobachten und Interpretieren erkennen.
- Durch Ihre spirituelle Intelligenz können Sie sich selbst hervorbringen und andere Menschen inspirieren.

Andere Menschen inspirieren

- Mit Hilfe Ihrer spirituellen Intelligenz können Sie in jeder Führungssituation auf Ihre einzigartige, verantwortete Art Stellung nehmen und Gestalter und nicht Opfer sein.
- Die Qualität Ihres SQ diktiert alle übrigen Qualitäten, je höher diese Ihre Qualität, desto höher Ihre Lebensqualität und die Ihrer Mitarbeiter und Kunden.
- Entsprechend Ihrer geistigen Haltung erzeugt Ihr Unternehmen eine Wirklichkeit, deren Auswirkungen die Umwelt verändert. So – oder So!
- Dem Geist sind keine Grenzen gesetzt, außer jenen, die Sie ihm selbst anerkennen.

Einladung zum Nachdenken

◆

„Ich kann damit umgehen, wenn du mir sagst,
was ich tue oder nicht tue.
Und ich kann damit umgehen, wenn du interpretierst.
Aber bitte vermische beides nicht miteinander.“[143]

◆

„Wissen allein kann nicht jenes Glück erschaffen,
das aus einer inneren Entwicklung hervorgeht,
die nicht von äußeren Faktoren abhängig ist.“

Dalai Lama

Ihre wichtigsten Erkenntnisse, Vorhaben:

1. ______

2. ______

3. ______

4. ______

5. ______

143 Rosenberg, M. B.: Gewaltfreie Kommunikation – Aufrichtig und einfühlsam miteinander sprechen, Paderborn 2001, S. 39.

3.2.2
Die Eckpfeiler sinn-orientierter, erfolgreicher Führung

Man gibt immer den Verhältnissen die Schuld für das, was man ist. Ich glaube nicht an die Verhältnisse. Diejenigen, die in der Welt vorankommen, gehen hin und suchen sich die Verhältnisse, die sie wollen und wenn sie sie nicht finden können, schaffen sie sie selbst.

George Bernard Shaw

Wussten Sie, dass die Erfolgsformeln der großen industriellen Erfolgsstrategen nach dem selben Prinzip funktionieren, nach dem auch die Evolution dem Leben selbst zum Erfolg, zur Erhaltung und Ausbreitung verholfen hat:

- mit Spezialisierung und
- dem Übergang von der kollektiven Steuerung zur individuellen Selbstverantwortung.[144]

Sinnvolle Rahmenbedingungen schaffen

Für die Spezialisierung brauchen Sie klare Konzepte und Transparenz. Sie und Ihre Mitarbeiter müssen ausgerichtet sein auf etwas Sinn-volles, Wert-volles. Sie und Ihre Mitarbeiter müssen sich selbst führen und entwickeln. Sie müssen sinn-volle Rahmenbedingungen schaffen auf deren Basis eine Vertrauenskultur gelebt werden kann und Ihre Mitarbeiter ihr Bestes geben. Sie müssen ausgerichtet sein auf Resultate. Sie und Ihre Mitarbeiter müssen einen Beitrag an ein übergeordnetes Ganzes leisten. Ihr persönlicher und unternehmerischen Erfolg basiert auf den vier folgenden Eckpfeilern (Abbildung 26).

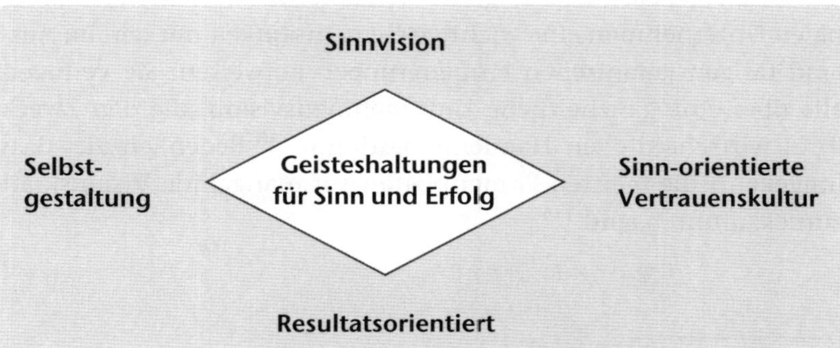

Abbildung 26: **Geisteshaltungen für Sinn und Erfolg**

144 Vgl. Böckmann, W.: a. a. O., S. 27.

Dies fordert Ihnen, allen voran, aber auch Ihren Mitarbeitern ein Maximum an Selbstverantwortung für Ihre Geisteshaltungen und Ihr Tun ab.
Dies erfordert den „ganzen Menschen", den Geistmenschen in der Gesamtheit seiner Potenziale. Und in genau dieser Haltung werden Sie, vielen Fehlmeinungen entgegen, sich selber und Ihren Mitarbeitern in Ihrer Würde gerecht mit gleichzeitig besseren Resultaten.

Lassen Sie uns im folgenden Kapitel der Frage nachgehen, wie Sie diese Eckpfeiler umsetzen können.

3.2.3 Die Sinn-Vision

Erich Fromm

Wenn das Leben keine Vision hat nach der man strebt, nach der man sich sehnt, die man verwirklichen möchte, dann gibt es auch keinen Grund, kein Motiv sich anzustrengen.

Durch Unternehmenstätigkeit Sinnspuren und Wertvolles hinterlassen

Ihre Sinn-Vision ist Ihr Wunschbild Ihrer sinn-vollen Unternehmenszukunft, die Sie erschaffen möchten. Sie ist Ihr Wunschbild dessen, was Sie durch Ihre gemeinsame Unternehmenstätigkeit, an Sinn-Spuren, an Wert-vollem hinterlassen möchten, was Sie in diese Welt Positives hin-ein-wirken, be-wirken, hinterlassen möchten. Wie ein Polarstern gibt sie Ihnen und Ihren Mitarbeitern Orientierung und Richtung.

Wissen Sie, dass die erfolgreichsten amerikanischen, multinationalen Unternehmen eine wichtige Gemeinsamkeit mit den im Ausland tätigen japanischen Firmengruppen aufweisen: Sie verfügen alle über eine ganzheitliche Unternehmensvision, die den Zweck ihres wirtschaftlichen Handelns bestimmt.[145] Bedenken Sie, dass umgekehrt die meisten Firmenpleiten auf mangelnde Visionskraft zurückzuführen sind.[146]

---

145 Vgl. Hilb, M.: (1994) a. a. O., S. 39, Vergleichsstudie über Japanese and American Multinational Companies. Business Strategies, die durch das Institute of Comparative Culture der Sophia University in Tokyo veröffentlicht wurde.

146 Vgl. Hendricks, G./Ludeman, K.: Visionäres Management als Führungskonzept – Wirtschaftlicher Erfolg durch Integrität, Intuition und Spiritualität, München 1997, S. 77.

Wenn Sie das vorgestellte Steuerungsinstrument der Balanced Scorecard effizient nutzen wollen, müssen Sie bei der Festschreibung Ihrer Vision und Ihres Leitbildes (Mission Statement) beginnen. Nur so ist es möglich, dass Ihre Strategien, Ziele und Kennzahlen die Konkretisierung der Vision als Sinn-Beitrag für die Gesellschaft ermöglichen.

Nur so legen Sie den Grundstein für konzeptionelles, sinn-volles Denken und Handeln. Dies wiederum setzt voraus, dass alle Ihre Mitarbeiter Vision, Strategien und Ziele kennen. Exakt hierin liegt der Sinn und wahre Wert dieses Steuerungsinstrumentes. So verstanden avanciert die BSC zum Hilfsmittel für Kommunikation, Lernen, Vertrauen und Verantwortung und unterstützt Wert- und Werteorientierung.

Zurück zur Sinn-Vision: Wie formulieren Sie Ihre Sinn-Vision und Ihr Leitbild?

Die zentrale Frage, die zu Ihrer unternehmerischen Vision führt, lässt sich wie folgt formulieren:

Kernsätze

- **Welche Bedürfnisse der Gesellschaft soll Ihr Unternehmen erfüllen, welchen Nutzen kann das Unternehmen für die einzelnen Stakeholder stiften (materielle Dimension)?**
- **Was soll Ihr Unternehmen tun, um die Welt etwas besser zu machen als es sie vorgefunden hat (geistige Dimension)?[147] Hierin bietet sich auf den Märkten für Lebensqualität und Werte eine hervorragende Chance.**

Der Sinn Ihres Unternehmens liegt in der Dienstleistung, die Sie und Ihr Unternehmen gegenüber dem übergeordneten System „Gesellschaft" und/oder „Wirtschaft" erbringen.[148] liegt in einem „transsubjektiven Sinn". Sinn übersteigt immer das Einzelinteresse, ist immer in höchstem Ausmaße ethisch fundiert. Intendiert das Gute, das Wohl aller, das langfristig Nachhaltige, jenseits von egoistischem Macht- und Profitstreben des vielfach vorzufindenden Kampfmanagements. Auch hier müssen Sie die Fragestellung umkehren: Nicht, wie können Sie Umsatz bzw. Gewinn, Marktanteil, Anteil von Stammkunden, die Reputation etc. erhöhen bzw. verbessern, sondern:

Sinn übersteigt das Einzelinteresse

147 Vgl. Hinterhuber, H. H.: Strategische Unternehmensführung Band I. Strategisches Denken, 7. Auflage, Berlin 2004, S. 81 ff.

148 Vgl. Böckmann, W.: Vom Sinn zum Gewinn – Eine Denkschule für Manager, Wiesbaden 1990, S. 108.

Kernfragen

- **Was können Sie, Ihr Unternehmen für die Kunden, für die Mitarbeiter, für die Partner in strategischen Netzwerken, für die Lieferanten und für die Gesellschaft Sinnvolles – um es plastisch auszudrücken – „Wert-volles, Gutes tun"?**
- **Welchen Nutzen können Sie stiften?**
- **Welchen Beitrag können Sie, Ihr Unternehmen leisten, Menschen erfolgreicher zu machen?**
- **Wie können Sie menschlichen Mehrwert schaffen?**
- **Welchen Beitrag zu einer verbesserten Lebensqualität und Salutogenese können Sie leisten?**
- **Welche sinn-vollen Leistungen und Produkte können angeboten werden?**
- **Worin soll Ihr einzigartiger Beitrag zu dieser Welt bestehen?**
- **Welche Auswirkungen soll Ihr Beitrag haben? Was soll er „bewirken?"**
- **Welche Sinn-Spuren möchten Sie durch Ihre Unternehmenstätigkeit Ihrer Nachwelt hinterlassen?**
- **Welches sind Ihre Einstellungswerte?**
- **Was würde der Welt fehlen, wenn es Sie – Ihr Unternehmen nicht gäbe?**
- **Wie soll sich Ihr Unternehmen im Dienste der Gesellschaft und der Welt definieren?**

Was kann das Unternehmen für die Mitarbeiter, die Stakeholder und die Gesellschaft tun?

Auch hier heißt die Devise nicht, was müssen Andere für Sie, das Unternehmen tun, sondern was können Sie, das Unternehmen und Ihre Mitarbeiter für die Stakeholder, die Gesellschaft tun? *Verinnerlichen Sie, Wertschöpfung darf nicht heißen, Werte in der Welt vernichten!*

Eine Vision hat immer zwei Dimensionen: Sinn und Herausforderung (Abbildung 27). Der motivationale Aspekt ergibt sich aus der Sinnkomponente.

Je mehr Sinn Sie und Ihre Mitarbeiter in der Vision sehen, eben weil sie etwas Positives für ein übergeordnetes Ganzes bewirken sollen, desto mehr stellen Sie sich der Herausforderung, desto mehr sind Sie intrinsisch motiviert an etwas Sinn-vollem mitzuwirken. So avanciert die Vision zur Sinn-Vision und wird sie für Sie und Ihre Mitarbeiter zum Idealbild Ihrer gemeinsamen Zukunft, für die Sie sich gerne engagieren, transzendieren und entwickeln wollen.

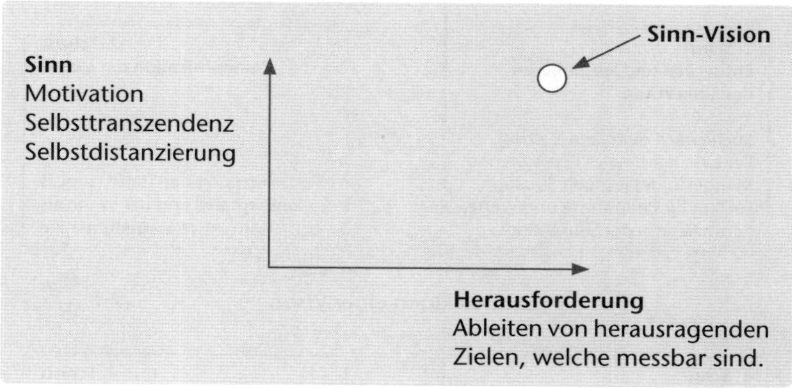

Abbildung 27: **Die zwei Dimensionen der Vision**

Kernsätze

- **Ihre Sinn-Vision ist für Sie und Ihre Mitarbeiter der Auftrag, das „WOZU" Ihres Daseins, Ihres Handelns, Ihres Engagements im und für das Unternehmen.**
- **Ihre Sinn-Vision ist die Voraussetzung für Motivation, Commitment, Entwicklung und einem inneren, kreativen Verbesserungsdenken.**

Chance für sinnvolles, verantwortungsvolles Handeln

Durch die Kommunikation und Auseinandersetzung mit der Sinn-Vision könnten Sie sinn-loses Handeln, ein in Unternehmenslandschaften leider viel verbreitetes Phänomen, verhindern. Dann würden Sie Ihre Mitarbeiter nicht mehr nur als „Verrichter" von „Verrichtungen", die Ihnen von oben herab diktiert werden, herabwürdigen, sondern Sie gäben Ihnen die Chance für sinn-volles, verantwortungsvolles Handeln. Wenn Menschen wissen, für etwas Sinn-volles da-zu-sein, die Möglichkeit haben an etwas Sinn-vollem mitzuwirken, haben sie ein „Wozu" und ein „Wofür" sie einstehen sollen. Hier eröffnet sich auch die Möglichkeit, dem vielfach eingeforderten Paradigma des „Dienens" auf die Sprünge zu helfen. Wenn Sie und Ihre Mitarbeiter den Sinn Ihrer unternehmerischen Tätigkeit erspüren, sind Sie in der Lage sich voll und ganz Ihrer Arbeit hinzugeben, sich zu transzendieren. Dann werden Sie zum authentischen „Dienstleister". Die Bedeutung der Sinn-Vision soll mit folgender Geschichte bzw. Experiment vertieft werden:

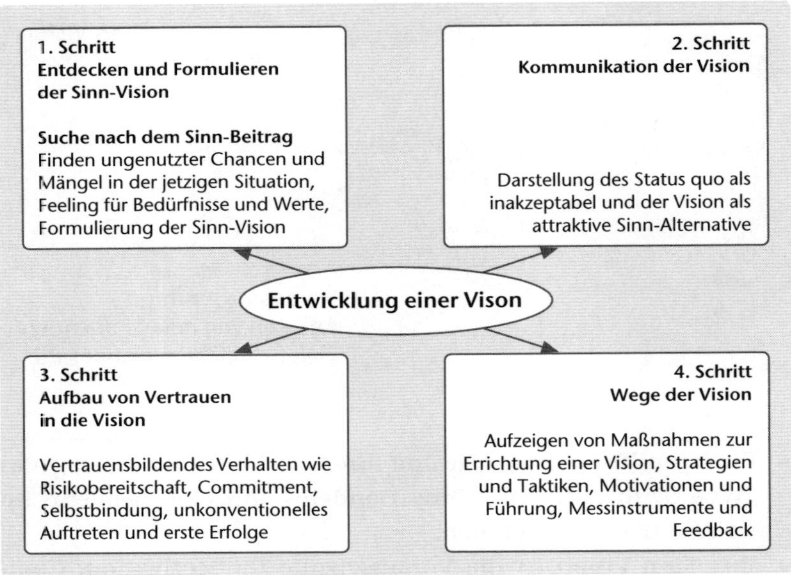

Abbildung 28:
Die Entwicklung der Sinn-Vision

Beispiel

Aus Rattenversuchen ist bekannt, dass Ratten bis zu 80 Stunden schwimmen. Wirft man jedoch eine Ratte in einen Wasserkessel, dessen glatte Wände es ihr rundum verwehren aus dem Kessel herauszuklettern, ertrinkt sie nach ca. 15 Minuten. Der ungewöhnlich rasche Tod der Ratte ist nicht anders zu erklären, als dass sie aufgrund von Hoffnungslosigkeit und Aussichtslosigkeit sich selbst aufgibt. Diese Erklärung wird durch eine weitere experimentelle Erfahrung gestützt. Wirft man nämlich eine Ratte in den Wasserkessel und reicht man ihr, nachdem sie 10 Minuten lang verzweifelt umhergeschwommen ist, ein Holzstäbchen über das sie entkommen kann, und wirft man sie dann erneut in den Wasserkessel, so schwimmt sie rund 80 Stunden bis sie vor Erschöpfung ertrinkt.[149]

Wenn das Vorhandensein von Aussichtslosigkeit und Hoffnungslosigkeit bereits bei Säugetieren derartige Unterschiede im einzusetzenden Energiepotenzial ausmacht, was glauben Sie, um wie viel mehr mag es beim Menschen auf grund seines geistigen Potenzials bewirken?

Sie, jeder einzelne Mensch, jedes Unternehmen sind dazu da, den Sinn-Auftrag zu erkennen und zu erfüllen. Ihre Vision kann Menschen inspirieren an etwas Sinnvollem mitzuwirken und im Bedürfnis und in der Hoffnung wichtig, von Wert, von Bedeutung zu sein, bestärkt werden. Aus Abbildung 28 können Sie die vier Schritte bei der Entwicklung einer Sinn-Vision entnehmen:

149 Vgl. Lukas, E.: Wertfülle und Lebensfreude, München, Wien 1998, S. 48.

Diese vier Schritte sind für den Erfolg Ihrer Vision entscheidend. Die motivationale Kraft, die aus Ihrer Vision kommt, setzt die Kenntnis, die Akzeptanz, das Vertrauen und die volle Unterstützung aller Ihrer Unternehmensmitglieder voraus. Betriebliche Veränderungsprozesse scheitern sehr häufig an den Mitarbeitern, die eine neue Vision zwar befürworten, sich in ihrer Aufgabe aber durch große Hindernisse entmutigt sehen. In diesem Zusammenhang zeigt sich die unabdingbare Notwendigkeit von Kommunikation und Dialog.

Als Beispiel hier die Sinn-Vision eines Hotels:

- **„Wir wollen unseren Gästen ihre schönste Zeit noch schöner machen."**[150]

Die wohl kürzeste, aber sehr beeindruckende Vision von Albert Schweizer:

- **„Spuren der Liebe hinterlassen."**

Die Vision von Ritz Carlton:

- **„We are ladies and gentlemen serving ladies and gentlemen"**

Das handlungsleitende Wertesystem des Unternehmens vorgeben

Aus Ihrer Vision leiten Sie das Leitbild ab. Während die Vision die Richtung vorgibt, umfasst das Leitbild das *handlungsleitende Wertesystem* Ihres Unternehmens und Ihre Führungsgrundsätze. Ihre im Leitbild schriftlich fixierten Einstellungen und Wertehaltungen werden damit nach innen und nach außen explizit dokumentiert. Besonders wirkungsvoll wird Ihr Leitbild, wenn Ihre Mitarbeiter die Möglichkeit haben, das Leitbild mitzugestalten. Dies führt zu einer hohen Identifikation mit dem Wertesystem des Unternehmens. Achten Sie immer wieder darauf, dass zwischen Worten und Taten keine Diskrepanz entsteht und dass das Leitbild von „oben" nach „unten" gelebt wird.

Michelangelo hat einmal gesagt: „Wenn ich im Steinbruch einen Marmorblock sehe, dann schaue ich ihn an und frage: Welche Figur soll ich aus dir befreien?" Doch zunächst sah er nur den Marmorblock.[151]

---

150 Von der Autorin entwickelte Vision, basierend auf der Absicht der Unternehmerfamilie.
151 Böschemeyer, U.: Worauf es ankommt – Werte als Wegweiser, München, 2003, S. 53.

Ihre Ausgangsfragen zur Entwicklung des Leitbildes lauten:

Kernfragen

- **Welche Werte möchten Sie vorleben, sind für Sie handlungsleitend?**
- **Welche Werte sind für die Realisierung der Vision und Strategien entscheidend?**
- **Mit welchen Werten können Sie ganz besonders auf die Wünsche Ihrer Kunden eingehen?**
- **Haben Sie das Commitment Ihrer Mitarbeiter für Ihre Werte?**

Folgendes Führungsinstrument zeigt Ihnen die fünf Schritte[152] zu Ihren einzigartigen Werten:

3.2.3.1
Führungsinstrument: Ihre Werte

Einstellungen hinterfragen

1. Schritt: Wertsuche	• Wie schätzen Sie den Verlauf Ihres Unternehmens ein? • Welche Einstellungen haben Sie zu sich als Person? • Welche Einstellungen haben Sie zum Unternehmen? Zum Beruf? Zum Dienen? Zum Führen? • Welche Einstellungen haben Sie zu Ihren Mitarbeitern? • Welche Einstellungen haben Sie zu Ihren Kunden? • Welche Einstellungen haben Sie zu Ihren Partnern? • Welche Einstellung haben Sie zur Gesellschaft? • Welche Einstellung haben Sie zu Ihren Produkten/Dienstleistungen? • Was vermissen Sie in Ihrer derzeitigen Situation? • Welche begründeten Erwartungen haben Sie noch, welche Werte haben Sie bislang noch nicht ausgelebt?

152 Vgl. Böschemeyer, U.: Worauf es ankommt – Werte als Wegweiser, München 2003, S. 50 ff.

2. Schritt Werterkenntnis	• Welcher Wert fehlt Ihnen? • Welche konkreten Folgen hat dieser Mangel? • Was konkret bedeutet für Sie der Wert, der Ihnen fehlt?
3. Schritt Wertfühlen	• Lassen Sie diese(n) Wert(e) auf sich wirken. • Fühlen Sie sich in diese Werte hinein. • Erspüren Sie, in welcher Weise diese Werte Sie berühren. • Welche Auswirkungen hätten diese Werte auf Ihr persönliches Leben und auf Ihr Unternehmen?
4. Schritt Wertentscheidung	• Möglicherweise stehen einzelne Ihrer Werte im Zielkonflikt miteinander. • Sind diese Werte auch im Sinne meiner Mitarbeiter, Kunden und der Gesellschaft? • Gehen Sie in sich, befragen Sie Ihre innere Stimme, welchen Wert Sie vorrangig anpeilen wollen.
5. Schritt Werteverwirklichung	• Achten Sie darauf, dass Sie diese Werte auch vorleben. • Reden und reflektieren Sie mit Ihren Mitarbeitern ständig über diese Werte. • Sind alle Mitarbeiter vertraut mit diesen Werten? • Sind Ihre Mitarbeiter mit Ihrem Wertesystem einverstanden, achten Sie darauf, dass Sie es auch leben? • Werden diese Werte überall in Ihrem Unternehmen gelebt? • Trennen Sie sich von Mitarbeitern, die Ihr Wertesystem nicht leben? • Machen Sie Ihr Wertesystem zur konstitutiven Grundlage bei Neueinstellungen? • Bewerten und befördern Sie Ihre Mitarbeiter auch auf der Basis Ihres Wertesystems?

Werte vorleben

Damit in Ihrem Unternehmen glasklare *„Werteklarheit"* herrscht und Ihre Mitarbeiter Ihre „Strategische Bereitschaft" im Zusammenhang mit dem Steuerungsinstrument der Balanced Score Card weiterentwickeln können, müssen Sie diese Werte klar ausformulieren.

Kernsätze

- **Beachten Sie, dass Ihr Wertesystem Ihnen und Ihren Mitarbeitern Orientierung und Sicherheit gibt. Dies gilt besonders in Zeiten allgemeiner Orientierungslosigkeit.**
- **Orientierung und Sicherheit bauen Ängste ab, lassen persönliche Entwicklung zu.**
- **Ihr Wertesystem fordert und fördert die Menschen in eine ganz präzise Richtung.**
- **Ihr Wertesystem erzieht Ihre Mitarbeiter und Erziehung in ganzheitlichem Sinne ist der Schlüssel zum Erfolg.**
- **Ein strenger ethischer Wertekodex ist Basis für nachhaltigen unternehmerischen Erfolg.**
- **Ihr gelebtes Wertesystem nach innen und nach außen ist Basis für Vertrauen und Reputation und avanciert zu einem entscheidenden Werttreiber.**

Im Dialog mit den Mitarbeitern das Wertesystem überdenken

Je präziser Sie Ihre Werte gemeinsam mit den Mitarbeitern fixiert haben und diese kommunizieren, desto eher bekommen Sie was Sie wollen und können es konsequent einfordern. Folgendes Führungsinstrument kann Ihnen dabei helfen:

3.2.3.2
Ihr Führungsinstrument für die Definition Ihrer Werte

Ihre Werte	**Klare Beschreibung Ihrer Werte**
1. z. B: Kundenorientierung	Was genau bedeutet das für Sie? Konkret welche Haltungen und Handlungen erwarten Sie diesbezüglich von Ihren Mitarbeitern? Welche Handlungsspielräume haben Ihre Mitarbeiter z. B. bei Beschwerden? Woran und womit messen Sie Kundenorientierung? Wo liegt die Grenze?
2.	
3.	
4.	
5.	
6.	
7. usw. usw.	

Ihr gelebtes Wertesystem gibt Ihrem Unternehmen die entscheidende Prägung nach innen und nach außen. Nach innen zeigt sich die Prägung in der Unternehmenskultur in der Art und Weise, wie Sie miteinander umgehen, kommunizieren, wie Sie und Ihre Mitarbeiter mit Kunden umgehen. Nach außen zeigt sich die Prägung im Reputationskapital.

Ihre Sinn-Vision und Ihre Werte sind die Grundlage für ein hohes Maß an Motivation, gelingender Kommunikation und der Mobilisierung des Wissens und der Fähigkeiten, weil die Menschen wissen, *warum sie sich um die Gestaltung dieser Unternehmens-Zukunft bemühen sollen.*

Wissen, warum sich die Gestaltung der Unternehmenszukunft lohnt

Damit die Vision und das Leitbild mit Leben erfüllt werden, müssen sie allen Unternehmensmitgliedern mitgeteilt und vermittelt werden, um ein Klima des gegenseitigen Vertrauens zu schaffen. Ethische Grundwerte verbunden mit leistungsorientierten Grundwerten steigern die Erfolgsaussichten Ihres Unternehmens. Dazu ein Praxisbeispiel:

Das Mitarbeiter-Versprechen von Ritz Carlton:

Beispiel

Die Damen und Herren von Ritz-Carlton sind das wichtigste Element in unserer Verpflichtung zu perfektem Service für unsere Gäste.

Durch die Anwendung der Prinzipien Vertrauen, Ehrlichkeit, Respekt, Integrität und Engagement fördern und maximieren wir Begabung zum Wohle des Einzelnen und des Unternehmens.

Ritz Carlton fördert ein Arbeitsumfeld, in dem Vielfalt geschätzt, Lebensqualität erhöht, individuelles Streben erfüllt und die Ritz Carlton Mystik verstärkt wird.

Kennen alle Ihre Mitarbeiter die Sinn-Vision und die Bedeutung der daraus abgeleiteten Werte:

- Haben sie das Gefühl, dass Sie bezüglich der Realisierung der Vision Vertrauen in ihre Fähigkeiten haben?
- Sind sie motiviert an der Bereitstellung sinn-voller Dienstleistungen mitzuwirken, begreifen sie ihre Arbeit als wert-voll?
- Verbessert sich ihr Selbstwert, als eines der wichtigsten Kriterien für eine hohe spirituelle Intelligenz?
- Werden sie durch die Gewissheit einen sinn-vollen Beitrag zu leisten auch in ihrem Lebenswert bestärkt und erfahren damit ein hohes Ausmaß an Lebensqualität?
- Erfahren sie durch eine dienende, wertschätzende Haltung Ihrerseits in ihrer Existenz eine Unterstützung und mobilisieren

durch positives Feedback angespornt, ihre potenziellen Fähigkeiten für das Unternehmen?

- Setzt ein lernender Prozess ein, der die Wettbewerbsfähigkeit des Unternehmens steigert und die Arbeitsfreude wesentlich verbessert?
- Übertragen sie die ihrerseits erlebte Wertschätzung auf Kunden, was zu Kundenbegeisterung führen kann?

3.2.3.3 Zusammenfassung

Wer nur auf sich sieht,
strahlt nicht in die Welt

Laotse

- **Der Auftrag und Sinn Ihres Unternehmens liegt in einer „Dienstleistung" für die Gesellschaft, liegt darin, die Welt ein kleines bisschen besser zu hinterlassen, als Sie sie vorgefunden haben.**
- **Durch Ihre Sinn-Vision, können Ihre geistigen Ressourcen und jene Ihrer Mitarbeiter zum Wohle des Unternehmens genutzt werden.**

Basis für Engagement, gelingende Kommunikation, Commitment und Kreativität

- **Ihre Sinn-Vision ist die Basis für Engagement, gelingende Kommunikation, Commitment und Kreativität.**
- **Das Vertrauen der Mitarbeiter in die Vision und in das Leitbild ist entscheidend von Ihren gelebten Werten abhängig.**
- **Die Prägung Ihres Unternehmens nach innen äußert sich in der Unternehmenskultur in der Art und Weise des „miteinander Umgehens". Dieser Stil wird automatisch in den „Momenten der Wahrheit" auf den Kunden übertragen, im positiven wie im negativen Sinn. Die Prägung nach außen zeigt sich im Reputationskapital.**

Einladung zum Nachdenken

◆

Es gibt keine (Unternehmens- und Berufs-)Tätigkeit, die nicht Welt verändert.

Elisabeth Lukas

Ihre wichtigsten Erkenntnisse und Vorhaben:

1. ____________________

2. ____________________

3. ____________________

4. ____________________

5. ____________________

3.2.4
Wie können Sie sinn-volle Rahmenbedingungen für eine Vertrauenskultur schaffen?

Wir sind nicht verantwortlich für die Zeit in der wir leben, aber dafür, wie sehr wir ihrem Geist folgen und in welcher Weise wir ihn mit prägen.

Elisabeth Lukas

Glauben Sie es ist wirklich damit abgetan, wenn wir uns einfach „umtaufen“, wie es derzeit in Mode gekommen ist, zum Beispiel mit dem Slogan: „Von der Spaßgesellschaft zur Sinngesellschaft“? Und wie sieht es mit dem viel strapazierten Begriff „Team“ und der daraus abgeleiteten Metapher des „wir sitzen alle im gleichen Boot“ aus? Liegt in dieser einfachen Umbenennung der Ausweg aus einseitigem Eigeninteresse, Sinnleere, Langeweile, Frust etc. etc.? Ist das die Brücke für noch mehr, noch besser, noch schneller, noch perfekter? Ist das die Möglichkeit endlich den „Traumjob“, die „Traummitarbeiter“ und vielleicht auch noch die Traumkunden zu bekommen? Kommen Ihnen diese und ähnliche Wünsche auf der Suche nach „ewigem Glück“, „Sinn“ und „Perfektion“ bekannt vor? Verhilft uns das zu der geforderten und gesuchten Gesunderhaltung und Lebensqualität? Sie sehen, unser reduktionistisches, deterministisches Denken holt uns immer wieder ein, hat uns fest im Griff. In deterministisch, numerisch mathematischer Manier denken wir im Zusammenhang mit Sinn und Lebensqualität an ein „WIE VIEL“ und meinen damit ein mehr an Erfolg, Besitz, Lohn, Freizeit etc. etc.

Die Begriffe Sinn und Lebensqualität enthalten aber auch den Werteaspekt. Wenn Sie nach Ihrem persönlichem Sinn, Ihrer Lebensqualität und Ihrer Gesunderhaltung fragen, ist damit eigentlich die *Frage nach einem wertvollen Leben und wertvollen Arbeiten* gemeint. Die Frage von Sinn, Lebensqualität und Gesunderhaltung ist die Frage nach dem **WIE.**[153]

Ein wertvolleres Leben und Arbeiten

Lassen Sie uns deshalb das bisher Gesagte mit folgendem Statement nochmals in Erinnerung rufen:

> Ich bin wie ein Wagenlenker, der ständig nach rechts steuert in der Angst, zu weit nach links zu geraten. Mit der Zeit stelle ich fest, dass ich mich im Kreise drehe, dass ich fahre ohne an ein Ziel zu gelangen. Verzweifelt reiße ich das Steuer herum. Jetzt scheinen alle Probleme gelöst. Der neue Weg bringt andere Eindrücke, unbekannte Straßen, das Gefühl voranzukommen, bis ich erkenne: Auch dies ist eine Irrfahrt.
>
> Solange wir leben, leben wir im Spannungsfeld unserer guten und schlechten Eigenschaften, unserer widerstreitenden Wünsche, Leidenschaften und Begierden. Sie aufzugeben würde heißen das Leben aufzugeben. Ohne sie gäbe es keine Freude, kein Glück, keine Annehmlichkeiten, keine Geselligkeit, keine menschlichen Beziehungen. Das Leben kümmert sich wenig um Normen und Gesetze. Es ist die Summe aller Widersprüche und die Widersprüchlichkeiten sind seine Triebfeder.
>
> Gut und Böse, Hässlich und Schön, Tugend und Laster, Vernunft und Unsinn – wenn wir krampfhaft bemüht sind, immer nur in eine Richtung zu steuern, drehen wir uns im Kreise. Wenn wir tausendmal wissen, was richtig und falsch ist, aber die Liebe nicht haben, bleiben wir Sklaven des Gesetzes von Untat und Vergeltung.
>
> Ohne eine Liebe, die sich vorbehaltlos verschenkt, verlieren wir den Humor über die menschlichen Schwächen zu lächeln, den Großmut Fehler zu verzeihen, die Freiheit über unseren eigenen Schatten zu springen.
>
> *Rabindranath Tagore*

---

153 Vgl. Görtz, A.: Die Erfassung von Lebensqualität, in Existenzanalyse, Juni 2001, Empirische Forschung 2. Teil, S. 42.

Bestimmt kennen auch Sie Menschen, Führende und Mitarbeiter, die gerne den Zeigefinger heben, wissen was richtig und falsch ist, fest darauf beharren und in der Tat zu Sklaven von Untat und sinnloser Vergeltung werden. Alttestamentarisches „Auge um Auge und Zahn um Zahn Denken" und zermürbende, lähmende Rachegedanken sind die Folge. Es wird lediglich reagiert und nicht proaktiv, verantwortungsvoll gehandelt. Die Ambivalenz von Welt und Mensch und die zusammenhängende größere Kausalität unserer Existenz im Netzwerk mit anderen Menschen haben wir aus den Augen verloren. Dies führt zu Fehlhaltungen, falschen, unrealistischen Erwartungen, Vorurteilen, gegenseitigen Verletzungen, Rache, Ressourcenverschleiß, Egoismus und letztendlich in die existenzielle Frustration. Wir malen die Welt schwarz oder weiß, urteilen in gut und schlecht, in richtig oder falsch, in „Entweder-Oder" Kategorien. Dieses Denken in Einbahnstraßen verstellt den Blick für das Ganze, für die verborgenen Potenziale und Möglichkeiten und macht uns dumm, verbohrt und hartnäckig.

Die zusammenhängende größere Kausalität unserer Existenz mit anderen Menschen verstehen

Sie können dieses polare Bewusstsein[154] an folgendem Beispiel erkennen:

Abbildung 29: **Erkennen**

154 Ackermann, A.: Easy zum Ziel, Wie man zum mentalen Gewinner wird, S., Anwil 2000, S. 55.

Über den eigenen Schatten springen

Was sehen Sie auf diesem Bild: Den weißen Kelch oder die beiden schwarzen Gesichter? Und was ist, wenn Sie den weißen Kelch und Ihre Mitarbeiter die schwarzen Gesichter sehen? Wer hat Recht? Alle haben doch das gleiche Bild beobachtet? Sind hier Intelligente und Dumme am Werk? Sie können nachvollziehen, welche folgenschweren Konsequenzen diese zwei unterschiedlichen, einseitigen Sichtweisen für die Zusammenarbeit, die Kommunikation und den Umgang miteinander und letztendlich für die betrieblichen Ergebnisse haben können. Folgendes Gedicht bringt das Gesagte auf den Punkt:

> Ein Mensch wähnt manchmal ohne Grund, der andere sei ein Schweinehund.
> Und hält für seinen Lebensrest an dieser falschen Meinung fest.
> Wogegen, gleichfalls unbegründet, er einen dritten reizend findet.
> Und da kein Gegenteil erwiesen, zeitlebens ehrt und liebt er diesen.
> Derselbe Mensch wird seinerseits – und das erst gibt der Sache Reiz –
> Durch eines blinden Zufalls Walten – für einen Schweinehund gehalten.
> Wie immer er auch darauf zielte, dass man ihn nicht für einen hielte.
> Und einzig jener auf der Welt, den selber er für einen hält.
> Hält ihn hin wiederum für keinen.
> Moral: Das Ganze ist zum Weinen.
>
> *Eugen Roth*

Verinnerlichen Sie, dass unsere Welt, die Menschen und die Dinge nicht nur entweder schwarz oder weiß sind, sondern uns in Grautönen entgegenkommen. Und dies wird der Fall sein, solange wir Menschen als ambivalente, sowohl zum Guten wie zum Schlechten fähige Wesen, am Werk sind. Aber Sie können einen Beitrag dazu leisten, dass dieses Grau nicht grauer ist als nötig.[155]

Ihr Beitrag liegt in der Entwicklung Ihrer Fähigkeit zur Liebe zu sich selbst und zu anderen Menschen, zur Verwirklichung von Werten und Sinn-findung als Geschenk Ihrer spirituellen Intelligenz, die es Ihnen immer ermöglicht über Ihren eigenen Schatten zu springen. Diese von Ihnen ausgehende Haltung hat Modellwirkung.

Für Sie und Ihre Mitarbeiter vielen Irrhaltungen entgegen, zum Verinnerlichen:

155 Vgl. Anker, H.: Der Sinn im Ganzen – Bausteine einer praktischen Lebens- und Wirtschaftsethik, Münster 2004, S. 137.

„In der Welt in der wir leben, existieren Freiheit und Verantwortung. Und sie sind unauflösbar miteinander verbunden, noch mehr: Sie bedingen sich. Wer nach Freiheit ruft, kommt nicht darum herum, von Verantwortung zu sprechen, wer nach Verantwortung ruft, kommt ebenso wenig am Begriff der Freiheit vorbei. Anders ist über Ethik in Gesellschaft, Wirtschaft und Unternehmen und anders ist über die Würde der Menschen und über den individuellen Sinn des Lebens sinnvoll nicht zu sprechen. Dies wiederum ist nur dann möglich, wenn wir Menschen – uns! – eine geistige Dimension zuerkennen.

Was wir für real halten, ist in seinen Folgen real.“[156]

Sich gegenseitig die geistige Dimension zuerkennen

Ja, wir müssen uns in vollem Ausmaße unsere geistige Dimension, unsere spirituelle Intelligenz und die daraus resultierenden Potenziale zuerkennen. Hierin liegt die Chance der „Nullsummen-Ökonomie“ zu entkommen und den Quantensprung in eine geistig höhere Gesellschaft und Wirtschaft zu schaffen.

> „Nur das einzelne Individuum kann denken und dadurch für die Gesellschaft neue Werte schaffen, ja selbst neue moralische Normen aufstellen, nach welchen sich das Leben der Gemeinschaft vollzieht. Ohne schöpferische, selbständig denkende und urteilende Persönlichkeiten ist eine Höherentwicklung der Gesellschaft ebenso wenig denkbar, wie die Entwicklung der einzelnen Persönlichkeit ohne den Nährboden der Gesellschaft.
>
> Eine gesunde Gesellschaft ist also ebenso an Selbständigkeit der Individuen geknüpft wie an deren innige soziale Verbundenheit. Es ist mit viel Berechtigung gesagt worden, dass die griechisch-europäisch-amerikanische Kultur überhaupt, im besonderen die Kulturblüte der die Stagnation des Mittelalters in Europa ablösenden italienischen Renaissance, auf der Befreiung und auf der relativen Isolierung des Individuums beruhe.“
>
> *Albert Einstein*

Existieren heißt geistig sein, heißt in Freiheit und Verantwortung dem Leben, der Arbeit zu antworten. Exakt dazu bedarf es der von Frankl geforderten kopernikanischen Wende in unserem Denken denn:

> Der Humanismus hat das Menschliche im Menschen vergessen.
>
> *Martin Heidegger*

156 Anker, H.: Der Sinn im Ganzen – Bausteine einer praktischen Lebens- und Wirtschaftsethik, Münster 2004, S. 137.

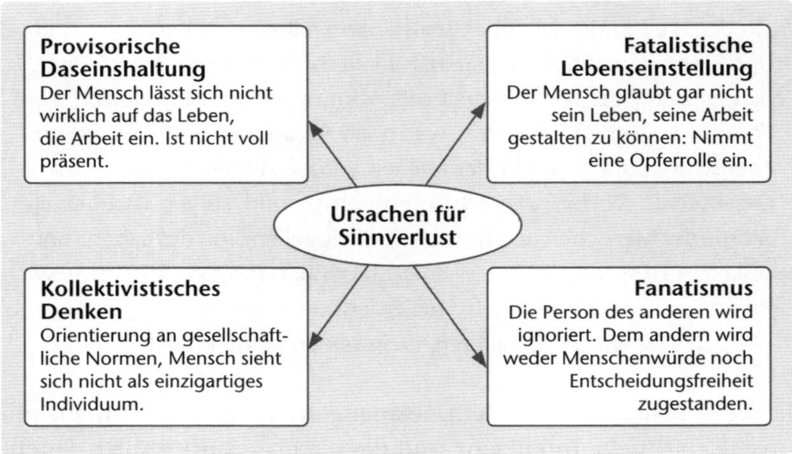

Abbildung 30: **Ursachen für Sinn-verlust**

Lassen Sie uns deshalb zunächst der Frage nachgehen, welche Einstellungen, Haltungen der Sinn-findung und demnach Lebensqualität und Gesunderhaltung im Leben und in der Arbeit im Wege stehen. Frankl hat die Gründe für die Sinnleere, die Pathologie unseres Zeitgeistes, die in das existenzielle Vakuum führen, wissenschaftlich fundiert. Die Gründe für die Sinnleere liegen im Geistesüberdruss des Menschen, die sich in Flucht vor Verantwortung und Scheu vor der Freiheit Stellung zu beziehen, zeigen. An diesem Geistesüberdruss kranken Gesellschaft und Wirtschaft, Unternehmen und Menschen. Diese Sinndefizite führen zu Oberflächlichkeit und enden oft in einem Scheinsinn oder gar Unsinn wie beispielsweise Hedonismus, „Be-Spaßung," Eigennutz, eiskalte Profitgier, Bedürfnisbefriedigung und Lust als höchst erstrebenswerte Kategorien, Dienst nach Vorschrift, Egozentrismus etc. etc. Diese geistigen Fehlhaltungen schüren den Aberglauben den Verhältnissen, dem Schicksal, den Situationen ausgeliefert zu sein,Opfer und nicht Herr seines Lebens, seiner Arbeit zu sein. Die vier Gründe für Sinnverlust sieht Frankl in folgenden vier Fehlhaltungen (Abbildung 30):

Gründe für Sinnverlust und Sinndefizite sind also in falschen, überzogenen Anforderungen und Erwartungen an das Leben, an die Arbeit und an andere Menschen zu suchen. Sie sehen, hier begegnet Ihnen wieder unser Hauptlernfehler: Nehmen zu wollen ohne vorher zu GEBEN. Sinndefizite können aber auch Folge von menschenfeindlichen und menschenunwürdigen Rahmenbedingungen in Unternehmen sein.

Sinnentleerende – frustrierende Mythen über Bord werfen

Weit verbreitet zeigt sich eine **provisorische Daseinshaltung** der Menschen im Arbeitsleben durch sinnentleerende frustrierende Mythen wie etwa: „Das Leben und der Spaß beginnt nach der Arbeit" oder frei nach Brecht „Arbeit ist alles, was keinen Spaß macht." Bestimmt haben Sie erfahren, dass diese Irrhaltungen teilweise von den Medien noch verstärkt werden. In einigen Radiosendern wird zum Beispiel am Montag „trotz Beginn der Arbeitswoche" ein schöner Tag gewünscht und am Freitag mit einem lauten „Hurra – es ist geschafft", diese Fehlhaltung noch intensiviert. Wundert es Sie deshalb, wenn viele Menschen lieblos Dienst nach Vorschrift machen? Die Folge davon sind wachsende Gefühle von Unzufriedenheit und Undankbarkeit. Mit solchen Haltungen wird dem „Da-Sein" in der Arbeit seine Verantwortung abgenommen und Frustration und mangelnde Produktivität sind vorprogrammiert. Hierin unterscheiden sich progressive von statischen Kulturen. „In progressiven Kulturen ist Arbeit von zentraler Bedeutung für das Wohlergehen, in statischen ist Arbeit eine Last. In den ersteren strukturiert Arbeit das Alltagsleben; Fleiß, Kreativität, und Leistung werden nicht nur finanziell belohnt, sondern geben dem Menschen auch Befriedigung und Selbstachtung."[157]

Kernsatz

- **Mensch sein und existieren meint „voll bei der Sache sein" im Leben und in der Arbeit, mehr als nur automatisierte Abläufe zu „verrichten", vielleicht noch unterstützt mit Stechuhren die Präsenz bescheinigen und Checklisten, die lieblos, kopflos und verantwortungslos abgehakt werden.**

Eine *fatalistische Lebenseinstellung* zeigt sich unter anderem darin, dass sich immer mehr Mitarbeiter über ihren Vorgesetzten beklagen. Durchschnittlich schimpft jeder deutsche Arbeitnehmer vier Stunden pro Woche über seinen Vorgesetzten.[158] Sie werden zugeben, dass die Flucht in die Opferrolle und das Schimpfen „hinter seinem Rücken" den Chef auch nicht besser machen.

157 Harrison, L. E.: Zur Förderung eines fortschrittlichen kulturellen Wandelns, in Harrison, L. E./Huntington, S. P.: Streit um Werte, Wie Kulturen den Fortschritt prägen, Hamburg 2002, S. 315.

158 Stern, 13/2002.

Etwas zynisch könnten Sie hier fragen: „Wozu hat der liebe Gott den Menschen einen Mund gegeben, wenn nicht um miteinander zu reden? Zugegeben, aber nutzen Vorgesetzte tatsächlich ihre Ohren um zu hören?

Kollektivistisches Denken äußert sich im unreflektierten „Nachmachen", getreu dem Motto: „Das macht man so, das haben wir immer so gemacht" „Jeder normale Mensch sieht das genauso" oder „Was alle tun, kann schon nicht verkehrt sein." Kreativität, Innovation und Einzigartigkeit bleiben hier auf der Strecke und Langeweile ist vorprogrammiert.

Menschenfeindliche Weisungskulturen abbauen

Haben Sie schon einmal darüber nachgedacht, warum in Stellenanzeigen meistens kreative, verantwortungsvolle Mitarbeiter gesucht werden? Gewiss, es wäre schön und notwendig. Aber wie geht es Ihnen, wenn der „Kreative" kommt und dann wirklich eigene Ideen hat, vielleicht noch solche, die besser sind als Ihre?
Und was, wenn der „Verantwortungsvolle" kommt, hat er bei Ihnen dann auch genügend Freiräume?

Der *Fanatismus* zeigt auch in der Welt der Arbeit seine katastrophalen Auswirkungen: Egoismus, Narzissmus, Eigennutz, Machtkämpfe und gegenseitiges respektloses, verletzendes und unwürdiges Verhalten. Seine Blüten treibt er in menschenfeindlichen Weisungskulturen, wo „Oberteufel" Befehle erteilen und „Unterteufel" Befehle „einfach" auszuüben und zu „gehorchen" haben. Fanatismus zeigt sich aber auch darin, zu glauben von anderen nur fordern zu müssen, sie nur für eigene Zwecke zu benutzen. Nur um seine eigene Achse zu tanzen und die mangelnde Fähigkeit sich auf andere Menschen einzulassen und Ihnen zu begegnen.

> „Wie merkwürdig ist die Situation von uns Erdenkindern! Für einen kurzen Besuch ist jeder da. Er weiß nicht wofür, aber manchmal glaubt er es zu fühlen. Vom Standpunkt des täglichen Lebens ohne tiefere Reflexion weiß man aber: Man ist da für andere Menschen – zunächst für diejenigen, von deren Lächeln und Wohlsein das eigene Glück völlig abhängig ist, dann aber auch für die vielen Unbekannten, mit deren Schicksal uns ein Band des Mitfühlens verknüpft. Jeden Tag denke ich unzählige Male daran, dass

mein äußeres und inneres Leben auf der Arbeit der jetzigen und der schon verstorbenen Menschen beruht, dass ich mich anstrengen muss, um zu geben im gleichen Ausmaß, wie ich empfangen habe und noch empfange."

Albert Einstein.

Sie haben nun einen kurzen Überblick von sinnwidrigen Haltungen und Handlungen, die Positivem im Wege stehen, die Ihnen bestimmt in der einen oder anderen Form schon begegnet sind. Daraus können Sie erkennen:

Sinndefizite und Sinnverlust in Unternehmen sind auf zwei Hauptursachen zurückzuführen:

Kernsätze

- **falsche, überzogene, egozentrische Einstellungen und Anforderungen eines Menschen zur Arbeit und/oder**
- **dass die Rahmenbedingungen, das miteinander Umgehen, die mangelnde Kommunikation, das Misstrauen im Unternehmen, menschenunwürdig also sinnwidrig sind.**

Was Ihre Person angeht, haben Sie aus bisherigen Darstellungen erkannt, dass Sie für Ihre persönliche Haltung zu Ihrer Arbeit und zum Leben verantwortlich sind. Sie wissen, dass Sie weder Fehlhaltungen noch Situationen oder Determinierungen ausgeliefert sind. Ihre geistige Dimension ist „Ihr Steuermann in Ihrem Hause". Ihre „Trotzmacht des Geistes" befähigt Sie, sich davon zu distanzieren.

Die Trotzmacht des Geistes

Was ist aber mit Ihren Mitarbeitern? Können Sie tatsächlich, wie heute in Theorie und Praxis vielfach gefordert, „Sinngeber" sein? Haben Mitarbeiter heute auch noch das Recht von einem Arbeitsplatz, von einem Vorgesetzten Sinn abzuverlangen? Was tun Sie, wenn Ihre oder einzelne Ihrer Mitarbeiter auch noch dem Irrglauben frönen, sinnvolle Arbeit sei für sie der „perfekte Arbeitsplatz, wo alles stimmt, wo alles nach Wunsch, zu Perfektion „serviert" wird, wo es keine Hürden, keine Probleme gibt? Etwas pointiert formuliert könnten Sie vielleicht sagen. Dennoch gehen Erwartungen immer wieder in diese oder ähnliche Richtungen. Was das für Sie bedeutet?

Kernsätze

- **Verantwortlich sind Sie nur für das, was Sie unmittelbar entscheiden. In letzter Konsequenz ist jeder Mitarbeiter und nicht die Führungskraft für seine Haltung selbst verantwortlich.**
- **Ihre Herausforderung besteht aber erstens darin, durch Ihr Führungsverhalten Menschen nicht zu demotivieren, Ihnen die Sinn-möglichkeiten nicht zu verwehren. Zweitens können Sie durch das Schaffen von Sinn-angeboten, also sinn-vollen Rahmenbedingungen Ihren Mitarbeitern die Sinn-findung ermöglichen, sie zulassen. Suchen und finden muss jeder einzelne Mensch und jeder Mitarbeiter seinen Sinn in jeder Situation, selbstentscheidend und selbsttätig. Denn existenzieller Sinn ist immer subjektiv und personal.**

Zur Vertiefung sollen im Folgenden sinnwidrige Haltungen in Unternehmen jenen gegenübergestellt werden, die Sinn zulassen.

Arbeit als Quelle für Sinn

Sinnwidrige Haltungen:	Haltungen, die Sinn zulassen:
Das Leben beginnt erst nach der Arbeit.	Arbeit ist eine Quelle für Sinn.
Arbeit macht keinen Spaß.	Arbeit macht Spaß und Freude.
Verkennung der geistigen Dimension des Menschen.	Orientierung am ganzheitlichen Menschenbild.
Was alle tun, kann nicht verkehrt sein, Hauptsache das Einkommen stimmt.	Als Individuum gehe ich meinen innersten Neigungen nach.
Ich bin nicht wirklich bei der Arbeit.	Ich gebe mich meiner Arbeit und den Menschen mit innerlicher Bejahung und vollem Engagement hin.
Ich tue so wenig als möglich um in der Freizeit fit zu sein.	Ich gebe mein Bestes und erlebe Erfüllung trotz Müdigkeit.
Ich bin Opfer der Arbeitssituation, der blöden Kollegen, des Chefs.	Ich bin Gestalter der Arbeitssituation.
Respektloses, würdeloses Verhalten anderen Menschen gegenüber.	Respektvolles Verhalten Kollegen, Kunden und Führenden gegenüber.
Ich tue etwas, weil ich muss.	Ich tue das, weil ich es für sinnvoll halte und tun will.
Ich weiß nicht, warum ich diese Arbeit mache.	Ich weiß, dass ich zu einem sinnvollen Ganzen beitragen kann.
Meine Arbeit wird nicht geachtet.	Meine Arbeit ist wertvoll für mich und ist wertvoll für das Unternehmen und die Gesellschaft.

Sinnwidrige Haltungen:	Haltungen, die Sinn zulassen:
Ich fühle mich nicht als Mensch sondern nur in meiner Funktion ernstgenommen.	Ich fühle mich in meiner ganzen Person ernst genommen und bejaht.
Ich erwarte von meiner Arbeit ...	Ich bringe in meine Arbeit ein ...
Mein Vorgesetzter, meine Kollegen, die Kunden sind schuld.	Ich versuche jeden Tag ein bisschen besser zu werden. Ich bin Selbstentwickler und Selbstgestalter.
Ich kenne die Vision des Unternehmens nicht und das interessiert mich auch nicht.	Ich kenne die Vision und darf mich für eine positive Zukunftsentwicklung einbringen, mitgestalten.
Ich mache das, was ich immer gemacht habe und versuche mich so wenig wie möglich anzustrengen.	Ich suche nach neuen, besseren Möglichkeiten und habe ein inneres Verbesserungsdenken.
Ich bin Einzelkämpfer, die anderen denken auch nur an sich.	Ich versuche so gut als möglich mit den anderen zusammen zu arbeiten.
Ich vertraue den anderen nicht.	Ich habe Vertrauen in meine Mitarbeiter, Kollegen, Vorgesetzten.
Menschen scheuen die Verantwortung.	Menschen sind zu Verantwortung fähig.
Kunden haben zu konsumieren und loyal zu sein.	Ich versuche auf die Kundenwünsche einzugehen, deren Probleme zu lösen, sie zu begeistern, um deren Loyalität zu verdienen.
Kunden, die sich beschweren sind lästige Querulanten.	Ich bin dankbar für jede Beschwerde, sie ist für mich, für das Unternehmen eine Chance zur Verbesserung.
Das Gemeinwohl interessiert mich nicht, Hauptsache, mir geht es gut.	Ich engagiere mich für das Gemeinwohl und versuche win-win-win-Situationen zu zulassen.
Mich interessiert nur der Erfolg, der Spaß, meine Selbstverwirklichung, egal um welchen Preis.	Ich konzentriere mich darauf, mein Bestes zu geben und freue mich, wenn der Erfolg er-folgt.
Menschen sind von sich aus faul, man muss sie zum Arbeiten motivieren.	Wenn Menschen einen Sinn in der Arbeit sehen, sind sie motiviert.
Mitarbeiter sind ein Kostenfaktor.	Mitarbeiter können in Freiheit zur Verantwortung ihre Potenziale für das Unternehmen nutzen.
Ich will besser sein als meine Kollegen, meine Konkurrenz etc. und was mir im Wege steht, mache ich nieder.	Ich will der/die werden der/die ich sein kann und habe aufgrund meiner Einzigartigkeit keine Konkurrenz.

Für andere Menschen da sein und sie erfolgreich machen

Ein Gefühl der Dankbarkeit entwickeln

Sinnwidrige Haltungen:	Haltungen, die Sinn zulassen:
Wenn ich nicht bekomme, was ich will, bin ich unzufrieden.	Ich bin dankbar für das, was ich habe.
Ich setze mich um jeden Preis durch.	Ich stehe ein für das, was recht ist. Und habe den Mut zu meinen Entscheidungen zu stehen.

Um Sinn, Lebensqualität, Gesundheit und Erfolg im Leben und im Unternehmen anzustreben, müssen Sie ein neues Lebens- und Arbeitsdesign entwickeln – müssen Sie, jeder einzelne, auch jeder Mitarbeiter zuerst säen um dann zu ernten.

Beispiel

„Was Sie säen sind Ihre Gedanken, Ihre Geisteshaltungen.

Auf dem Acker, im Feld, in Ihrem Garten sind Ihnen diese Zusammenhänge sonnenklar. Wenn Sie in Ihrem Garten Tomaten ernten möchten, dürfen Sie nie und nimmer Radieschen säen.

Das haut einfach nicht hin."[159]

Was Sie säen müssen um Sinn-möglichkeiten zu bieten?

Im Vorleben Ihrer Werte und im gegenseitigen Zuerkennen der geistigen Dimension, im permanenten, gegenseitig förderlichen Dialog können Sie betriebliche Realitäten schaffen, die sinn-volle Rahmenbedingungen auf der Basis einer Vertrauenskultur ermöglichen.

Sie und Ihre Mitarbeiter können Sinn, Lebensqualität und Erfolg nur ernten, wenn Sie anstelle von Jammern, Schuldzuweisen, menschenunwürdigem Kommunikationsstil, Bequemlichkeit, Dankbarkeitsvergessenheit, Machtgier, Neid, kurzatmigen Management-Methoden etc. etc. das Sinn-volle für alle anpeilen.

Was Not tut, woran Sie arbeiten müssen, ist eine geistig, soziale Architektur zu schaffen, die eine Not wendet, weil sie Menschen ermöglicht gerne zu arbeiten, sich einzubringen und intellektuelles Kapital wie Kreativität, Neuerungen, Qualität, Lernmöglichkeiten und know how zu generieren.

159 Ackermann, A.: Easy zum Ziel, Wie man zum mentalen Gewinner wird. Anwil 2000, S. 13.

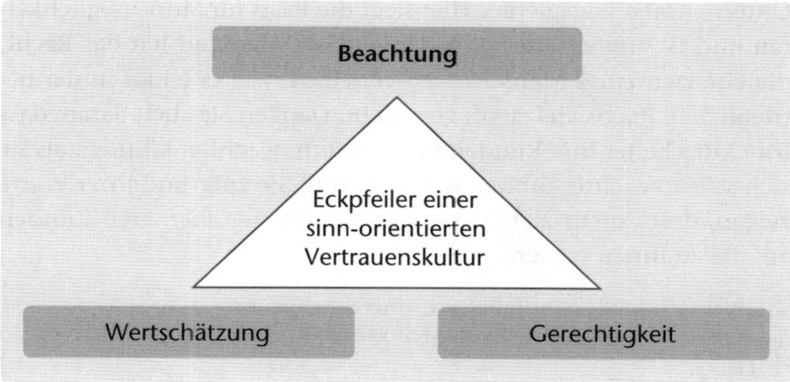

Abbildung 31: **Eckpfeiler einer sinn-orientierten Vertrauenskultur**

Lassen Sie uns nun der Frage nachgehen, was Sinn-findung voraussetzt, was wir vom Unternehmen vom „Du“ für sinn-volle, gelingende Zusammenarbeit brauchen und was wir dem „Du“ auch geben müssen? Wofür müssen Sie Sorge tragen und was müssen Sie, allen voran, vorleben? (Abbildung 31)

▶ **Sinn-orientierung fußt auf der Würde des Menschen.**

Achtung und Beachtung seiner Grenzen

Für die Realisierung Ihrer sinn-orientierten Vertrauenskultur braucht jeder Mensch zunächst einmal *Achtung und Beachtung seiner Grenzen*. Des Weiteren *Respekt* vor dem, was das Seine ist, was seine Entscheidung, sein Wollen, sein Wunsch, sein Ziel und seine Vorhaben sind. Also die Beachtung seiner Person, seiner Existenz als autonomer Mensch mit freiem Willen.[160] Diese Würde darf Menschen auch in Unternehmen nicht genommen werden. Das heißt aber nicht, dass Sie sich nicht mit Ihren Mitarbeitern auseinandersetzen sollen. Im Gegenteil: Wenn Sie das individuelle SO-SEIN respektieren wollen, ist es zwingend notwendig, dass Sie dieses individuelle SO-Sein im *Dialog* kennen lernen, erkennen und bei der Einstellung neuer Mitarbeiter gründlich erfassen. Nur wenn Sie sich intensiv damit befassen, wissen Sie, ob diese Person in das Wertesystem des Unternehmens passt oder nicht. Ihre Grundwerte sind die unabdingbare Grundlage der Bewerberauswahlkriterien. Nur wenn ein Mitarbeiter Ihr Wertesystem unterstützen kann, ist eine für beide Teile fruchtbringende Zusammenarbeit möglich. Nur dann kann ein Mitarbeiter mit inner Bejahung sich für dieses

Das individuelle „SO-Sein“ respektieren und im Dialog kennenlernen

160 Vgl. Längle, A.: Die grandiose Einsamkeit – Narzissmus als anthropologisch-existenzielles Phänomen, in Existenzanlyse, Dezember 2003, S. 16.

Unternehmen engagieren. Hier liegt die Basis für Sinn-möglichkeiten und Gesunderhaltung. Bedenken Sie: Niemand hat das Recht, die Grenzen eines Menschen zu verletzen, wie es leider in der betrieblichen Praxis viel zu oft geschieht. Denken Sie auch daran, dass Ihre Mitarbeiter Ihre Kunden nur insofern beachten können, als sie sich selbst beachtet fühlen. Je mehr Profil Sie aufgrund Ihrer Werte zeigen, desto mehr ziehen Sie jene Mitarbeiter aber auch Kunden an, die zu Ihnen passen.

> „Was im Ton übereinstimmt, schwingt miteinander.
> Was wahlverwandt ist im innersten Wesen, das sucht einander."
> *I Ging*

Kernsatz

- **Damit ein Mitarbeiter sich wohl fühlen, kreativ und produktiv sein kann, muss er im Unternehmen eine Art geistige Heimat finden, in der er seine persönlichen Werte leben und verwirklichen kann.**

Dem Anderen in seiner Art und Eigenheit gerecht werden

Gerechtigkeit zu gewährleisten ist eine weitere wichtige Aufgabe. Gerechtigkeit meint, dem anderen in seiner Art und seiner Eigenheit gerecht zu werden. Verinnerlichen Sie, dass jeder Mensch, ob Mitarbeiter, Vorgesetzter oder Kunde, einer gerechten aber individuellen Beurteilung bearf. Sie wissen wie schmerzlich es ist, wenn man sich nicht gerecht behandelt fühlt, wenn man sich in seinem Wert benachteiligt empfindet. Sich nicht gesehen fühlen von Vorgesetzten, Kollegen, für eine Absicht, für einen guten Willen lächerlich gemacht zu werden, eine Leistung als weniger wertvoll beurteilt zu bekommen, kann das Ich erschüttern.[161] Voraussetzung für Gerechtigkeit ist vollständige *Transparenz* über Ziele und Werte. Aber auch vollständige Transparenz darüber, wie zufrieden oder nicht und warum nicht, Sie mit den Leistungen Ihrer Mitarbeiter sind. Wenn Sie Ihren Mitarbeitern nicht klipp und klar Ihre Ziele und Werte kommunizieren, werden sie nicht nur unsicher und demotiviert, sondern deren produktive Kräfte können nicht ausreichend für das Unternehmen genutzt werden. Damit verweigern Sie jedem Mitarbeiter auch die Möglichkeit zu wachsen und *„Sein Bestes"* zu geben. Bedenken Sie, dass Sie Ihren Mitarbeitern nur gerecht werden, wenn Sie durch „Fordern" „Fördern", wenn Sie im Dialog

Vollständige Transparenz über Ziele und Werte

Fordern und Fördern

161 Vgl. Längle, A.: ebenda, S. 17.

gemeinsam realistisch hohe Ziele festsetzen und die Ergebnisse und Entwicklungen besprechen. Dies wiederum können Sie mit dem Instrument der Balanced Score Card sehr gut verbinden und so Langeweile, Apathie und die Flucht in die Bequemlichkeitsfalle verhindern. Was aber können Sie tun, wenn Mitarbeiter sich untereinander nicht gerecht werden? Wenn sie einzelne Mitarbeiter ausschließen, sie belachen, sie nicht ernst nehmen, oder gar mobben? Was tun Sie, wenn der Umgangsstil, der Ton „selbstwertkillend" ist? Was tun Sie, wenn die Stimmung düster ist? Geht Sie das an? Und ob Sie das angeht! Hier ist wieder Ihre Zivilcourage gefordert, offen und ernsthaft mit den Einzelnen zu reden, sie auf Ihre gemeinsamen Grundwerte zu verweisen und diese mit aller Konsequenz und Schärfe auch einzufordern. Solche Kränkungen müssen Sie sofort im Keim ersticken. Zusehen oder gar wegsehen und abwarten sind in solchen Situationen schlechte Ratgeber. Im Notfall müssen Sie sich externe Fachleute zur Unterstützung holen. Kränkungen und falsche Haltungen werden in den besten Unternehmenskulturen immer wieder vorkommen, denn unsere menschliche Natur und unser fehlerhaftes Denken holen uns immer wieder ein. Deshalb müssen Sie sehr achtsam sein. Folgendes Gedicht soll Sie vertieft für immer wiederkehrende menschliche Schwächen und Haltungen sensibilisieren, denen Sie durch Ihr proaktives Verhalten einen Riegel vorschieben sollen.

Langeweile, Apathie und Flucht in die Bequemlichkeit verhindern

Falscher Verdacht

Ein Mensch hat meist den übermächtigen
Naturdrang andere zu verdächtigen.
Die Aktenmappe ist verlegt. Er sucht sie kopflos und erregt.
Und schwört bereits sie sei gestohlen und will die Polizei schon holen.
Und weiß von nun an überhaupt, dass alle Welt nur stiehlt und raubt.
Und sicher ists der Herr gewesen, der während scheinbar er gelesen,
er ahnt genau, wie es geschah...
Die Mappe? Ei, da liegt sie ja!
Der ganze Aufwand war entbehrlich und alle Welt wird wieder ehrlich.
Doch den vermeintlich frechen Dieb, gewinnt der Mensch nie mehr ganz lieb.
Weil der die Mappe angenommen, sie wäre wirklich weggekommen,
und darauf wagt er jede Wette – gestohlen würde haben hätte.

Eugen Roth

Damit Sie Ihren Mitmenschen und Mitarbeitern gerecht werden können, müssen Sie sich dieser großen Herausforderung immer wieder bewusst werden und sehr achtsam sein, denn trotz bester Absichten werden Fehler gemacht. Dies erfordert von Ihnen eine „gehörige Portion" an Demut und Bescheidenheit und die Fähigkeit, den Bedürfnissen und Anliegen Ihrer Mitmenschen in ständigem Dialog etwas näher zu kommen. Schaffen Sie die Rahmenbedingungen Kritik zu zulassen und aus Fehlern zu lernen. Eine dialogische Lernkultur ist ein sehr effizientes Mittel für die Organisationsentwicklung.

Wertschätzung als Beitrag zur Salutogenese

Schließlich bedarf jeder Mensch zur vollen Entfaltung der Fähigkeiten und der Freiheit des Ichs, der Erfahrung der *Wertschätzung* durch andere. Hier zeigt sich in der Praxis ein großes, wenn nicht das größte Defizit. Wertschätzen ist ein Mittel gegen lähmende Gefühle von Versagen und Wertlosigkeit. Wertschätzung macht Mut und gibt Kraft, mobilisiert die Potenziale. Wertschätzung baut Menschen auf und energetisiert Unternehmen. Denken Sie daran, nichts ist selbstverständlich! Wenn Sie die Dinge und die Leistungen Ihrer Mitarbeiter so betrachten, haben Sie Grund genug, auch tag-tägliche Leistungen wertzuschätzen. Hierin bietet sich die Chance, Mitarbeiter erfolgreich zu machen. Also nicht nach dem Motto: „Wenn ich nichts sage, ist alles in Ordnung, ansonsten meckere ich schon". Können Sie sich vorstellen, wie viel Leid und Enttäuschung tag-täglich Menschen in Unternehmen durch diese Haltungsänderung erspart bliebe? Welchen Beitrag Sie dadurch zur geforderten *Salutogenese* im Sinne des sechsten Kondratieff's leisten können? Wertschätzung tut nicht nur Ihren Mitarbeitern gut, sondern gibt auch Ihnen ein befriedigendes Gefühl der Dankbarkeit. Haben Sie auch schon festgestellt, wie erschreckend verletzend viele Menschen tagtäglich in Unternehmen miteinander umgehen? Können Sie sich vorstellen, wie viel an Motivation, Produktivität, Kreativität und Vertrauen dadurch verloren geht? Und wie sieht es umgekehrt aus? Anerkennen Ihre Mitarbeiter Ihr Engagement? Fühlen Sie sich genügend wertgeschätzt? Wahrscheinlich denken auch Ihre Mitarbeiter nicht oder zu selten an diesen Aspekt. Ob es so bleiben muss, entscheiden Sie! Wenn Sie diesbezüglich Defizite verspüren, gibt es nur einen Weg: Im Dialog miteinander offen darüber reden. Sie könnten sagen, da gebe ich mir ein Blöße, da gebe ich Schwächen zu? Nein, Sie geben lediglich zu, auch Mensch zu sein und das ist nicht nur Ihr gutes Recht, das macht Sie auch zugänglich und sympathisch. Sie müssen kein Übermensch sein, wenn Sie integer sind, sinn-orientiert handeln, beherrschen Sie Ihr „Führungsrüstwerk“. Seien Sie also mutig!

Und denken Sie daran, das Bedürfnis nach Anerkennung und Wertschätzung ist riesig und uferlos und wer behauptet, er brauche das nicht, lügt ganz einfach.

> „Hass, als minus und vergebens,
> wird vom Leben angeschrieben.
> Positiv im Buch des Lebens
> stets verzeichnet nur das Lieben.
> Ob ein Minus oder Plus
> uns verbleiben, zeigt der Schluss“
> *Wilhelm Busch*

Kernsätze

- **Wenn Ihre Mitarbeiter sich für Ihr Unternehmen einbringen und produktiv sein sollen, müssen Sie zunächst für ein Klima von gegenseitigem Respekt und gegenseitiger Wertschätzung Sorge tragen.**
- **Eine Kultur, die Menschen aufbaut, erfolgreich machen soll, braucht Klarheit und basiert auf Werten und klaren Regeln, die von oben nach unten gelebt werden müssen.**

Gelingendes Miteinander ermöglichen

Lassen Sie uns nun einen weiteren Aspekt von gelingendem Miteinander diskutieren. Die Mitarbeiter verlangen vermehrt nach mehr Spielräumen, größerer Selbständigkeit, Mitsprache, sinnvoller Arbeit, Förderung und Unterstützung von Seiten der Führungskraft, Teamarbeit, gerechter Entlohnung, Weiterbildungsmöglichkeiten, Offenheit in der Kommunikation, einem guten Betriebsklima, Sicherheit des Arbeitsplatzes und danach als Mensch und nicht nur als Produktionsfaktor ernst genommen zu werden.

Dies ist jedoch nur dann zu erfüllen, wenn auch die Mitarbeiter ihren Beitrag dazu leisten! Dies sei besonders erwähnt, weil man darüber eigentlich nur selten spricht! Nur wenn die Mitarbeiter bereit und fähig sind mehr Eigenverantwortung zu übernehmen, sich ständig zu verbessern, unternehmerisch zu denken, sich für den Erfolg des Unternehmens einzusetzen und im Hinblick auf Leistung und Dienstleistungsqualität ihr Bestes zu geben, können die obigen Erwartungen erfüllt werden. Nur so ist eine sinn-orientierte Vertrauenskultur, gekennzeichnet von Menschenwürde, Selbständigkeit und Verantwortung zu realisieren.

Muster mittelmäßiger Leistungen, der Selbstgefälligkeit, einseitiger Erwartungen und Apathie müssen Sie aufzulösen versuchen. Wenn Sie Ihren Mitarbeitern im Dialog würdevoll begegnen, ihnen ihre geistige Dimension zuerkennen, ihnen im Unternehmen einen Raum schaffen, den sie bejahen können, dann können Sie im Gegenzug maximale Loyalität erwarten. Diese *„Geben-Nehmen-Haltung"* muss von Anfang an klipp und klar kommuniziert werden. Bei dauerhaften und prinzipiellen Regelverstößen sollten Sie sich von dem betreffenden Mitarbeiter trennen. Sie kennen die Metapher des faulen Apfels. Wenn Sie eine Kiste wunderbarer Äpfel haben, einer aber faul ist, dauert es nicht lange, bis alle faul sind. Auch der immer wieder anzutreffende Irrglaube, man müsse alle Mitarbeiter gleich behandeln, kann nicht funktionieren. Nicht selten wird in diesem Zusammenhang auch noch die Gerechtigkeit vorgeschoben. Lassen Sie sich dabei nicht irritieren. Der Niedergang des Sozialismus ist der beste Beweis dafür, dass das nicht funktionieren kann. Dazu eine prägnante Metapher:

Beispiel

„Wer Unkraut und Blumen gleich behandelt, der sorgt dafür, dass nur das Unkraut sprießt und die Blumen verdrängt. Wer hingegen möchte, dass in seinem Garten Blumen blühen, der muss das Unkraut heraus reißen. Dieses Prinzip gilt auch für die Mitarbeiterführung."[162]

Unternehmen der Zukunft – „Wohlfühlorte" für Menschen

Sie benötigen eine neue Kultur und Stimuli für selbstverantwortetes Lernen und Entwickeln. Lassen Sie uns in diesem Zusammenhang noch eine aktuelle Tendenz betrachten, nach der Unternehmen der Zukunft *„Wohlfühlorte"* für Menschen sein müssen. Wahrscheinlich sind Sie damit einverstanden, wenn damit gemeint ist, Menschen in ihrer ganzen Würde zu begegnen im Sinne der Zuerkennung der geistigen Dimension. Wenn aber mit Wohlfühlen in hedonistischer Manier, permanentes Glück, geringe oder keine Herausforderung und Ausbleiben von Misserfolgen gemeint ist, dann ist das ein trügerischer Traum, ähnlich jenem einer Gesellschaft, die sich permanent wohl zu fühlen hat und genießen muss, was die Sache hergibt. Auch der Gedanke was Sie tun könnten, damit

162 Nöllke, M.: a. a. O., S. 96.

das Wohlbefinden Ihrer Mitarbeiter steigt, ist aus zweierlei Gründen kritisch zu hinterfragen:

Erstens: Weil es nicht möglich ist, sich permanent wohl zu fühlen, weder körperlich noch seelisch. Das Wohlbefinden, das Glück ist immer Schwankungen unterworfen. Auch Verlieren und Misserfolge gehören nun mal zum Leben und zur Arbeit.

Die richtige Fragestellung muss deshalb lauten:

Kernfragen

- **Was können Sie tun, damit Ihre Mitarbeiter Wohlbefinden erleben und mit Herausforderungen, Misserfolgen optimal umzugehen lernen?**
- **Wie können Ihre Mitarbeiter lernen frustrierenden Arbeitssituationen und Herausforderungen besser standzuhalten.[163]**
- **Wie können sie der Bequemlichkeitsfalle entkommen?**

Sinnwidrige Weichlichkeiten verhindern

Antworten auf diese Fragen verhindern ein Klima von sinnwidrigen Weichlichkeiten und entlocken den Menschen die Potenziale, die sie aufgrund ihrer geistigen Dimension haben und in Zukunft immer mehr brauchen werden. Damit fördern Sie Ihre Mitarbeiter; denn indem Sie sie auf der Grundlage von Beachtung, Gerechtigkeit und Wertschätzung herausfordern, wachsen diese in ihrem *Selbstwert.* Nur Menschen mit intaktem Selbstwert sind imstande, mit Herausforderungen und Problemen konstruktiv umzugehen und können daran wiederum wachsen.

Sich zu besonderen Persönlichkeiten entwickeln

Zweitens: Die Frage, was müssen Mitarbeiter bekommen, damit sie glücklich sind, ist insofern fehlerhaft, weil Sie so fragend Ihre Mitarbeiter unterschätzen. Wertschätzung, Arbeitschancen und Förderung sind wichtig. Dennoch: Auf der Basis des einseitigen Nehmens wird kein Mitarbeiter und auch keine Führungskraft langfristig glücklich sein. Ständiges „Wohlversorgtsein" löst das Gefühl der Langeweile und des Überdrusses aus. Mehr noch: Es verunmöglicht, dass Mitarbeiter sich zu besonderen Persönlichkeiten entwickeln. Warum?[164]

Weil Menschen und somit auch Ihre Mitarbeiter auch immer etwas zu „GEBEN" haben. Sie werden erst dann zu einem kompetenten, ja zu

163 Vgl. Hadinger, B.: Mut zum Leben machen, Wien/Tübingen 2003, S. 10.
164 Vgl. Hadinger, B.: ebenda S. 11.

einem faszinierenden Menschen und Mitarbeiter, wenn sie beginnen, auch zu geben.
Ihre Fragestellungen in diesem Zusammenhang müssen lauten:
- Was wollen Sie Ihren Mitarbeitern abverlangen?
- Was haben sie auf der Grundlage ihrer besonderen Fähigkeiten, Talente und Begabungen zu geben?[165]

Reputation und Kultur – entscheidende Werttreiber

Sie können nun erkennen: Wenn Sie auf der Basis der Sinn-Vision und Ihrer Werte führen, die Sinn-volles, Positives intendieren, widersprechen unternehmerische Ziele keineswegs den menschlichen Zielen, sondern sie bedingen sich gegenseitig. Ihre Vision und Ihre gelebten Werte sind kennzeichnend für Ihr Unternehmen. Nach außen verbessern sie die Reputation, nach innen die Kultur. Reputation und Kultur sind entscheidende Werttreiber für höhere Produktivität und für eine nachhaltige Wertsteigerung Ihres Unternehmens.

Aber denken Sie daran, dass es nicht genügt, Worte auf ein Blatt Papier zu schreiben. Wie viele Unternehmen haben sich grandiose Leitbilder entwickeln lassen, die leider zum „Leidbild" verkommen insofern, dass sie zwar für die Erstellung viel Aufwand verursacht, aber nicht gelebt werden und nichts bewirken.

Kernsatz

- **„Wodurch unterscheiden sich Worte und Werte? „Worte sind billig, sie kosten nichts. Werte haben immer ein Preisschild, sie sind niemals zum Nulltarif zu haben."[166]**

Das Gespräch in den Mittelpunkt stellen

Wenn Sie Ihren Mitarbeitern die geistige Dimension zuerkennen, kaufen Sie nicht nur „Arbeitskraft für betriebliche Zwecke" ein. Sehen Sie Ihre Mitarbeiter nicht nur in ihrer Rolle und Funktion, sondern in ihrer personalen Gesamtheit, als zur Freiheit und Verantwortung fähige Wesen. Damit eröffnen Sie ihnen die Pfade für die Sinn-findung. Sie verplanen und behandeln Ihre Mitarbeiter nicht einfach, sondern sehen sie als individuelles Gegenüber, nehmen sie für das „Du" wahr. Damit rückt das *Gespräch* in den Mittelpunkt. Führungsmaßnahmen am Gespräch vorbei wird es in einem solchen Milieu immer weniger geben. Im Gespräch begegnen sich freie, selbstbestimmte Individuen, wenn es seinen Namen wirklich

165 Vgl. Hadinger, B.: ebenda S. 11.
166 Vortrag von Altbischof Dr. Reinhold Stecher in Innsbruck, November 2003.

verdienen soll. Denn was ist das Gespräch, der Dialog anders als eine Form der Kommunikation, die es den Teilnehmern ermöglicht, Selbstbewusstsein zu entwickeln durch „Stellung nehmen“ und selbstverantwortet handeln zu können.[167] Durch diese Art wertschätzender und aufbauender Gespräche wird dem Einbahndenken, dem polaren Bewusstsein mit Machtkämpfen, ein Riegel vorgeschoben. Der Standpunkt des Einzelnen hat sich immer auch im Dialog zu bewähren. Mit der dialogischen Haltung eröffnet sich die Bereitschaft des sich in Frage stellen und eines Besseren belehren zu lassen.

Förderlicher Dialog ist sinn-orientiert und kennzeichnet sich darin, das „Du“ aufzubauen und nicht zu zerstören, das „Du“ größer und nicht kleiner zu machen, menschliches Leben zu entfalten.

Was tun Sie aber, wenn in einer bestimmten Situation zwei oder mehr Ihrer Werte miteinander konkurrieren? Dann ist Ihre innerste Stimme, Ihr Gewissen, Ihr „Kompass“ gefragt. Eine Hilfestellung bieten Ihnen die platonischen Kardinaltugenden, die Sie als Vorzeichen vor Ihre Werte stellen können.

Weisheit, Besonnenheit, Gerechtigkeit, Tapferkeit

Es sind dies die *Weisheit, die Besonnenheit, die Gerechtigkeit und die Tapferkeit.* Sie erkennen: Exakt diese Werte sind für das Sinn-volle im transsubjektiven Sinne, für das Gute also, ohnehin notwendig. Sinn erfordert erspüren, abwiegen, bewerten und sich für die beste Möglichkeit vor dem Hintergrund des Möglichen zu entscheiden. Und wie verhält es sich mit dem Vertrauen? Gehen wir der Frage nach wie Vertrauen entsteht und was es bewirken kann.

> „Vertrauen ist für alle Unternehmungen
> das große Betriebskapital, ohne welches kein
> nützliches Werk auskommen kann.
> Es schafft auf allen Gebieten die Bedingungen
> gedeihlichen Geschehens.“
> *Albert Schweizer*

167 Vgl. Dietz, K. M./Kracht, T.: Dialogische Führung – Grundlagen – Praxis Fallbeispiel: dm-drogerie Markt, Frankfurt 2002, S. 17.

3.2.4.1 Unter welchen Bedingungen und Voraussetzungen kann sich Vertrauen in eine andere Person entwickeln?

Martin Buber

Vertrauen, Vertrauen zur Welt, weil es diesen Menschen gibt – das ist das innerlichste Werk des erzieherischen Verhältnisses ... Weil es diesen Menschen gibt. Und so muss denn dieser Mensch auch wirklich da sein. Er darf sich nicht durch ein Phantom vertreten lassen.

Vertrauen geben und nehmen

- Konsistenz des Verhaltens der anderen Person; eine Bedingung, die zur Wahrnehmung von Vorhersehbarkeit und Verlässlichkeit führt.
- Einhalten von Versprechen durch die andere Person, was ebenfalls die Verlässlichkeit fördert.
- Wahrgenommene Fairness der anderen Person.
- Wahrgenommene Loyalität der anderen Person.
- Wahrgenommene Ehrlichkeit und Integrität der anderen Person.
- Wahrgenommene Diskretion der anderen Person im Hinblick auf Geheimnisse.
- Wahrgenommene Offenheit der anderen Person für neue Ideen und Meinungen.
- Wahrgenommene Ansprechbarkeit der anderen Person für neue Ideen.
- Wahrgenommene Kompetenz der anderen Person für die Bewältigung anstehender Aufgaben.
- Anwesenheit der anderen Person, wenn sie gebraucht wird.[168]

Somit bildet eine ethisch verantwortliche und sinn-volle Grundhaltung die Basis für Vertrauen gegenüber Mitmenschen.

Sinn und Vertrauen sind zwei Seiten ein und derselben Medaille. Sie bedingen sich gegenseitig. Wo Sinn-volles geschieht, kann Vertrauen er-folgen.

---

168 Bierhoff, H. W.: Vertrauen und Liebe: Liebe baut nicht immer auf Vertrauen auf, in: Schweer, M. (Hrsg.) Interpersonales Vertrauen – Theorien und empirische Befunde, Wiesbaden 1997, S. 93.

Deshalb müssen Sie sich das Vertrauen der Mitarbeiter und der übrigen Stakeholder immer wieder durch ihre Geisteshaltungen und ihr Vorleben verdienen. Sie haben erkannt: Vertrauen hat immer mit Menschen zu tun. Aktionen wie Weihnachtsessen, Geburtstagsgeschenke etc. etc. haben wenig oder keine Wirkung, wenn das Vertrauen in die Führungsperson aufgrund mangelnder Integrität, Ehrlichkeit und Fairness fehlt.

Reine Lippenbekenntnisse, Worte ohne Preis also, ohne aufrichtige Einstellung enttäuschen und zerstören Vertrauen. Die Scheinwelt der Ökonomie im Gewand von frommen, zu Tränen rührenden, nicht gelebten Führungsgrundsätzen, ungelebten, verstaubten Leitbildern, Public Relations und/oder Sponsoring jeglicher Form, führen als Instrumente und Mittel zum Zweck allein und ohne Werte nicht zu Vertrauen. Finden Sie es nicht erstaunlich, dass trotz ständiger Zunahme, beschriebener Aktionen, die Unternehmen unter dem größten Vertrauensverlust seit den siebziger Jahren leiden? Die Lügen im Management treiben bunte Blüten. Trotz Satire und Übertreibungen mögen Sie die Passagen in Abbildung 30 doch zum Nachdenken veranlassen.

Vertrauen – die treibende Kraft

Vertrauen ist eine in der Wirtschaftswelt vielfach unterschätzte, aber treibende Kraft. Vertrauen bringt nachhaltig wesentlich mehr als es sämtliche Mittel des Kommunikations-Mix innerhalb des Marketinginstrumentariums vermögen. Vertrauensverlust ist für einen Menschen und für ein Unternehmen weit schlimmer als Geldverlust. Diesen können Sie wieder einholen. Verlorenes Vertrauen aber nicht mehr. Vertrauen ist eine unerlässliche Voraussetzung für menschliche Beziehungen jedweder Art. Vertrauen ist der Klebstoff der Ihre Beziehungen zusammenhält und ehrlichen Dialog sowohl mit Mitarbeitern als auch Kunden und den übrigen Stakeholdern ermöglicht.

Verlieren Sie das Vertrauen Ihrer Mitarbeiter, verlieren Sie deren Loyalität. Deren Arbeitszeit können Sie sich zwar „erkaufen" nicht aber deren ehrliches Engagement für Sie. Das müssen Sie sich verdienen und zwar immer wieder durch Ihr Vorleben, durch das Leben Ihrer Werte.

Kernsatz

◆ **Wenn es im Unternehmen kein Vertrauen gibt, wenn die Mitarbeiter immer damit beschäftigt sind, sich Rückendeckung zu verschaffen, ist einer der ersten Verluste die Kreativität.**

M. F. R. Kets de Vries

Abbildung 32: **„Die Mitarbeiter sind unser wertvollstes Gut!?"[169]**

Das Gleiche gilt für Ihre Kunden. Sie können Kunden nur binden, wenn Sie deren Vertrauen haben. Und was setzt eine Marke voraus? Eine Marke, für die die Kunden bereit sind, einen höheren Preis zu bezahlen? Sie sehen, Vertrauen ist in der Tat das wichtigste Betriebskapital.

Eine sinn-orientierte Vertrauenskultur ist die Grundlage für eine faire Zusammenarbeit der Mitarbeiter untereinander sowie der konstruktiven Zusammenarbeit zwischen Abteilungen. Den wahren Wert erkennen Sie vor allem dann, wenn die Ziele der einzelnen Mitarbeiter oder Abteilungen miteinander konkurrieren. Geht das Hauen und Stechen los oder findet man sich im Gespräch und in der Suche nach Lösungen, die für alle akzeptabel und sinnvoll sind.

Sie können den folgenden Gegenüberstellungen entnehmen, welche Auswirkungen unterschiedliche Verhaltensweisen in Ihrem Unternehmen haben.

169 Vgl. Scott, A.: Das Dilbert Prinzip – Die endgültige Wahrheit über Chefs, Konferenzen, Manager und andere Martyrien, Landsberg/Lech 1997.

3.2.4.2 Welche Auswirkungen haben unterschiedliche Verhaltensweisen in Ihrem Unternehmen?

Verhaltensweise	Auswirkungen des Verhaltens
Individualistisches Verhalten	Maximierung des eigenen Vorteiles. Mündet unweigerlich in Konflikt. Negative Auswirkungen.
Kompetitives Verhalten	Zeigt sich am vorrangigen Interesse jemand anderen zu übertreffen. Der Differenzvorteil wird maximiert. Führt meist zu Ausweglosigkeit.
Altruistisches Verhalten	Eigenes Verhalten wird derart ausgerichtet, dass die Folgen für den anderen möglichst positiv sind. Wirkung positiv für Andere aber langfristig entstehen hohe Kosten.
Kooperatives, sinn-orientiertes Verhalten	Gleichermaßen hohes Interesse am eigenen Gewinn und am Gewinn der Partner. Der Beziehungsgewinn steht im Vordergrund. Verzicht auf kurzfristige Gewinnmaximierung.[170]

Sinn-orientiertes, zu Vertrauen führendes Verhalten „rechnet sich"

Sie erkennen auch aus dieser Gegenüberstellung, dass sinn-orientiertes, zu Vertrauen führendes Verhalten „eine Rechnung" ist, die aufgeht, die stimmt.

Und wie zeigen sich die Vorteile einer positiven Einstellung zu sinn-orientiertem, kooperativem Verhalten?

- Positivere Einstellung zur Aufgabe
- Höhere Bereitschaft, den anderen zu unterstützen
- Intensiverer Austausch von Informationen und Ressourcen

170 in Anlehnung an Stahl, H. K.: Zum Aufbau und Erhalt von Reputationskapital in Stakeholder-Beziehungen, in: Perspektiven im Strategischen Management, Handlbauer u. a. (Hrsg.), Berlin 1998, S. 110 ff., in Anlehnung an Diller/Kusterer, 1988, S. 110 ff.

- Verstärktes gegenseitiges Feedback
- Mehr intellektuelle Stimulierung
- Kreativeres Denken und erhöhter Lerntransfer
- Ermunterung zu mehr Leistung
- Wahl schwieriger Aufgaben
- Höhere Bereitschaft zu Selbstkritik
- Gegenseitige Einflussnahme auf das Verhalten inklusive bereitwilliger Imitation erfolgreichen Verhaltens
- Suche nach permanenten Verbesserungen
- Engagement zur Verbesserung sozialer Fertigkeiten um die Beziehung zu verbessern
- Und nicht zuletzt ein höheres Level an positiver Befindlichkeit.[171]

Zum Abschluss dieses Kapitels stelle ich Ihnen noch die Auswirkungen einer sinn-orientierten Vertrauenskultur auf die Effektivität vor:

Sinn-orientiertes Verhalten weckt unternehmerische Fähigkeiten

3.2.4.3 Welchen Einfluss hat Vertrauen auf die Effektivität?

Kommunikation	Interpersonales Vertrauen erhöht die Bereitschaft Informationen weiterzugeben, es steigt die Bereitschaft Informationen anderer zu akzeptieren.
Arbeitsmotivation und Arbeitszufriedenheit	Es bestehen Zusammenhänge zwischen dem Ausmaß des Vertrauens und der Motivation zur Aufgabenerledigung, der Zufriedenheit mit der eigenen Tätigkeit und der Zufriedenheit mit der Organisation, der man angehört.
Problemlösungsverhalten	Vertrauen beeinflusst die Verhandlungsführung, begünstigt die Beteiligung bei Beratung und die Mitwirkung bei Entscheidungen.

171 Weibler, J.: Vertrauen und Führung, in: Personal als Strategie, Klimecki, R. u. a. (Hrsg.), Neuwied u. a. 1997, S. 208, zitiert nach Johnson/Johnson, 1995.

Organisatorischer Wandel	Bei Vertrauen verlaufen die Maßnahmen der Organisationsentwicklung reibungsloser und effektiver.[172]

In einer sinn-orientierten Vertrauenskultur erfahren die Mitarbeiter dass:

Eine sinn-orientierte Vertauenskultur setzt Potenziale frei und fördert permanentes Lernen

- Arbeit eine Quelle für Sinn ist, sinn-orientierte Arbeit etwas bewirkt.
- Arbeit eine Möglichkeit bietet die schöpferischen Potenziale zu entfalten.
- Jede Arbeit wichtig für das gesamte Unternehmen ist.
- Jede Arbeit geschätzt wird.
- Gute Leistungen anerkannt werden.
- Menschen in der Arbeit und durch die Arbeit wachsen können.
- Arbeit verantwortungsvolles Handeln ist.
- Ängste abgebaut werden können.
- Ein wertschätzendes miteinander Umgehen Wachstumspotenziale freisetzt.
- Dass bislang noch nicht erkannte Potenziale entdeckt und Möglichkeiten gesucht werden, diese einzubringen.
- Offenheit und Vertrauen gefördert werden.
- Konfliktvermeidung und Konfliktlösungsfähigkeit gefördert werden.
- Herausforderungen und Bewährungsproben das persönliche Wachstum wesentlich fördern und den Selbstwert erhöhen.

Beispiel

Als Friedrich der Große erfuhr, dass sein Feind, der König von Sachsen, die Stärke seiner Armee erhöht hatte um die kleine preußische Armee zu schlagen, sagte er zu seinen Männern: „Ich setze mein unbegrenztes Vertrauen in Ihren Mut, Ihre Standhaftigkeit und Ihre Vaterlandsliebe, die Sie bei so vielen Gelegenheiten bewiesen haben. Sollte aber einer unter Ihnen sein, der davor zurückschreckt die letzte Gefahr mit mir zu teilen, der kann noch heute seinen Abschied erhalten ohne den geringsten Vorwurf von mir zu erleiden.[173]

Sie erkennen: Ein Unternehmen mit einer sinn-orientierten Vertauenskultur, die nach innen und außen gerichtet ist und Ihre Grund-

172 In Anlehnung an Neubauer, W.: Vertrauen in der Arbeitswelt, in: Interpersonales Vertrauen – Theorien und empirische Befunde, Schweer, M. (Hrsg.) Opladen/Wiesbaden 1997, S. 108.

173 Vgl. Berger, W.: a. a. O., S. 159.

einstellungen klar kommuniziert, kann sich deutlicher profilieren und zur Marke avancieren. Entsprechend kann dann, sowohl bei potentiellen Mitarbeitern, als auch bei potentiellen Kunden, eine klare „Ja"- oder „Nein"-Entscheidung fallen.

Dadurch wird gewährleistet, dass Kunden und Mitarbeiter mit anderen Erwartungshaltungen von vornherein nicht angesprochen und demnach auch nicht enttäuscht werden, was wiederum das Vertrauen und Ansehen des Unternehmens erhöhen kann.

3.2.4.4 Zusammenfassung

Viktor Frankl

Der Sinn ist der Schrittmacher des Seins.

- Der Aufbau Ihrer sinn-orientierten Vertrauenskultur beginnt bei der Menschenwürde, im gegenseitigen sich Zuerkennen der geistigen Dimension, der spirituellen Intelligenz.
- Sinndefizite und Sinnverlust sind auf zwei Hauptgründe zurückzuführen: Entweder auf falsche, überzogene, sinnwidrige Erwartungen an die Arbeit, an das Unternehmen und/oder auf sinnwidrige Rahmenbedingungen mit menschenunwürdigen Situationen.
- Sie und Ihre Mitarbeiter säen durch Ihre Geisteshaltungen was Sie ernten. Durch Ihre Geisteshaltungen schaffen Sie betriebliche Realitäten.

Eine sinn-orientierte Vertrauenskultur ist die Basis für erfolgreichen Wandel für alle Beteiligten

- Voraussetzung für Produktivität und sinn-volle Rahmenbedingungen ist ein gegenseitiges sich Entgegenbringen von Beachtung, Gerechtigkeit und Wertschätzung auf der Basis einer dialogischen Lernkultur.
- Sie geben jedem Mitarbeiter die Chance, seine Fähigkeiten und Talente aus- und weiterzubilden und seine Persönlichkeit weiterzuentwickeln.
- Ihre sinn-orientierte Vertrauenskultur ermöglicht permanente Kommunikation im Dialog und verwirklicht sich durch „Aufeinander-Hören und Zugehen" im selbstwertstärkenden, konstruktiven Dialog.
- In Ihrer sinn-orientierten Vertrauenskultur haben die Mitarbeiter eine Geben-Nehmen-Haltung und wollen für das Unternehmen ihr Bestes geben. Ihre Mitarbeiter wissen, dass sie sich einen

guten Arbeitsplatz durch verantwortetes Handeln verdienen müssen.

- In Ihrer sinn-orientierten Vertrauenskultur lernen Ihre Mitarbeiter Herausforderungen und schwierige Arbeitssituationen zu meistern und wachsen durch selbstverantwortetes Lernen in ihrem Selbstwert.
- Vertrauen und Sinn bedingen sich gegenseitig und sind Voraussetzung für den Quantensprung in eine höhere geistige Ebene.
- Ihre sinn-orientierte Vertrauenskultur leistet einen großen Beitrag zur Humanisierung der Arbeitswelt, zur Salutogenese auf dem Weg in den sechsten Kondratieff.
- Ihre sinn-orientierte Vertrauenskultur ist ein permanenter Prozess, der nie aufhören darf, in dem Sie, trotz aller Anstrengungen, aber immer auch mit Rückfällen, menschlichen Fehlern, Unvollkommenheiten, etc. etc. rechnen müssen, eben weil – nur! – Menschen am Werke sind.

Sinn und Vertrauen ermöglichen den Quantensprung in eine höhere geistige Ebene

Einladung zum Nachdenken

◆

Wenn wir uns eine verantwortungsbewusste Einstellung anderen gegenüber angewöhnen, können wir damit beginnen, jene freundlichere und einfühlsamere Welt zu schaffen, von der wir alle träumen.

Dalai Lama

Ihre wichtigsten Erkenntnisse und Vorhaben:

1. ______________________________

2. ______________________________

3. ______________________________

4. ______________________________

5. ______________________________

3.2.5 Ihr Führungsinstrument für Ihre sinn-orientierte Vertrauenskultur

André Gide

Ich kann nicht zu anderen Ufern vordringen, wenn ich nicht den Mut habe, das alte zu verlassen.

Auf folgender „Führungsspinne" finden Sie die entscheidenden Elemente für eine sinn-orientierte Vertrauenskultur. Sie können sich auf der Spinne selbst einschätzen oder noch besser zusammen mit Ihren Mitarbeitern über die einzelnen Elemente reflektieren, sich bewerten und anschließend darüber nachdenken, was Sie gemeinsam verbessern wollen.

Sie finden eine Bewertung von 1 bis 5. Geben Sie sich die Note fünf für hervorragende Erfüllung und die Note eins bei sehr schlechter Ausprägung.

Tragen Sie die Bewertung mit einem Kreuzchen auf der entsprechenden Linie ein und verbinden sie anschließend alle Kreuzchen

Ihre Führungsspinne für Ihre sinn-orientierte Vertrauenskultur:

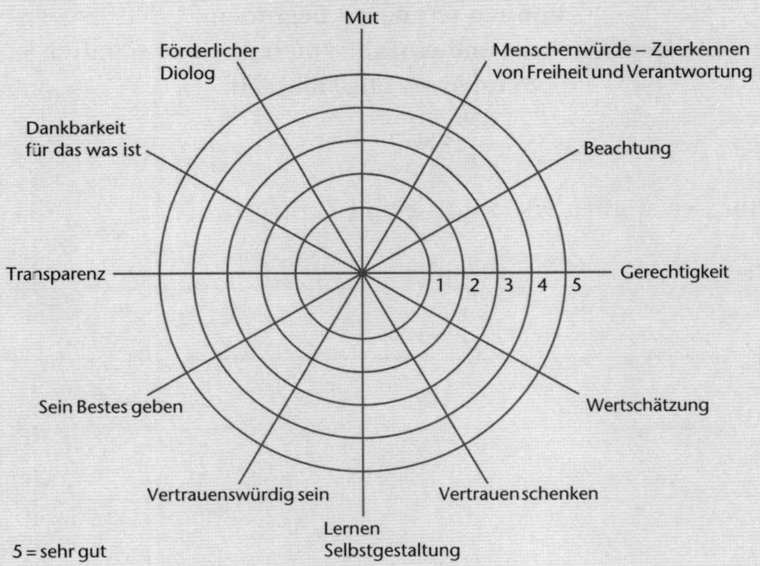

5 = sehr gut

Abbildung 33: **Ihre Führungsspinne für Ihre sinn-orientierte Vertrauenskultur**

miteinander. Damit können Sie nicht sehr stark ausgeprägte Elemente schnell ins Auge fassen. Anschließend fragen Sie sich:

a) Was nehme ich mir für den nächsten Monat vor?
b) Wie will ich es machen?
c) Wie messe ich die Ergebnisse?
d) Womit belohne ich mich für den Erfolg?

3.2.6 Resultatsorientierung

Wir werden nicht durch die Erinnerung an unsere Vergangenheit weise, sondern durch die Verantwortung für unsere Zukunft.

G. B. Shaw

Sinn, Effektivität und Effizienz als Resultate

Sie haben erkannt, dass sinn-orientierte Führung im weitesten Sinne auf Resultate ausgerichtet ist. Sowohl auf die Sinn-findung jedes einzelnen Unternehmensmitgliedes als auch auf Effizienz und Effektivität. Das Resultat des Gesamtunternehmens liegt im Beitrag, im Nutzen, den das Unternehmen für die Gesellschaft leistet. Der Gewinn, die Wertsteigerung sind Folge davon. Effektive Unternehmen konzentrieren sich auf einen Beitrag nach außen. Dieser Beitrag nach außen wiederum erhöht das Vertrauen und die Reputation des Unternehmens und stärkt die Wettbewerbsposition.

> „Der Mann, der nur seine Anstrengungen und seine Autorität betont, bleibt ein Untergebener, gleichgültig wie hoch seine Stellung ist. Der Mann dagegen, der seinen Beitrag für den Erfolg des Unternehmens ins Auge fasst und Verantwortung auf sich nimmt, der gehört, gleichgültig wie untergeordnet er erscheint, zur „obersten Betriebsführung“ im besten Sinne des Wortes. Er fordert von sich selbst Rechenschaft für die Leistung des Ganzen.
>
> *Peter Drucker*

Somit hat Sinn immer das Wohl aller, auch des Unternehmens im Auge und ist Voraussetzung für menschlichen und unternehmerischen Erfolg. Sie sehen, auch das widerspricht der Würde des Menschen keinesfalls, denn:

Kernsatz

- **Die geistige Dimension des Menschen bedarf eines Zieles, das außerhalb des Menschen selbst liegt. Sinn-volles Leben und Arbeiten vollziehen sich in der Hingabe, im Be-wirken von Sinn-vollem.**

Um welche Resultate geht es in Ihrem Unternehmen? Von Ihrer Sinn-Vision und Ihrem Leitbild leiten Sie die Strategien und Ziele ab. Als Steuerungsinstrument dafür eignet sich, wie aufgezeigt, die Balanced Score Card. Der Nutzen der BSC liegt unter anderem auch darin, dass sie sich nicht nur ausschließlich auf finanzielle Ziele und Ergebnisse konzentriert. Finanzielle Ergebnisse sind immer vergangenheitsorientiert und sind unter ganz bestimmten Rahmenbedingungen zustande gekommen, die sich möglicherweise geändert haben oder ändern können. Zukunftsorientierte Führung fokussiert in erster Linie auf die sogenannten *„Werttreiber"*. Darunter werden jene Elemente verstanden, von welchen der zukünftige Unternehmenserfolg, die nachhaltige Wertsteigerung also, besonders abhängen. Diese werden in Abbildung 34 aufgezeigt.

Ökonomische Vorteile stellen sich dann automatisch ein. Wie nutzen Sie die BSC optimal als Lern-, Beziehungs- und Messinstrument? Sie legen gemeinsam im Dialog mit Ihren Führenden/Mitarbeitern die Ziele und die Werte fest und tauschen sich über Fortschritte und Ergebnisse permanent aus. Im dialogischen Austausch

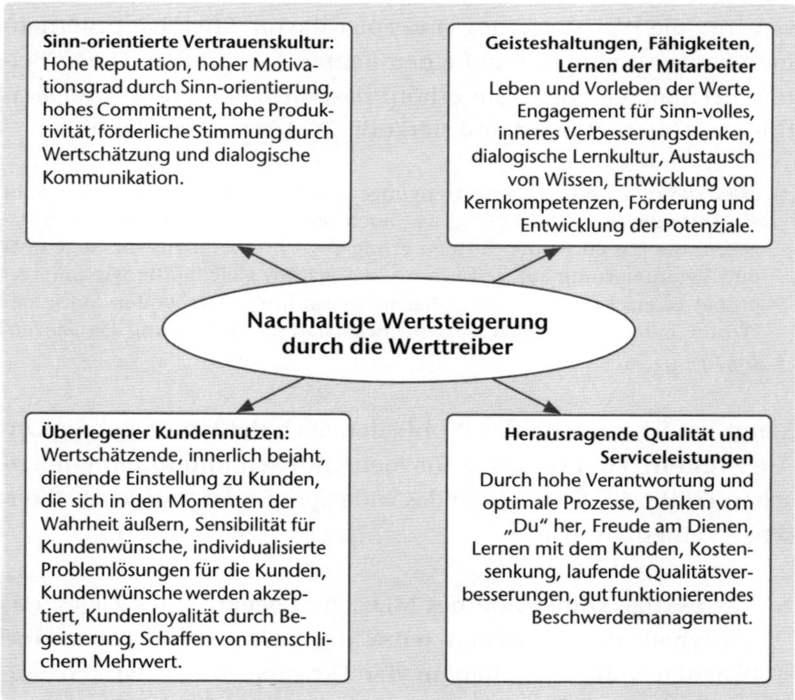

Abbildung 34: **Die entscheidenden Werttreiber Ihres Unternehmens**

eröffnet sich eine Fehler-Lernkultur, die es ermöglicht, falls nötig, frühzeitig die Richtung zu ändern. Dadurch kann das Wissen der Unternehmensmitglieder gebündelt und ausgetauscht werden.

Wenn Sie auf diese Werttreiber setzen, verfolgen Sie automatisch auf integrierte Art und Weise die zwei Ziele des *Total Quality Management*. Ziel eins ist das *Marktziel* und definiert sich im Erfüllen bzw. Übertreffen von Kundenwünschen, was über loyale Kunden, höhere Marktanteile, höhere Preise, notgedrungen zu höheren Gewinnen führt. Das andere ist das *Kostenziel*. Durch Lerneffekte, Übernahme von Verantwortung und ein inneres Verbesserungsdenken Ihrer Mitarbeiter werden die Prozesskosten optimiert und die Fehlerquote minimiert. Auch hier erkennen Sie wieder: *die Rechnung geht auf*.

Ein integriertes Qualitätsmanagement auf der Basis einer Fehler-Lern-Kultur

Als Beweis dafür, wie sich diese Werttreiber „rechnen" ein Praxisbeispiel:

Gästeverlust ist fatal

Beispiel

- 2000 Gäste pro Woche (Hotel/Restaurant/Bankett/Tagung)
- 99 % verlassen das Geschäft begeistert oder zufrieden
- 1 % Gästeverlust, das sind 20 Gäste pro Woche
- Ein verlorener Gast kostet Euro 50,– pro Woche (Durchschnittswert aus allen Abteilungen)
- Verlust pro Woche Euro 1.000.–
- Ergibt im Jahr einen Verlust von ca. Euro 50.000
- Angenommen ein Gast bleibt 10 Jahre treu:
- Die verlorenen Gäste pro Woche kosten in 10 Jahren: Euro 500.000

Am Beispiel Hotel Schindlerhof, Nürnberg, Klaus Kobjoll

An dieser Stelle werden Sie auch erkennen, dass kein Qualitätsmanagementsystem das kann, was Ihre Mitarbeiter bedingt durch ihre Geisteshaltungen können. Hier liegt auch der Grund dafür, weshalb in der Praxis nach einer Zertifizierung oft die große Krise und Lethargie einbricht. Der Einsatz von Instrumenten ist immer so gut wie der Geist der Menschen, die das Instrument implementieren. Fehlt der Geist, funktioniert es nicht, zumindest nicht nachhaltig.

> „In unserem eigenen Geiste und nicht in den Außenobjekten finden wir die meisten Dinge; die Dummköpfe kennen fast nichts, weil sie leer sind und ihr Herz eng; die großen Seelen aber finden in sich selbst eine große Zahl der äußeren Dinge; sie haben es nicht nötig zu lesen, zu reisen, zu hören und zu arbeiten um die höchsten Wahrheiten zu entdecken; sie brauchen sich nur zu sammeln und, wenn dieser Ausdruck gestattet ist, in ihren eigenen Gedanken zu blättern."
>
> *Vauvenargues*

3.2.7
Ihr Führungsinstrument für die Resultatsorientierung

Sieh genau zu, was einer will; gib acht
darauf, mit welchen Mitteln er seine Ziele verfolgt;
finde heraus, was ihm Befriedigung gibt;
kann dann des Mannes wirkliche Befähigung
dir verborgen bleiben?

Konfuzius

Sinn-orientierte Führung ist ressourcen- und stärkenorientiert

- **Handeln Sie und Ihre Führungskräfte als Vorbilder?**
- **Leben Sie die Werte einer sinn-orientierten Vertrauenskultur?**
- **Inspirieren Sie den Qualitätsverbesserungsprozess?**
- **Fördern Sie durch eine dialogische Lernkultur die Entwicklung und die Leistungsfähigkeit Ihrer Mitarbeiter?**
- **Welchen Beitrag leisten Sie dazu, dass Ihre Mitarbeiter ihr Bestes geben und anerkennen Sie deren Leistungen gebührend?**
- **Welchen Beitrag leisten Sie für die Begeisterung Ihrer Kunden?**
- **Haben die Mitarbeiter die nötigen Freiräume auf Kundenwünsche einzugehen?**
- **Welchen Beitrag zur Mitarbeiterzufriedenheit könnten Sie noch leisten?**
- **Welchen Beitrag leisten Sie für die Gesellschaft?**
- **Welchen Beitrag leisten Sie zu den finanziellen Ergebnissen Ihres Unternehmens?**

Einladung zum Nachdenken

◆

**Aufmerksamkeit auf einfache,
kleine Sachen zu verschwenden
die die meisten vernachlässigen,
macht ein paar Menschen reich.**

H. Ford

Ihre wichtigsten Erkenntnisse und Vorhaben:

1. ______________________________

2. ______________________________

3. ______________________________

4. ______________________________

5. ______________________________

3.2.8
Sinn-orientierte Selbstgestaltung oder: Von der Führungskraft zur Führungspersönlichkeit und vom Mitarbeiter zum Mitgestalter

Führungskräfte sollten einsehen, dass sie letztendlich nur eine Person zu führen haben – und diese Person sind sie selbst.

Peter Drucker

Sie haben erkannt, sinn-orientiertes Leben, Arbeiten, Führen und Entwickeln als Grundlage für Gesunderhaltung, Lebensqualität und Erfolg für den einzelnen und für das Unternehmen ist in erster Linie *Selbstführung und Selbstentwicklung und als Resultat Selbstgestaltung.*

Kernsatz

◆ **Das wahre Wachstum Ihres Unternehmens zeigt sich im „Werden", zeigt sich in Ihrem persönlichen Werden und im Werden Ihrer Mitarbeiter.**

„Menschliches Leben und Arbeiten ist zwischen Gelingen und Scheitern ausgebreitet. Soll es gelingen, dann muss es in Sinn eröffnender Weise verstanden und gestaltet werden."[174] Denn der Mensch ist aufgrund seiner geistigen Verfasstheit nicht vorrangig glücks- oder lustorientiert, sondern *intendiert* in seinem existenziellen Handeln einen *Sinn*. Es ist die *Sinnerfahrung*, die den Menschen *glücklich stimmt*.

Kernsatz

- **Die Sinnwahrnehmung erschließt dem Menschen sein Ich-Sein samt seiner Selbst- und Lebensgestaltungspotenziale.**

Sinn-orientierte Selbstgestaltung beginnt mit *Selbsterkenntnis:* Wer bin ich, welches Weltbild, welches Menschenbild und welches Selbstbild habe ich? Sie haben in Kapitel zwei gesehen, dass Menschenbilder für unser Selbstverständnis und für unsere Identität zu den grundlegendsten Orientierungsmustern gehören. Sie haben erkannt, dass unser Menschenbild unser Erkennen, unser Denken, unser Verhalten und Handeln bestimmt. Nicht umsonst heißt es: „Achte auf deine Gedanken, denn sie sind die Vorboten deines Tun's." „Was Menschen für real halten, ist in seinen Folgen real. Übertragen auf die Selbsterkenntnis heißt dies, dass wir unser Leben danach gestalten, wie wir uns selber und die anderen sehen, worin wir unsere innersten Kräfte und Motivationen zu erkennen glauben und wohin sie nach unserer Meinung führen."[175] Das Gesagte kann mit einer kleinen Sufi-Geschichte zusammengefasst werden:

Beispiel

Ein melodisches Spiegelbild

Der beste Musiker der Stadt war zu Gast bei Scheich Abu Said. Nach dem Essen begann er zu musizieren. Einige der anwesenden Gäste weinten, einige schliefen ein und andere begannen zu tanzen.

Ein Schüler Abu Saids bemerkte: „Musik ist etwas Wunderbares. Ich verstehe nicht, warum manche Geistliche und Gelehrte sie verbieten".

Der Meister sprach: „Schau dir die Anwesenden an. Einer ist verliebt und weint vor lauter Sehnsucht. Einer hat sich an seine Kindheit erinnert und ist eingeschlafen. Ein anderer ist von Lebensfreude erfüllt in Ekstase verfallen. Jeder hört die Musik nach seiner inneren Befindlichkeit und inneren Wahrheit. Jener Geistliche, der die Musik verbietet, hört sie durch seine eigenen Gelüste. Wenn er die Schönheit und Vollkommenheit hören würde, würde er sie nicht verbieten."

---

174 Kurz, W.: a. a. O., S. 6.
175 Vgl. Anker, H.: a. a. O., S. 14.

Selbsterkenntnis als Voraussetzung für Selbstgestaltung erfordert zunächst die *selbstkritische* Auseinandersetzung mit folgenden Fragestellungen, deren Konsequenzen Sie bereits aus dem zweiten Kapitel kennen.

- **An welchem Menschenbild orientieren Sie sich und wollen Sie sich in Zukunft orientieren?**
- **Wie beobachten und nehmen Sie wahr, wie erkennen Sie also?**
- **Wie denken Sie?**
- **Wie handeln und wie verhalten Sie sich anderen Menschen und sich selbst gegenüber?**
- **Nutzen Sie Ihre spirituelle Intelligenz, Ihre geistige Dimension und erkennen Sie sie auch anderen Menschen zu?**
- **Welche Ihrer bisherigen Geisteshaltungen, glauben Sie, waren für Sie und andere Menschen förderlich und welche standen Ihrem Erfolg im Wege?**

Zum Selbstgestalter werden

Sie haben im vorigen Kapitel die drei menschlichen Potenzialfaktoren kennen gelernt und haben gesehen, dass Ihre spirituelle Intelligenz Ihnen jene Wachstumspfade eröffnet, die gelingendes, sinnvolles Leben und Arbeiten ermöglicht. Wollen wir deshalb nun der Frage nachgehen, wie Sie zum Selbstgestalter werden können. Zu diesem Zweck müssen wir die beiden Begriffe „Charakter" und „Persönlichkeit", die recht unterschiedlich definiert und gebraucht werden, aus existenzanalytischer Sicht erläutern. Persönlichkeit als Ausdruck menschlicher Eigenart ist nicht dasselbe wie Typ, Charakter, Temperament oder ähnliches. Worin liegt also das Besondere der Persönlichkeit? Der entscheidende Unterschied liegt wohl vor allem darin, dass die Logotherapie und Existenzanalyse mit dem Begriff Persönlichkeit nicht jenes Statische und Festgelegte verbinden, das den anderen Bezeichnungen anhaftet.[176] Persönlichkeit meint das, was der Mensch aus sich macht, was er wird – meint alle freiwillig getroffenen Lebensentscheidungen. Der Charakter hingegen ist die Summe aller angeborenen und erworbenen Eigenschaften.

- **Persönlichkeit ist der Mensch im Werden.**

Diese Abgrenzung des Persönlichkeitsbegriffes ist deshalb so bedeutend, weil er sich zum Unterschied von den deterministischen De-

---

176 Böckmann, W.: Sinn-orientierte Führung als Kunst der Motivation, Landsberg 1987, S. 61.

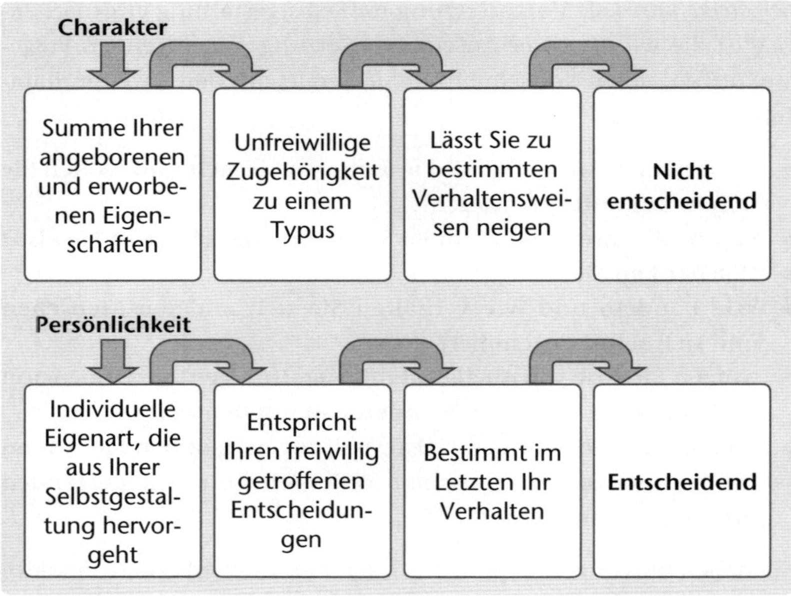

Abbildung 35:
Die Freiheit vom Charakter ist die Freiheit zur Persönlichkeit[177]

finitionen nicht am Status quo, sondern an dem was wird, an den Potenzialen orientiert. Dies hat entsprechende Konsequenzen für unsere Entwicklung und für unser Beobachten und Wahrnehmen, denn

> „Wir sehen die Dinge nicht so wie sie sind,
> sondern wir sehen sie so, wie wir sind."
> *Anais Nin*

Selbsterkenntnis erfordert also, dass Sie zwischen Charakter und Persönlichkeit unterscheiden *um tätig zu werden.* Ihr Charakter ist das was ist, was Sie mitbekommen haben, was Erbe und Umwelt aus Ihnen und mit Ihnen gemacht haben. Der Charakter sind Ihre Bedingtheiten, Ihre Ausgangsposition. Selbsterkenntnis kann aber nie Endzweck sein. Sie deckt das Gewordene auf, das was war, was ist. Selbstführung und Selbstentwicklung bauen auf Selbsterkenntnis auf und erfordern Selbstdisziplin. Dieser Umgang mit sich selbst kommt einer nachträglichen Selbsterziehung zur Erreichung von innerer Kontrolle und innerem Wachstum gleich. Persönlichkeit

177 in Anlehnung an Lukas, E.: Lehrbuch der Logotherapie, München, Wien 1998, S. 57.

ist das Ergebnis aller Ihrer Entscheidungen, Ihrer Veränderungen, Ihrer Entwicklung, Ihrer Selbstgestaltung (Abbildung 35).

In dieser Frankel'schen Gleichung: Die Freiheit vom Charakter ist die Freiheit zur Persönlichkeit erkennen Sie den Selbstgestaltungsaufruf. Diese Freiheit sich selbst gestalten zu können bedeutet, dass Sie die Freiheit haben – und aufgefordert sind, diese auch zu nutzen. Als Selbstentwickler übernehmen Sie die Verantwortung für Ihr Erleben und Tun. Ihr Erleben und Verhalten ist in der Hauptsache davon abhängig, wie Sie eine Situation beurteilen. Was ist, ist wie Sie es beurteilen, ist Ihr ganz persönlicher Beitrag zum Leben – und das bestimmt Ihr Erleben und Handeln.[178]

Kernsatz

- **Mensch sein heißt, sich von der Situation her befragen zu lassen. Was auch bedeutet:**
  Führungspersönlichkeit sein heißt, sich von der Situation her befragen zu lassen und aufgrund gewissenhafter Reflexion sinn-voll zu entscheiden.

Durch Selbstentwicklung gewinnen Sie Eigen-Macht. Das heißt, Sie sind der Boss, Sie sind der Schöpfer Ihrer Gedanken, Ihres Tuns. Sie warten nicht darauf, dass andere Menschen oder andere Situationen Sie glücklich machen. Nur Sie zeichnen verantwortlich für Ihr Handeln.[179] Durch Ihre Selbstentwicklung steigern Sie Ihre persönliche Selbstachtung d. h. Sie können sich ansehen und mögen und achten sich. Sie verbessern Ihren Selbstwert, jenes positive Grundgefühl, sich wertvoll zu finden. Sie wertschätzen Ihr eigenes Wesen, Ihre eigenen Fähigkeiten. Ein gesundes Selbstwertgefühl wiederum wirkt sich positiv im Umgang mit anderen Menschen aus, hilft Ihnen auch über den Dingen zu stehen.[180]

Den Selbstwert verbessern

Aufgrund Ihrer geistigen Dimension haben Sie die Freiheit zu Ihren Bedingtheiten, zu Ihrem Charakter, zu Ihren Prägungen Stellung zu nehmen und die Freiheit ständig auch anders zu werden, sich zur Persönlichkeit zu entwickeln. Entgegen Ihren angeborenen und erworbenen Eigenschaften über sich selbst hinauszuwachsen, sich selbst „neu zu definieren" „sich selbst immer wieder zu erfinden".

178 Vgl. Crossen, J.: Der Selbstentwickler, München 2003, S. 51.
179 Vgl. Crossen, J.: a. a. O., S. 38.
180 Vgl. Waibel, E. M.: Erziehung zum Selbstwert, Donauwörth 1998, 2. Auflage, S. 134 ff.

> Der Mensch ist das Wesen, das immer entscheidet.
> Und was entscheidet es?
> Was es im nächsten Augenblick sein wird.
> *Viktor Frankl*

Im positiven Reagieren vermerkt sich die Sinnerfüllung und der Nutzen für alle Beteiligten

Durch Ihre Geisteshaltungen, durch Ihre Handlungen entscheiden Sie was Sie sind, wer sie werden. Nicht das, was auf Sie zukommt, formt Sie. Nicht Ihre Erfahrungen, die Enttäuschungen, die Verletzungen und sonstigen negativen Einflüsse prägen Sie. *Was Sie prägt ist die Art und Weise, wie Sie damit umgehen.* Was auf Sie zukommt können Sie nicht wählen, das können Sie sich nicht aussuchen. Sehr wohl aber was von Ihnen ausgeht. Reagieren Sie bloß im Sinne von „Gleiches mit Gleichem vergelten, Rachegedanken"? oder „die Anderen sind auch nicht besser" oder „Redlichkeit lohnt sich nicht" etc. etc. oder ermöglicht Ihnen Ihre Geisteshaltung ein proaktives Verhalten? Bei Enttäuschungen und Verletzungen gibt es eine Kompensation im Negativen wie im Positiven. Dazu ein Beispiel: Ihr Vorgesetzter oder ein Mitarbeiter ist im Moment überreizt und greift Sie an. Wissen Sie, dass Sie entscheiden, ob Sie sich angreifen lassen oder nicht? Sie kennen das Spektrum an Möglichkeiten um zu reagieren. Geht es Ihnen wirklich gut, wenn Sie beispielsweise den Mitarbeiter, der in „Ihrer Sanktionsgewalt" steht, um einen „Kopf kürzer machen"? Sie wissen, es gäbe auch andere Möglichkeiten damit umzugehen. Negative Kompensation verschärft Ihre Frustration, die sie kompensieren sollte; das bezweckte Glück bleibt aus. Im Positiven neutralisiert sie die Frustration indem sie die Sinnerfüllung vermehrt. Und Sinn be-glückt.

> „Alles, was von uns ausgeht formt unser Sein"
> „Der Mensch handelt nicht nur gemäß dem
> was er ist, sondern er wird auch, wie er handelt."
> *Viktor Frankl*

> „Ändern kann man immer nur sich selbst,
> sich selbst aber immer.
> *Elisabeth Lukas*

Sie haben bereits erkannt, Sie sind in keiner Situation dem „ausgeliefert" was ist, sondern Sie sind immer und überall Gestalter. Selbst dann, wenn Sie auf die Situation keinen Einfluss nehmen können, haben Sie immer noch die Möglichkeit Ihre Haltung zu ändern. Dank Ihrer „*Trotzmacht des Geistes* müssen Sie sich von sich selbst nicht alles gefallen lassen". Die Entscheidung zum „Wert" Ihrer Persönlichkeit liegt alleine bei Ihnen, liegt in Ihrer Selbstgestaltung. Sie haben also erkannt, der Wert eines Menschen hängt nicht von äußeren Dingen wie Position, Macht, Geld etc. etc. ab, sondern vom Ausmaß seiner Selbstgestaltung. Dies musste auch der König in dieser Sufi-Geschichte lernen:

Der Wert eines Königs

Beispiel

Eines Tages ging ein Emir mit seinem Gefolge ins Hammam. Ein bekannter Sufimeister der Stadt, der für seinen Humor bekannt war, begab sich zur selben Zeit dorthin. Der Emir fragte ihn scherzhaft: „Was wäre ich wert, wenn ich kein König wäre?" Der Meister antwortete: „Fünf Dinar". Der König erwiderte enttäuscht: „Das Handtuch, welches ich um meinen Körper gewickelt habe, kostet allein fünf Dinar."

Der Sufimeister sagte: „Ich habe auch nur den Wert des Handtuchs gemeint."

Dienen erfordert höchstes Seinsniveau

Sinn-orientierte Führung und sinn-orientiertes Arbeiten und Leben heißt: Ich *diene* – also ich muss zuerst mich in Ordnung bringen, denn Dienen erfordert das höchste Seinsniveau. Echtes, innerlich bejahtes Dienen fordert Ihnen ein hohes Maß an Persönlichkeit ab. Erfordert, dass Sie durch Ihre geistigen Fähigkeiten der Selbsttranszendenz und Selbstdistanzierung über sich hinauswachsen. Sie könnten fragen, ist es nicht besser, Macher als dienende Führungskraft zu sein? Haben nicht die Macher das große Sagen und könnte man bei einer dienenden Haltung nicht für dumm verkauft werden? Die Antwort lassen wir von folgender, verkürzten Geschichte geben:

Feuer und Wasser

Was bleibt am Ende übrig von dem einmal so mächtigen Feuer? Nur ein Handvoll Asche. Mit dem ruhigen und stillen Fluss verhält es sich anders. So wie er war, so ist er und so wird er immer sein: Auf immer fließend, tiefer, breiter und sogar stärker werdend auf seiner Reise hinab zum unermesslichen Ozean, dabei allen an seinen Ufern Leben und Auskommen sichernd.

Nach einem Augenblick der Stille wandte sich Mu-Sun dem Herzog ganz zu: „So wie mit der Natur, Chuang, ist es auch mit den Herrschern. Weil eben nicht das Feuer, sondern das Wasser alles umgibt und die Quelle des Lebens ist, sind es auch nicht die mächtigen und selbstherrlichen Regenten, sondern die Herrscher mit Demut und tiefer innerer Stärke, die die Herzen der Menschen erobern und den Wohlstand ihrer Staaten mehren.

Überlege Chuang", fuhr der Meister fort, „welche Art von Herrscher du bist. Vielleicht findest du dann die Antwort, die du suchst."[181]

---

181 Vgl. Chan Kim, W./Maubogrne, R. A.: Die Lehre des plätschernden Baches in Leadership, Harvard Business Manager, Sammelband Leadership, S.62.

Sie haben erkannt:

Leben und Arbeiten haben prozessualen Charakter und ihr Prinzip ist Wandlung. Wandlung zeigt sich als Auflösung einer alten Lebens- und Arbeitsform und Gewinn einer neuen, geistig höheren. Insofern ist Sinnorientierte Selbstgestaltung als Persönlichkeitsentwicklung ein Prozess, der nie aufhören darf. Sinn macht Sie zum Lebensunternehmer.

So gelingt Ihnen der dialogische Austausch zwischen Ihrem Inneren, anderen Menschen und der Welt (Abbildung 36).

> „Halte dich sauber und helle:
> Du bist das Fenster, durch das du die Welt sehen musst!"
>
> *G. B. Shaw*

Im gelingenden Austausch gegenseitig wachsen

Damit Sie sich und Ihrer Umwelt gerecht werden und sich sinnorientiert selbst gestalten können, ist dieser dialogische Austausch in den Grundrelationen: In Ihrer Beziehung zu sich selbst und zu anderen Menschen, in Ihrer Beziehung zur Natur und zum künstlichen Kosmos: Zu Kultur und Zivilisation notwendig. In diesem gelingenden Austausch können Sie Ihre persönliche Lebensqualität und Gesunderhaltung erfahren, einen Beitrag zu jenem Ihrer Mitmenschen leisten und damit wiederum dem 6. Kondratieff auf die Sprünge helfen.

In diesem gelingenden Austausch erkennen Sie, dass Sie nur im Netzwerk und in guten Beziehungen zu anderen Menschen wachsen und sich entwickeln können. Dies wiederum befreit Sie von

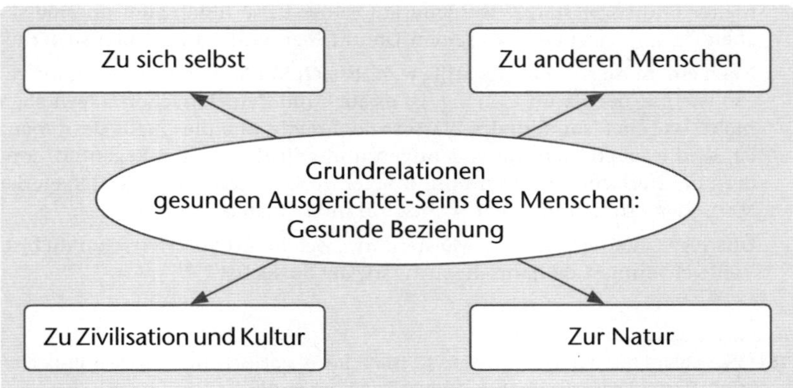

Abbildung 36: **Grundrelationen des Menschen gesunden Ausgerichtet-Seins**[182]

dem einseitigen, destruktiven Verlierer-Gewinner-Denken und ermöglicht Ihnen ein *sinn-volles Win-Win-Win-Denken, indem Sie und andere Menschen in sinnvoller Koexistenz gemeinsam Sinn-Volles bewirken.*

In folgender Darstellung finden Sie eine Gegenüberstellung von sinn-orientierter Selbstgestaltung und einer fatalistischen Lebenseinstellung, in der der Mensch nicht daran glaubt sein Leben und Arbeiten gestalten zu können.

Sinn-orientierte Selbstgestaltung	Fatalistische Lebenseinstellung
Klare Ziele und Werte	Orientierungslosigkeit
Lebt	Wird gelebt
Selbsterkenntnis	Schuldzuweisung, Groll
Selbstkritik	Suhlt sich in Selbstmitleid, Opferhaltung
Selbstachtung	Negative Kontrolle
Intakte Grenzen	Nicht „nein" sagen können
Eigene Realität erkennen und akzeptieren	Verzerrte Wirklichkeitswahrnehmung
Eigene Wünsche und Bedürfnisse erkennen und verfolgen	Realitätsvermeidung
Konstruktive Kritik erwünscht	Konstruktive Kritik wird als persönlicher Angriff wahrgenommen
Fehler-Lern-Haltung	Stures Beharren auf eigenen Sichtweisen
Dialogfähig	Dialogunfähig
Intrinsische Motivation	Burnout
Mut	Aussichtslosigkeit, Angst
Aufgeschlossenheit für Neues	Konservieren von Altem
Kreativ	Träge
Dialogfähig	Naives, frageloses Dasein
Kritikfähigkeit – Empathie	Fehlende Empathie
Konfliktfähigkeit	Konfliktverdrängung
Win-Win-Haltung	Gewinner-Verlierer-Haltung
Beziehungsfähigkeit	Beziehungsunfähigkeit
Intaktes Selbstkonstrukt	Narzissmus
Liebesfähigkeit	Liebesunfähigkeit

Mit sinn-vollem „win-win-win-Denken" Nutzen für alle Beteiligten stiften

182 In Anlehnung an Kurz, W.: Programmschrift des Institutes für Logotherapie und Existenzanalyse an der Universität Gießen, Tübingen 2002, S. 10.

Sinn-orientierte Selbstgestaltung	Fatalistische Lebenseinstellung
Denken vom Ganzen her	Abgekapselt
Kann Freude schenken	Freudlosigkeit
Erfüllung, Sinnfülle	Entleerung, Sinnleere
Eigenmacht	Ohnmacht

3.2.9 Zusammenfassung

Mach selbst etwas. UND vor allem mach etwas aus dir,
aus deinem Leben, aus deinen Möglichkeiten
aus deinem SOSEIN. Es gibt dich nur einmal. Und lass
nichts aus dir machen, nichts für dich, nicht gegen dich,
nichts von dir machen. Und lass dich nicht zu
etwas machen was nicht du bist, was dich dir stiehlt.

Eva M. Waibel (zitiert nach Werner Sprenger)

Sinnorientierte Selbstgestaltung bedeutet und bewirkt für Sie, aber auch für Ihre Mitarbeiter:

Eine positive Einstellung entwickeln, die Probleme als Herausforderung und Quelle für Wachstum anerkennt

- Selbsterkenntnis, Selbstkritik, Kritikfähigkeit und permanentes Lernen und Entwickeln.
- Durch Ihre permanente Selbstführung entwickeln Sie Geisteshaltungen, die eine achtsame Erkenntnisgewinnung zulassen.
- Sie werden von einer Person mit einem bestimmten Charakter zu einer Persönlichkeit.
- Sie intendieren für sich und andere Menschen das Gute, das Sinnvolle. Das befreit Sie vom destruktiven „Gewinner-Verlierer-Denken“ und lässt ein „win-win-win-Denken“ zu.
- Ihnen gelingt der dialogische Austausch mit sich selbst, mit anderen Menschen, mit Zivilisation und Kultur und mit Natur.
- Sie entwickeln eine positive Einstellung zum Leben und sehen Probleme als Chance für Wachstum.
- Sie konzentrieren sich auf Ihre Stärken und die Stärken Ihrer Mitarbeiter.
- Durch Ihre authentische Haltung als Vorbild und Dienender schaffen Sie Werte für alle Stakeholder.
- In Ihrem Umfeld tragen Sie für sinn-volle Rahmenbedingungen Sorge, die anderen Menschen die Sinn-findung erleichtern, ermöglichen.

- Sie ermöglichen im Unternehmen eine dialogische Lernkultur.
- Sie sind imstande, gute zwischenmenschliche Beziehungen aufzubauen.
- Sie können durch proaktive Haltungen das Positive zulassen und das von Ihnen ausgehende Negative so gut als möglich vermeiden.
- Sie sind imstande zu verzeihen und sich von Vergeltung und Rachegefühlen zu trennen.
- Sie vermeiden Fremdbestimmung, Ziellosigkeit, Sinnleere und Burnout.
- Lässt Sie vom Typ zum Unikat, zur einzigartigen Persönlichkeit werden.
- Sie wissen, dass die Perfektion nicht von dieser Welt ist und dass auch Sie „nur" Mensch sind und immer wieder Fehler machen, aus denen Sie lernen wollen.

Fremdbestimmung, Ziellosigkeit, Sinnleere und Burnout entgegenwirken

Einladung zum Nachdenken

◆

„Der Mensch muss lernen, dass der Sinn des Lebens ist, Beispiel zu sein. Ein Mensch sollte sich selbst immer so sehen, als sei die Welt halb schuldig und halb verdienstvoll. Eine einzige Tat kann die Waage der ganzen Welt zur Seite des Verdienstes oder zur Seite der Schuld neigen. Jeder Mensch hat zu allen Zeiten teil an der Zerstörung oder an der Erlösung der Welt."

Elisabeth Lukas (zitiert nach A. J. Heschel)

Ihre wichtigsten Erkenntnisse und Vorhaben:

1. ______________________________

2. ______________________________

3. ______________________________

4. ______________________________

5. ______________________________

3.3
Das Konzept GEBEN: E

Ganz Mensch ist der Mensch eigentlich nur dort, wo er ganz aufgeht in einer Sache, ganz hingegeben ist an eine andere Person. Und ganz selbst wird er, wo er sich selbst übersieht und vergisst.

Viktor Frankl

Man muss sein Bestes geben, um zu zeigen, dass der Mensch nicht der größte Fehlgriff der Schöpfung ist.

R. Tagore

Zu diesem Teil

Kernfragen

- **Was bedeuten Motivation und Engagement?**
- **Müssen Führende motivieren?**
- **Warum haben die Motivationstechniken immer weniger Problemlösungskompetenz?**
- **Welche Möglichkeiten bieten sich in der Arbeit Sinn zu verwirklichen?**
- **Wie kann Burn out verhindert werden?**

3.3.1
Engagement, Sein Bestes geben, Sinn-findung durch Werteverwirklichung

Erfolg ist nicht der Schlüssel zum Glücklichsein. Glücklichsein ist der Schlüssel zum Erfolg. Wenn du das, was du tust liebst, wirst du erfolgreich sein.

Albert Schweitzer

Sinn ist die Primärmotivation des Menschen, so Frankl. Wo Sinn ist, gibt es ein „Wozu“ und ein „Warum“. Nach Frankl würde der Mensch von sich aus ohne ein Warum, nicht einmal den kleinen Finger rühren.

Aber während es bei Motivation um das „Warum“ geht, fragen die Manager händeringend nach dem „Wie“. Wie bekomme ich die maximale Arbeitsleistung meiner Mitarbeiter ?- Wie kann ich der inneren Kündigung vorbeugen? – Wie motiviere ich meine Leute dazu, Überstunden zu machen?“[183] Sie erkennen auch hier wieder

183 Vgl. Sprenger, R.: Mythos Motivation – Wege aus einer Sackgasse, 13. Auflage , Frankfurt 1997, S. 22.

das einseitige, am Menschen vorbei, auf Wertsteigerung hinauszielende Denken, das notgedrungen zur Instrumentalisierung und Funktionalisierung der Mitarbeiter führt. Wundert es Sie deshalb, dass die Anzahl der Motivationstechniken zwar rasant zunimmt, deren Wirkung aber immer geringer, die Menschen in den Unternehmen immer unmotivierter und die Kosten für die Demotivation steigen? Sie erkennen: Es geht um das Menschenbild. Wenn Menschen ihre geistige Dimension nicht zuerkannt wird, wenn sie fehlt, dann muss man Menschen halt notgedrungen mit irgendwelchen Mitteln „ver-führen“. So meint Herzberg.“[184] dass „die Firmen ein großes Angebot an Hundekuchen für Menschen haben, mit denen sie ihren Beschäftigten vor der Nase herumwedeln, damit diese springen“. Doch die Wirkung ist, wenn überhaupt nur kurzfristig, denn Selbstmotivation setzt Sinn voraus, kommt von innen und ermöglicht damit, dass wir das was wir tun mit einem kraftvollen „Ja“ unterlegen. Nur auf dieser Basis können Menschen selbst bestimmt ihr Bestes geben, weil sie sich für Wertvolles engagieren und ihr Arbeiten und Leben zum Gelingen bringen.

Menschenwürde, das entscheidende Kriterium für Motivation und Innovation

Sinnorientierte Leistungsmotivation ist abhängig von:
1. den richtigen Geisteshaltungen zu sich selbst und zur Arbeit
2. von sinnvollen Rahmenbedingungen, die von den Führenden geschaffen werden müssen.

Sie erkennen: Führende sind, entgegen einem viel verbreiteten Irrglauben, nicht in vollem Ausmaße für die Motivation verantwortlich. Diese Fehlmeinung entlarvt wieder unser mechanistisches, deterministisches Denken und unseren Machbarkeitswahn und übersieht dabei, dass die Würde des Menschen letztendlich in der Willensfreiheit und freien Stellungnahme des einzelnen liegt. Das bedeutet, dass der Mitarbeiter unter Zugrundelegung dieser Annahme, von der Verantwortung für die Motivation entbunden ist. Exakt hier liegt der Grund eines weit verbreiteten Problems: die Flucht vor der Verantwortung, die aus menschlicher Sicht, notgedrungen in der existenziellen Sackgasse der Sinnleere und Frustration endet und aus betriebswirtschaftlicher Sicht enorme Leerkosten bedingt durch brachliegende Potenziale verursacht.

Selbstverantwortung fördern

184 Vgl. Herzberg, F.: Was Mitarbeiter in Schwung bringt in Harvard Business Manager, April 2003 S. 50 ff.

Für das „Wollen" und die persönliche Grundeinstellung zur Arbeit ist jeder einzelne selbstverantwortlich. Dieser Verantwortung müssen Sie sich als Führende aber auch als Mitarbeiter bewusst sein, denn sinnerfülltes Leben setzt sinnerfülltes Arbeiten voraus. Eine sinnorientierte Haltung zur Arbeit entwickelt sich durch die richtige Fragestellung, die da heißt, was habe ich aufgrund meiner einzigartigen Fähigkeiten und Möglichkeiten zu GEBEN?
Womit kann ich dienen? Wozu bin ich also gut?
Die alltäglichste Arbeit kann wunderbare Früchte tragen, wenn sie liebevoll geleistet und in den Dienst eines übergeordnet Ganzen gestellt wird.

Aus folgender Graphik ist ersichtlich was in den Verantwortungsbereich des Mitarbeiters und jenen der Führungskräfte fällt:

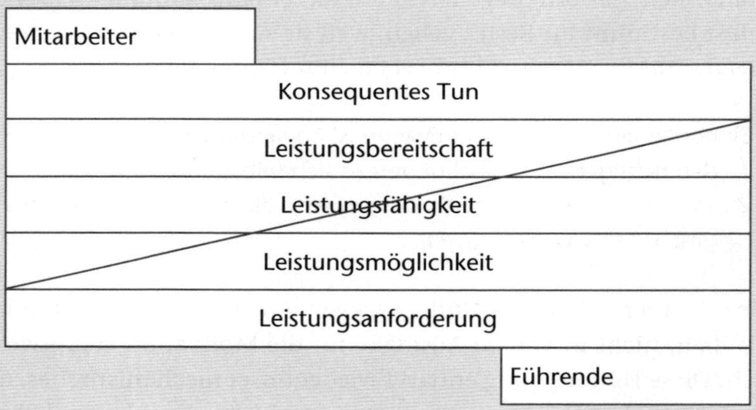

Abbildung 37: **Wer ist wofür verantwortlich?**

Mitarbeiter und Führende müssen wieder lernen und verinnerlichen, dass sie sich nur durch die richtige Einstellung zur Arbeit und durch die Bereitschaft „ihr Bestes geben zu wollen" und Werte zu schaffen einen guten Arbeitsplatz verdienen. Auf der Grundlage dieser Geisteshaltung kann Sinn in der Arbeit gefunden werden. Das Bedürfnis nach einer sinnvollen Arbeit ist weit verbreitet aber leider vielfach mit einer falschen oder leeren Erwartungshaltung verknüpft.

Als Führende sind Sie hingegen für das Schaffen sinnorientierter Rahmenbedingungen verantwortlich. Ihre Aufgabe ist es dafür Sorge zu tragen, dass jeder Mitarbeiter sein Bestes geben kann und darf und dabei über sich selbst hinauswachsen und seine Potenziale im Rahmen seiner Möglichkeiten bestmöglich entfalten kann. Folgende Graphik stellt die Quellen sinnorientierter Leistungsmotivation[185] vor:

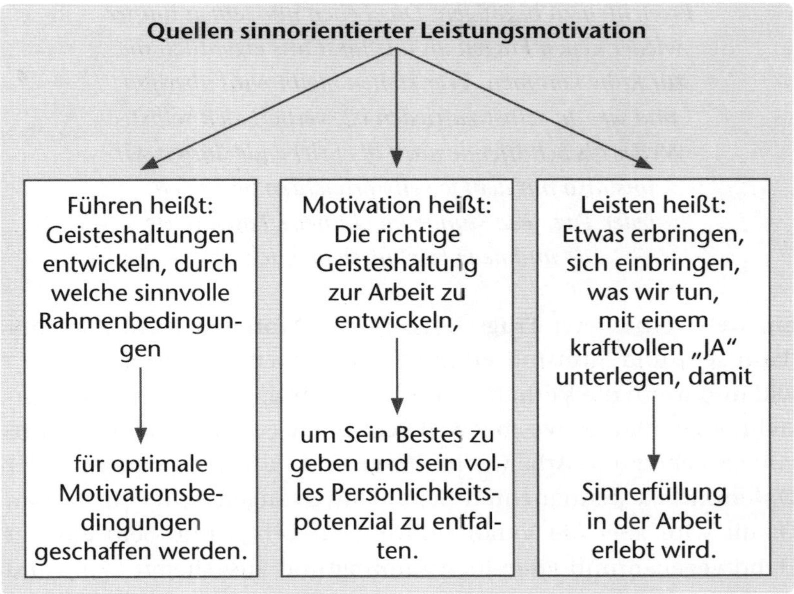

Abbildung 38: **Quellen sinnorientierter Leistungsmotivation**

Wenn Führende und Mitarbeiter sich der Selbstverantwortung für ihre Leistungsmotivation, ihre Sinnfindung und ihre Entwicklung in der Arbeit stellen, schaffen sie damit die Grundvoraussetzung für menschliches und unternehmerisches Wachstum, Lebensqualität und eine berechtigte Hoffnung auf eine gute Zukunft. Weil Sinn immer das Positive für alle Prozessbeteiligten intendiert, hat Sinnorientierung salutogenen – Gesundheitserhaltenden Charakter und führt aus der Sackgasse destruktiver Verhaltensweisen zu einer humaneren Arbeitswelt.

---

185 Modifiziert und weiter entwickelt nach Böckmann, W.: Sinnorientierte Leistungsmotivation und Mitarbeiterführung, Stuttgart, 1980

3.3.1.1
Wie werden aus Mitarbeitern – Mitgestalter?

V. E. Frankl

Im Leben gilt es aber überhaupt niemals, auf irgend welchen Lorbeeren zu ruhen, sich mit dem Erreichten zu begnügen. Das Leben mit seinen immer wieder neuen Fragen an uns lässt uns eigentlich nie zur Ruhe kommen. Wer stehen bleibt wird überholt, und wer da selbst zufrieden ist, verliert sich selbst. Weder als Schaffende noch als Erlebende dürfen wir uns also mit dem jeweils Erreichten begnügen. Jeder Tag, jede Stunde macht neue Taten nötig und neue Erlebnisse möglich

Die Opferrolle verlassen

Ein weit verbreiteter Trugschluss meint: Motiviert kann man nur dann sein und Sinn nur erfahren, wenn man bekommt was man will und wenn die Verhältnisse exakt so sind, wie man sie sich vorstellt. Auch diese naive aber weit verbreitete Fehlhaltung steht sinnvollem Leben und Arbeiten im Wege und führt auf den Irrweg der Opferrolle zu permanenten Schuldzuweisungen und Frustration. Damit wird aber die Verantwortung für Leben und Sein aus der Hand gegeben und Fremdbestimmung und ausgeliefert Sein, sind die Folge. Den Ausstieg aus diesem Trugschluss schaffen wir nur, wenn wir endlich wieder begreifen lernen, dass alles, was auf dieser Welt ist, durchwachsen ist vom Wechselspiel von sowohl als auch. Dieser Ambivalenz müssen wir uns stellen, wenn wir die Zukunft meistern wollen. Denn: auch der beste Arbeitsplatz hat seine Schattenseiten, der beste Chef seine Marotten, die nettesten Kollegen ihre Schwächen, die besten Kunden ihre Extravaganzen usw. usw. Letztendlich kommt es immer auf unsere Einstellung an, mit der wir den Problemen begegnen. Die Bewertung der jeweiligen Situation ist unser Beitrag zum Gelingen oder Misslingen.

Charles Swindoll[186] dazu:

> Je länger ich lebe, desto mehr wird mir klar, wie wichtig Einstellungen im Leben sind.
> Einstellungen sind für mich wichtiger als Fakten.
> Sie sind wichtiger als die Vergangenheit, als die Erziehung, als Geld, als die Umstände, in denen ich lebe, als Misserfolg, als Erfolg, als das, was andere Leute sagen oder tun.

---

186 Vgl. Martens, J. U./Kuhl, J.: Die Kunst der Selbstmotivierung – Neue Erkenntnisse der Motivationsforschung praktisch nutzen, 2. Auflage 2005 S. 103.

> Sie sind wichtiger als unsere Erscheinung, unsere Begabung oder unsere Geschicklichkeit.
> Sie können ein Unternehmen, eine Kirche oder ein Zuhause erschaffen oder zu Fall bringen.
> Das Bemerkenswerte daran ist, wir haben jeden Tag die Wahl hinsichtlich der Einstellung, mit der wir den Tag einkleiden wollen.
> Wir können nicht unsere Vergangenheit ändern... Wir können nicht die Tatsache ändern, dass Menschen in einer bestimmten Weise handeln. Wir können nicht das Unausweichliche ändern.
> Das was wir tun können, ist auf der einen Saite zu spielen, die wir haben und das sind unsere Einstellungen... Ich bin überzeugt, dass das Leben zu 10% aus dem besteht, was sich für mich ereignet und zu 90% aus dem wie ich darauf reagiere. Und dies gilt auch für dich!

Um dies zu verinnerlichen könnten folgende Fragen hilfreich sein:

- Wofür kann ich für diesen Arbeitsplatz dankbar sein?
- Was wird mir geboten, was es anderswo nicht gibt?
- Welche Menschen, welche Verhaltensweisen dieser Menschen unterstützen mich in meinem persönlichen Werden?

Resilienz entwickeln

Gerade in schwieriger werdenden Zeiten ist diese Einsicht und ein Gefühl der Dankbarkeit für das was ist, grundlegend um den wachsenden Herausforderungen zu trotzen. Um uns widrigen Lebensumständen zu stellen und nicht zu „kneifen" brauchen wir ein bestimmtes Maß an Frustrationstoleranz und Resilienz. Resilienz meint die Fähigkeit mit unerfüllten Erwartungen und Rückschlägen umgehen zu können. Es geht also um das „Trotzdem". Nur auf der Grundlage solcher Haltungen können Menschen und Unternehmen trotz schwieriger werdender Verhältnisse – wachsen und sich entwickeln und mutig und zuversichtlich die Zukunft mit gestalten.

Ihre Aufgabe als Führungspersönlichkeit besteht in diesem Zusammenhang darin, Vorbild zu sein, indem Sie Ihren Mitarbeitern Haltungen vorleben wie: sich den Dingen zu stellen, aktiv zu werden, zu dienen, trotz Einschränkungen dankbar zu sein für das was ist, Probleme als Herausforderungen anzunehmen, nach neuen Möglichkeiten zu suchen und den Mut haben an Herausforderungen zu wachsen. Durch dieses Ihr Vorleben können Sie dazu beitragen, dass Ihre Mitarbeiter ihre Haltungen in einem positiven Sinne verändern und Lernen und Wachstum ermöglichen.

So werden aus „gewöhnlichen Mitarbeitern" Mitgestalter, die die volle Verantwortung übernehmen, trotz Einschränkungen das Positive fokussieren, unternehmerisch und ressourcenorientiert denken, trotz guter Leistungen immer eine gewisse konstruktive Unruhe in sich tragen und auf der Suche nach noch Besserem und noch Wertvollerem über sich selbst hinauswachsen. Auf dieser Basis können Ihre Mitarbeiter, jene werden, die sie sein können und Wertvolles für sich selbst, das Unternehmen und die Stakeholder bewirken.

Drei Hauptstraßen zum Sinn: Die schöpferischen Werte, die Erlebniswerte, die Einstellungswerte

Sinn erfolgt durch das Verwirklichen von Werten. Gehen wir der Frage nach, welche Werte Sie und Ihre Mitarbeiter im Rahmen der Arbeit verwirklichen können. Frankl hat drei Hauptstraßen zum Sinn aufgezeigt. Es sind dies die *schöpferischen oder kreativen Werte, die Erlebniswerte* und *die Einstellungswerte.* Schöpferische Werte werden verwirklicht durch das aktiv Gestalterische. Erlebniswerte realisieren sich im Erleben von Menschen, Situationen, Ästhetik, Beziehungen, Gespräche usw. Die Einstellungswerte sind hier spezifisch für die Welt der Arbeit modifiziert und betreffen die Geisteshaltungen von Führenden und Mitarbeitern. Welche Werte also können in der Arbeit verwirklicht werden?

3.3.1.2
Ihr Führungsinstrument zum verwirklichen von Werten

Vergiss Kränkungen,
doch vergiss Freundlichkeiten nie.

Konfuzius

Kreative Werte	• Welche Möglichkeiten haben Sie und Ihre Mitarbeiter Neues zu schaffen? Ihre Ideen einzubringen? • Werden konstruktive Verbesserungsvorschläge akzeptiert und anerkannt. • Nutzen Sie die Möglichkeiten vom Kunden zu lernen? • Denken Ihre Mitarbeiter in Problemlösungen für die Kunden? • Haben sie genügend Spielraum Beschwerden sofort und selbständig zu behandeln? • Wie können repetitive Arbeiten gestaltet werden, damit keine Langeweile aufkommt? • In welchen Bereichen außerhalb des Arbeitsinhaltes könnten sie sich noch zusätzlich engagieren, was würden sie aufgrund Ihrer Fähigkeiten noch gerne einbringen wollen?

	• Leben Sie eine dialogische Vertrauenskultur? • Bekommen ihre Leute die Arbeitsmittel, die sie zur Ausübung ihrer kreativen Möglichkeiten brauchen? • Was tun Sie für die Entwicklung der Potenzialfaktoren? • Kann Lernen im ganzheitlichen Sinne möglich sein? • Wie feuern Sie Ihre Mitarbeiter an, sich selbst zu gestalten? • Kann sich jeder Mitarbeiter gemäß seinen Stärken einbringen? • Können Sie und Ihre Mitarbeiter bei der Gestaltung des Arbeitsplatzes mitwirken? • Werden bei der Arbeitsplatzgestaltung sinnvolle, ästhetische Präferenzen berücksichtigt? • Werden alle Unternehmensmitglieder gefordert ständig über Qualitätsverbesserungen nachzudenken? • Verstehen alle Unternehmensmitglieder Qualität als Verbesserung des Kundennutzens? • Ist die Atmosphäre ästhetisch, einladend? • Wird Wissen weitergegeben? • Spüren Sie und Ihre Mitarbeiter eine Herausforderung ständig an den Zielen des Unternehmens mitzuwirken? • Diskutieren Sie gemeinsam über Ihre Werte?
Erlebniswerte	• Wie erleben Sie und Ihre Mitarbeiter „Person" sein im Unternehmen? Haben sie das Gefühl für das Unternehmen wichtig zu sein? • Kann Beruf als Berufung gelebt werden? • Können sie authentisch sein? • Erlaubt Ihre Kultur „Gelingende Begegnungen und Beziehungen? • Sind die Beziehungen der Mitarbeiter untereinander förderlich? • Ist Ihre Beziehung zu den Mitarbeitern aufbauend? • Was können Sie sich gegenseitig geben? • Schätzen Sie, was Sie bekommen? • Bestärken sie sich gegenseitig für Ihre positiven Haltungen und Leistungen?

Einstellungs-werte	• Welche Einstellungen haben Sie und Ihre Mitarbeiter:
	  • Zu sich selbst, den Kollegen und Vorgesetzten?
	  • Zur Arbeit, zu den Kunden, zum Dienen, zur Servicequalität?

Herausforderungen erspüren

Positives gegenseitig bestärken

	• Zu Fehlern, zu Lernen und Wachstum? • Zur Gesellschaft und den Stakeholdern? • Zu Ihren Selbstgestaltungsmöglichkeiten? • Zu Herausforderungen und schwierigen Arbeitssituationen? • Welche Stimmung verbreiten Sie und Ihre Mitarbeiter im Unternehmen und wie präsentieren Sie das Unternehmen nach außen?

Lebensqualität muss zur obersten Richtschnur werden

Je mehr es Ihnen und Ihren Mitarbeitern gelingt diese Werte zu verwirklichen, desto intensiver wird die Sinnfülle für den einzelnen sein.

Ihre sinn-orientierte, dialogische auf Stärken gerichtete Führung, die Menschen wertschätzt, Ihnen Freiräume lässt und sie herausfordert, gewährleistet die Würde Ihrer Mitarbeiter. Auf diesem Fundament können Ihre Mitarbeiter eine Art „geistige Heimat" im Unternehmen finden, Ihr Bestes geben und persönlich als Selbstgestalter wachsen.

3.3.1.3 Wie können Sie Burnout vermeiden?

Nossrat Peseschkian

Himmel und Hölle sind keine Orte,
sie sind Geisteshaltungen.

Wenn Sinn- und Wertelosigkeit walten, ist „Burnout" auf längere Sicht nicht zu vermeiden. Ein Phänomen, das in der Arbeitswelt leider weit verbreitet ist. Lassen Sie uns deshalb kurz der Frage nachgehen, was Burnout ist und wie es sich zeigt. Dies kann Ihnen helfen sehr achtsam zu sein und, wenn nötig, sofort den Dialog mit dem Mitarbeiter aufzunehmen, um schlimmere Stadien und Folgen zu vermeiden. „Unter Burnout verstehen wir einen *arbeitsbedingten anhaltenden Erschöpfungszustand.* Der Erschöpfungszustand betrifft zunächst das *Befinden* und beeinflusst in unmittelbarer Folge das *Erleben*, später dann auch *Entscheidungen, Einstellungen, Haltungen und Handlungen.* Die Erschöpfung umfasst das Befinden in allen Dimensionen des Menschseins."[187]

187 Längle, A.: Burnout – Existenzielle Bedeutung und Möglichkeiten der Prävention, in Existenzanlyse, 2 Juni 1997, S. 12.

Körperliche Dimension	Körperliche Schwäche, funktionale Störungen (z.B. Schlaflosigkeit) bis hin zu Krankheitsanfällen.
Psychische Dimension	Lustlosigkeit, Freudlosigkeit, emotionale Erschöpfung, Reizbarkeit
Geistige Dimension	Rückzug von Anforderungen und Beziehungen, entwertende Haltungen zu sich und zur „Welt"[188]

Es zeigt sich ein Gefühl der Leere mit zunehmender Orientierungslosigkeit. Zur Leere gesellt sich früher oder später ein *Sinnlosigkeitsgefühl*, das sich immer auf mehr Aspekte des Lebens ausweitet.

Logotherapeutisch betrachtet, kann das Burnout mit einem Defizit an echtem, existenziellem Sinn erklärt werden.[189]

Ein existenzieller Sinn hat nämlich die Charakteristik, dass er zu innerer Erfüllung führt. Eine solche hält auch bei sich einstellender Müdigkeit und Erschöpfung an, weil der Bezug zu sich selbst und die erlebte Freiwilligkeit in der Tätigkeit und ihre Wertehaftigkeit immer in der Empfindung präsent bleiben.[190]

Sinn – die Quelle für erfülltes, beziehungsreiches Leben und Arbeiten

Welches sind die zentralen Thesen zum Burnout?

- Das Burnout ist der Endzustand von lang dauerndem Schaffen ohne Erleben.
- Burnout entsteht nicht durch inhaltliche, sondern durch formale Motivation (= aufgeben, fremde, letztlich selbstbezogene Motive) und führt daher zu einer Scheinzuwendung.
- Entstehungsdynamik des Burnout: Handeln geschieht in der Regel aus subjektiver Bedürftigkeit und erst sekundär aus objektivem Bedarf.
- Im Burnout zeigt sich eine *utilitaristische* (= zweckgerichtete) Lebenshaltung mit konsekutivem *Verlust des Lebensgefühls*
- Burnout und Stress entstehen durch *ein Leben ohne innere Zustimmung zum Inhalt der Tätigkeit.*
- Burnout ist die psychische Rechnung für ein *schon lange verfremdetes, beziehungsarmes Leben.*
- Wer mehr als die Hälfte der Zeit mit Dingen beschäftigt ist, die er nicht gerne tut, wo er nicht mit dem Herzen bei der Sache ist

188 Vgl.. Längle, A.: ebenda.
189 Ebenda
190 Vgl. Längle, ebenda zitiert nach Frankl.

> oder woran er keine Freude hat, der muss früher oder später mit dem Burnout rechnen.[191]

Sie sehen, welche Bedeutung sinn-orientertes Arbeiten und Leben nicht nur für die Produktivität des Unternehmens sondern auch für die Gesundheit des einzelnen Menschen hat. Im Folgenden stelle ich Ihnen die Empfindungen bei existenziellem Sinn und bei Scheinsinn – Burnout vor:

3.3.1.4 Wie unterscheiden Sie existenziellen, motivationalen Sinn von Scheinsinn?

Laotse

Es gibt nichts Besseres als
Selbstbeherrschung, Wer andere besiegt ist stark.
Wer sich selbst besiegt, ist mächtig.

Handeln und Erleben als Wert empfinden

Existenzieller Sinn	Scheinsinn Burnout
⟵	⟶
Erfüllung	**Entleerung**
Handeln und Erleben werden als *Wert* empfunden	Sich zum Handeln *gedrängt* fühlen; Missachtung der Erlebniswerte
Leben und arbeiten ist:	**Leben und arbeiten ist:**
schöpferisch	erschöpfend
Hingabe	Hergabe
gestalterisch	wird gestaltet
erlebnisreich	erlebnisarm
persönlich	sachlich
frei	gezwungen
verantwortlich	verpflichtend
Erfüllung trotz Müdigkeit	**Entleerung trotz Entspannung**[192]

Leistung im Sinne von „unser Bestes geben“ ist nur möglich, wenn wir darin Sinn- und Wertvolles erkennen. „Leistung ist das, was wir erbringen, wenn wir etwas Sinn-Volles vor Augen haben. Menschen, die sich ihrer Aufgabe aus ganzem Herzen hingeben, sich selbst dabei übersteigen, erleben Erfüllung und Freude und wachsen in ihrer Persönlichkeit. Die Quelle dazu liegt in der geistigen Di-

---

192 Vgl. Längle, A.: a. a. O. S. 12 ff.
192 Längle, A.: a. a. O.: S. 13.

mension, im Geschenk der Selbsttranszendenz. Csikszentmikalyi[193] bezeichnet diesen Glückszustand, den Menschen in voller Hingabe in der Arbeit erleben als „Flow“. Dieser Flow Zustand kann als das Ergebnis von Selbsttranszendenz und ständigem Bemühen bis an die Grenzen der eigenen Fähigkeiten zu gehen und diese eventuell zu erweitern, verstanden werden. Hier liegen die Quellen für Wachstum, Qualitätsverbesserung, Innovation und Lebensqualität.

3.3.2 Zusammenfassung: Das 7 Schritte Prozessmodell für das Schaffen optimaler Motivationsbedingungen:

„Wenn du willst, was du noch nie gehabt hast,
dann tu, was du noch nie getan hast.“

Nossrat Peseschkian

Wir sagten: Führung beginnt beim Ich. Ihre sinnorientierte Selbstgestaltung (vgl. Kapitel G) ist das Fundament für sinnorientierte, motivationale Rahmenbedingungen. Als dienende Führungspersönlichkeit wissen, Sie, dass Sie zunächst sich selbst in Ordnung bringen müssen, bevor Sie andere Menschen führen können. In ständiger Selbstreflexion überprüfen Sie immer wieder Ihre Haltungen zu sich selbst und zu Ihren Mitarbeitern. Der Einsatz eines jeden Tools muss notgedrungen scheitern, wenn Sie Ihren Mitarbeitern ihre geistigen Potenziale nicht zuerkennen oder sie gar nur durch die Kostenbrille sehen. Auf der Basis Ihrer Vorbildwirkung können Sie mit folgenden 7 Schritten einen Prozess für ein Klima der Motivation starten.

1. Schritt: Die sinnorientierte Auswahl von Führenden und Mitarbeitern

In voller Demut und Bescheidenheit und wissend, dass Ihre Wahrnehmung subjektiv und Ihr persönliches Konstrukt ist, könnten trotzdem ein paar Anhaltspunkte helfen, jene Menschen auszuwählen, die dem Unternehmen gut tun und die zu Ihrem Team passen.

193 Vgl. Csikszentmihalyi, M.: Flow im Beruf – Das Geheimnis des Glücks am Arbeitsplatz, 2. Auflage 2004 S. 63 ff.

Bei der Auswahl ist besonders darauf zu achten, ob diese Person eher ein Gestalter- oder ein Opfertyp ist und entsprechend zu Eigenverantwortung und proaktivem Handeln fähig ist oder nicht. Dies könnte möglich sein indem Sie komplexe, schwierige Alltagsprobleme beschreiben und den Bewerber spontan nach den Lösungen fragen und immer wieder nachhaken. Führen Sie das Gespräch immer mit mehreren Interviewpartnern und tauschen Sie nachher Ihre Beobachtungen aus. Fragen Sie sich, ob diese Person dem Geist des Unternehmens gut tut, zum Team passt, neue Ideen bringt ohne die bestehenden zu verwerfen. Um die Einstellung zur Arbeit des Kandidaten etwas kennen zu lernen könnten folgende Fragestellungen hilfreich sein:

Kernfragen

- **Was haben Sie dem Unternehmen zu GEBEN?**
- **Warum sollten wir uns gerade für Sie entscheiden?**
- **Welchen Nutzen könnten Sie den Stakeholdern stiften?**
- **Welchen Mehrwert könnte das Unternehmen durch ihr dabei Sein erwirtschaften?**
- **Wozu sind sie ganz besonders gut?**

2. Schritt: Den Sinn – Auftrag des Unternehmens kommunizieren

Den Beitrag, den das Unternehmen für die Gesellschaft leistet (siehe Kapitel G. – die Sinn-Vision) sollten Sie unbedingt jedem Mitarbeiter genau erklären. Da jeder Mensch seinem Wesen nach sinn- und werteorientiert ist, ist es grundlegendes Bedürfnis eines jeden, an etwas Sinnvollem mit wirken zu können. Hier eröffnen sich Sinnmöglichkeiten für den Mitarbeiter und die Grundlage für Leistungsmotivation. Durch dieses ausgerichtet sein auf ein größeres Ganzes, schieben Sie Suboptimierungen und Einzelnutzen, einen Riegel vor. Auf dieser Basis ist es möglich den Fokus auf die nachhaltige Wettbewerbsfähigkeit des Unternehmens zu lenken.

Ihre Aufgabe in diesem Zusammenhang besteht darin, jedes einzelne Unternehmensmitglied darüber zu informieren, welchen Beitrag seine Position zum Ganzen leistet. Jeder Mensch hat das Bedürfnis für etwas gut zu sein, muss wissen, dass seine Arbeit wertvoll ist. Hinterfragen Sie auch immer wieder, was das Unternehmen und jede einzelne Position für die Stakeholder und die Gesellschaft noch tun könnte, womit das Unternehmen noch mehr dienen könnte.

3. Schritt: Klare Kommunikation der Werte

In Kapitel (G – Definition der Werte) haben wir aufgezeigt, wie Sie die Werte, die das Unternehmen in seinen Entscheidungen und Handlungen leiten sollen, finden und definieren können. Fragen Sie jedes einzelne Unternehmensmitglied, ob es zu diesen Werten stehen kann, diese Werte leben kann. Es macht keinen Sinn und ist kontraproduktiv Menschen ein Wertesystem über zu stülpen. Trennen Sie sich von Mitgliedern, die die Werte nicht leben. Fordern Sie Ihre Werte immer wieder ein, machen Sie sie messbar. Messbare Werte sind die Katalysatoren für Höchstleistungen und einen kontinuierlichen Verbesserungsprozess.

4. Schritt: Vereinbaren Sie herausfordernde Ziele

Wirkungsvolle Zielvereinbarungsgespräche erfolgen im Dialog. Soll heißen die Ziele werden den Menschen nicht einfach übergestülpt, sondern die Menschen werden angefragt im Hinblick darauf:

Kernfragen

- **Ob und warum sie diese Ziele für das Gesamtunternehmen gut finden.**
- **Was verbessert werden könnte im Hinblick auf Kosten- und Umsatzentwicklung, auf eine förderliche Unternehmenskultur, auf Kundenbegeisterung, auf die Reputation des Unternehmens.**
- **Was sie noch gerne, warum erreichen möchten. Die meisten Menschen wollen in ihrer Arbeit wachsen und ihre Potenziale voll zur Entfaltung bringen, dadurch erleben sie den Flow Zustand und erfahren Sinn.**
- **Ob sie diese Ziele weder unter- noch überfordern. Beides tötet Motivation.**
- **Wie sie Routine im Rahmen des Machbaren verhindern können.**
- **Ob diese Ziele ausreichend Orientierung und Sicherheit geben.**

Die Motivation für die Zielerreichung ist dann gegeben, wenn Menschen bei der Festlegung der Ziele mitreden können. Ermöglichen Sie Flow – Erfahrungen. „Flow tritt ein, wenn, sowohl die Handlungsanforderungen als auch das Handlungspotenzial hoch sind und beide in einem ausgewogenen Verhältnis zueinander stehen“[194].

---

194 Vgl. Csikszentmihalyi, M.: a. a. O.

5. Schritt: Kommunizieren Sie auf gleicher Augenhöhe

Die Qualität der Unternehmenskultur zeigt sich im Medium Sprache – Kommunikation. Sinnorientierte, motivationale Rahmenbedingungen schaffen heißt vor allem gelingendes, Menschen aufbauendes Kommunizieren. Sprache signalisiert Wertschätzung oder Geringschätzung. Achten Sie auf einen aufbauenden Selbstwert stärkenden Kommunikationsstil, denn Menschen können nur dann ihr Bestes geben, wenn sie das Gefühl haben, dass es gut ist, dass sie da sind, dass es sie gibt. Dies gilt ganz besonders in der Einführungsphase neuer Mitarbeiter. Die meisten Gründe für innere Kündigung liegen in den ersten drei Tagen, wenn Menschen sich nicht angenommen und nicht wertgeschätzt fühlen. Denken Sie daran, das Bedürfnis nach Achtung und Anerkennung ist uferlos. Programmieren Sie Erfolgserlebnisse. Seien Sie ein offener Gesprächspartner, lassen Sie Humor zu und achten Sie immer wieder darauf, worauf Sie bei Ihren einzelnen Menschen den Fokus richten.

Kernsatz

- **Fokussieren Sie das Positive, die Stärken, in voller Kenntnis der Ambivalenz, der Schwächen, aber geben Sie dem Positiven Raum und Platz, damit es sich entfalten kann und Ihre Menschen, die werden, die sie sein können. Hier entwickeln sich Motivation und Wachstum.**

6. Schritt: Geben Sie Feedback

Nichts kann demotivierender sein, als kein Feedback über seine Leistungen zu bekommen. Menschen haben ein großes Bedürfnis nach Orientierung und wollen wissen, wie ihre Vorgesetzten ihre Leistungen einschätzen. Schließlich ist es nur allzu menschlich, etwas nach zu lassen in seinen Anstrengungen, wenn man weiß, dass doch keiner nachschaut.

Sowohl Vertrauen als Vorleistung als auch Kontrolle als Instrument der Steuerung und der Motivation sind notwendig.

Sprechen Sie mindestens einmal im Jahr mit allen Ihren Leuten über den Grad der Zielerreichung und des Wertelebens. Am wirkungsvollsten sind Feedbacks, dann, wenn der Mitarbeiter mit einer Selbsteinschätzung ins Gespräch kommt und im Gespräch ein Abgleich zwischen Selbsteinschätzung und Fremdeinschätzung durch den Führenden erfolgt. Bei Abweichungen müssen Sie Hilfe zur Selbsthilfe in Form von Ziel führenden Fragestellungen geben. Wenn der Mitarbeiter selbst den Grund erkennt, ist der Motivationsgrad für eine Verbesserung wesentlich höher.

Feedbackgespräche geben das Gefühl wertvoll und wichtig zu sein und sind für die Leistungsmotivation und das persönliche Wachstum sehr wichtig. Vergessen Sie nicht gute Leistungen und das Leben der Werte auch gebührend anzuerkennen. Aus der modernen Gehirnforschung wissen wir, dass Anerkennung zu den entscheidenden Grundbedürfnissen des Menschen gehört.

7. Schritt: Sorgen Sie für eine konstruktive Unruhe

Getreu dem Motto „Das Gute ist der Feind des Besseren" sollten Sie sowohl Anerkennung für gute Leistungen aussprechen und ihren Menschen das Gefühl geben, dass sie gut sind, als auch einen kontinuierlichen Verbesserungsprozess installieren, indem Sie gemeinsam mit Ihren Menschen immer wieder darüber nachdenken, was noch besser sein könnte, wie Sie die Kundenwünsche noch besser antizipieren könnten. Feiern Sie mit Ihren Leuten jeden umsetzungsfähigen Verbesserungsvorschlag. Durch diesen Geist der konstruktiven Unruhe ermöglichen Sie Ihren Menschen wiederum Flow – Erfahrungen und demnach ein Höchstmaß an Motivation. Wo Menschen Verantwortung für die Qualität ihrer Leistungen übernehmen können, wird Wachstum von innen, das effizienteste Wachstum also, ermöglicht. Exakt dieses innere Wachstum bestätigt uns die moderne Gehirnforschung ebenfalls als ein Grundbedürfnis eines jeden Menschen.

3.3.3
Zusammenfassung: Ihr Führungsinstrument für die sinnorientierte Leistungsmotivation

Phantasie ist wichtiger als Wissen,
denn Wissen ist begrenzt.

Albert Einstein

Das Konzept der sinn-orientierter Führung ist nahezu deckungsgleich mit den Ergebnissen und Empfehlungen der weltweit größten Langzeitstudie im Hinblick auf Motivation. Die Schlussfolge-

rung dieser Studie[195]: „nicht Gehalt, Zusatzleitungen, Vergünstigungen oder ein charismatischer Firmenchef sind der entscheidende Faktor für einen starken produktiven Arbeitsplatz, sondern der direkte Vorgesetzte“.
Die Ergebnisse dieser Studie wurden in zwölf Fragen zusammengefasst, aufgrund derer sich Stärke und Qualität eines Arbeitsplatzes messen und bestimmen lassen:

1. „Weiß ich, was bei der Arbeit von mir erwartet wird?
2. Habe ich die Materialien und Arbeitsmittel, um meine Arbeit richtig zu machen?
3. Habe ich bei der Arbeit jeden Tag die Gelegenheit, das zu tun, was ich am besten kann?
4. Habe ich in den letzten sieben Tagen für gute Arbeit Anerkennung und Lob bekommen?
5. Interessiert sich mein Vorgesetzter oder eine andere Person bei der Arbeit für mich als Mensch?
6. Gibt es bei der Arbeit jemanden, der mich in meiner Entwicklung unterstützt und fördert?
7. Habe ich den Eindruck, dass bei der Arbeit meine Meinung und Vorstellungen zählen?
8. Geben mir die Ziele und die Unternehmensphilosophie meiner Firma das Gefühl, dass meine Arbeit wichtig ist?
9. Sind meinen Kollegen bestrebt, Arbeit von hoher Qualität zu leisten?
10. Habe ich innerhalb der Firma einen sehr guten Freund?
11. Hat in den letzten sechs Monaten jemand in der Firma mit mir über meine Fortschritte gesprochen?
12. Hatte ich bei der Arbeit bisher die Gelegenheit, Neues zu lernen und mich weiter zu entwickeln.[196]

Die zwölf Fragen der Studie, die sich wie erwähnt vom Inhalt her mit dem Konzept der sinn-orientierten Führung decken, liegen folgendem Führungsinstrument zugrunde. Sie wurden etwas modifiziert und der Terminologie sinn-orienteriter Führung angepasst. Sie kennen das Modell der Spinne bereits als Führungsinstrument für

---

195 Buckingham, M./Coffmann, C.: Erfolgreiche Führung gegen alle Regeln – Wie Sie wertvolle Mitarbeiter gewinnen, halten und fördern, Frankfurt a. Main, 2. Auflage 2002, S. 26

196 a. a. o. S. 21/22

Ihr Führungsinstrument für die sinn-orientierte Motivation

Abbildung 39: **Ihr Führungsinstrument für die sinn-orientierte Motivation**

eine sinn-orientierte Vertrauenskultur. Analog dazu sind hier die zwölf Fragen zu beantworten und von 1 bis fünf zu bewerten. Diese Führungsinstrument hat eine große Wirkung, wenn Sie es von jedem Ihrer Mitarbeiter bewerten lassen und im offenen Dialog erkunden, was Sie für den betreffenden Mitarbeiter noch tun könnten, um ihn und das Unternehmen noch erfolgreicher machen zu können.

Kernsatz

- **Wo Menschen mit Leib und Seele bei ihrer Arbeit sind, haben Langeweile, Apathie und Burnout keinen Platz.**

Einladung zum Nachdenken

◆

„Ihr Schmerz ist eine eigene persönliche Schöpfung. Verzichteten Sie darauf auf negative Weise zu reagieren, und ließen Sie die Verleumdung wie eine sanfte Brise an Ihren Ohren vorbeiziehen, würden Sie sich selbst von diesem Gefühl der Verletzung, diesem Gefühl der Qual schützen. Obwohl man also schwierige Situationen nicht immer vermeiden kann, lässt sich doch durch die Entscheidung, wie man auf sie reagiert, das Ausmaß des Leidens einschränken.

Howard C. Cutler/Dalai Lama

Ihre wichtigsten Erkenntnisse und Vorhaben:

1. ______________________________

2. ______________________________

3. ______________________________

4. ______________________________

5. ______________________________

3.4 Das Konzept GEBEN: B

Persönlichkeit hat nur der,
der einer Sache dient

Max Weber

Kernfragen

- **Wissen Sie, was Kunden berührt und wirklich begeistert?**
- **Was konkret ist „Beziehungsmanagement?“**
- **Wie verdienen Sie sich Kundenloyalität?**
- **Wie können Begegnungen und Beziehungen gelingen?**
- **Wie können Sie menschlichen Mehrwert für die Kunden schaffen?**

3.4.1 Begeisterung zulassen durch authentische zwischenmenschliche Beziehungen, Individualität fördern

Jeder, der einem andern nützt, nützt sich selbst.

Seneca

Lassen Sie uns zunächst der Frage nachgehen, was Begeisterung bedeutet und wie Sie Kunden auf den Märkten für Lebensqualität vor dem Hintergrund des Megatrends „Wellness“ wirklich begeistern können. Begeisterung kann umschrieben werden als *Übertreffen der Kundenerwartungen.* Dies setzt voraus, dass Sie und alle Ihre Mitarbeiter und Führungskräfte „vom Kunden her“ denken müssen und den Kundennutzen in den Mittelpunkt aller betrieblichen Entscheidungen stellen. Auch diese Geisteshaltung erfordert ein Umdenken, denn zunächst geht es nicht um Zahlen, sondern um den Kunden, um sein Wohlergehen, seine Lebensqualität, seine individualisierte Problemlösung, seinen Nutzen. Wenn das gelingt, sind Umsatz, Gewinn, Kundenloyalität etc. die Folge und die Konsequenz sinn-vollen Handelns. Was bedeutet hingegen häufig Kundenorientierung in der Praxis?

Der Mensch steht im Mittelpunkt ... und damit allen im Wege.[197]
Was steht im Vordergrund? Umsatz, Deckungsbeitrag, Gewinn, Verkaufszahlen, Marktanteil, Marktwachstum etc. etc.

---

197 in Anlehnung an Papmehl, H.: (Hrsg.) Absolute Customer Care.

Der Kunde als Abnehmer:

Der Kunde nimmt dankbar ab.

Er stellt demütig einen Antrag, der gnädig gewährt oder allwissend und allmächtig abgelehnt wird.

Der Kunde als Störenfried, der den Frieden in den Behörden, Banken, Versicherungen oder Konzernzentralen stört.

Aber die Zahl der Abnehmer nimmt heute immer mehr ab.[198]

Die Dienstleistungswüste – ein Symptom

Die Beschwerde über die „Dienstleistungswüste" ist tatsächlich nur ein Symptom.[199] Was wir meinen, was uns stört und was vielfach im Argen liegt, betrifft in Wahrheit einen anderen Bereich, nämlich die Geisteshaltungen, Einstellungen und Verhaltensweisen von Menschen im Umgang miteinander. Der Umgang in der Kunden-/Lieferanten-/Mitarbeiter-/Beziehung. Je intensiver Sie sich mit dem Thema der Dienstleistungsqualität auseinandersetzen, desto deutlicher wird, woran es mangelt und worauf es ankommt. Da helfen dann auch die besten Konzepte nicht, denn:

Kernsatz

- **Qualität und Kundenorientierung beginnen im Geist – in der Einstellung zum Kunden, aber auch zum Mitarbeiter, dem sogenannten „internen Kunden". Ohne Mitarbeiterorientierung keine Kundenorientierung.**

Die deutsche Sprache entlarvt die Haltung zum Kunden sehr treffend. Im Brockhaus von 1953 steht unter „Kunde": Abnehmer von Waren. Bis 1993 ist bei Brockhaus eine kleine Entwicklung zu erkennen. Jetzt ist ein Kunde ein „Abnehmer von Waren und Dienstleistungen."[200] Gablers Wirtschaftslexikon 2001 zum Begriff

198 Fuchs, J.: Manager, Menschen und Monarchen – Denkanstößiges für Leitende und Leidende, Frankfurt/New York 1995, S. 40.

199 Vgl. Gross, St. F.: Ausbruch aus der Servicewüste – Persönliche Dienstleistungskultur, das Geheimnis Ihres Erfolges, Landsberg/Lech 1998, S. 63.

200 Fuchs, J.: Manager, Menschen und Monarchen – Denkanstößiges für Leitende und Leidende, Frankfurt/New York 1995, S. 38.

„Kunde“: „Tatsächlicher oder potenzieller Nachfrager auf Märkten. Kunden können Einzelpersonen oder Institutionen mit mehreren Entscheidungsträgern sein. Sogenannte Schlüsselkunden (Key-Accounts) sind aus der Anbietersicht aufgrund ihres Kaufvolumens oder ähnlichen Merkmalen von besonderer Bedeutung.“[201]

Sie erkennen: Die Begriffe *„Nachfrager“, „Abnehmer“, „Schlüsselposition für den Unternehmenserfolg“* lassen wiederum die einseitig, *utilitaristische Haltung Kunden gegenüber erkennen.* Der Kunde hat Funktionen zu erfüllen, hat Güter und oder Dienstleistungen nachzufragen, muss „ordentlich“ abnehmen, damit der Unternehmenserfolg stimmt. Gelingt es ihm aufgrund des Abnahmevolumens zum „Key-Account“ zu avancieren, erwartet ihn die Belohnung einer „besonderen Bedeutung“. Auch wenn der Begriff „Kundenorientierung“ sehr viele Unternehmensleitbilder ziert, ist doch vielfach der Fokus nur auf die Brieftasche des Kunden gerichtet. Kundenorientierung, Kundennähe, Kundenbindung und kundenorientierte Mitarbeiter sind zwar viel zitierte Modewörter in aller Munde, die aber als reine Lippenbekenntnisse nicht reichen, sollen die Köpfe und vor allem die Herzen der Kunden erreicht werden.

Kunden-orientierung verinnerlichen

Kernsatz

- **Kundennähe bedeutet nicht nur Leistung und physische Präsenz, sondern vor allem auf den Märkten für Lebensqualität „echte, authentische“ zwischenmenschliche Beziehungen. Kundenbindung und Kundenloyalität erfolgen nicht auf der rationalen sondern auf der emotionalen und geistigen Ebene.**

3.4.1.1 Kundenbe-Geist-erung durch Ihre sinnorientierte Dienstleistungskultur

Nichts Großes ist je ohne Begeisterung geschaffen worden.

Ralph Waldo Emerson

Ihre Kundenbeziehungen bilden einen wesentlichen Teil Ihrer Unternehmenstätigkeit und sie sind immer dann gut, *wenn „Begegnung glückt.“* Dies kann in den sogenannten „Augenblicken der Wahrheit“ geschehen. Es reicht nicht, wenn der Kunde als Objekt,

201 Gablers Wirtschaftslexikon, 15. Auflage, Wiesbaden 2001.

Der Kunde als Mensch auf der Suche nach Werten

ausschließlich als zu Betreuender gesehen wird, dem eine Leistung geboten wird, für die er zahlt. Begeistert werden Kunden, wenn sie neben guter Leistung respektvoll behandelt, wenn auf ihre ganz persönlichen Bedürfnisse eingegangen wird und wenn sie als Mensch, als Individuum, beachtet und behandelt werden. Die Einsicht, dass der Kunde ein soziales, emotionales und geistiges Wesen *auf der Suche nach Werten* wie Sinn, echten zwischenmenschlichen Beziehungen und so weiter ist, ist inzwischen an der Oberfläche weit verbreitet. Begriffe wie „Sinnkonsum" deuten darauf hin. Sie erkennen: Sinn kann nicht konsumiert werden wie ein Menu oder ein paar Schuhe. Auch hier begegnet Ihnen das omnipotente Menschenbild der Ökonomie wieder, das den Menschen als „rein rationales Wesen" herabwürdigt. Getreu dem Motto: „Wenn er schon nicht mehr weiß, was er zu tun hat, was er will, dann machen wir ihn halt zum „Sinnkonsumenten":

„Aufgrund seiner Dialogfähigkeit ist der Mensch darauf angewiesen, persönlich angesprochen zu werden. Dies macht die *Würde* des Menschen aus, als Person mit eigener Antwort gefragt zu sein. Deshalb fühlt er sich zurecht verletzt, wenn nicht zu ihm, sondern über ihn gesprochen wird, wenn er nicht gefragt ist, sondern alles schon gewusst ist."[202]

Kunden wollen aber in ihren Bedürfnissen ernst genommen werden. Gelebte Kundenorientierung als innere Geisteshaltung muss deshalb von einer reinen Verkaufsorientierung und Funktionalisierung Abschied nehmen. Sinnvolle, dialogische Kundenorientierung muss den Kunden als Austausch- und Lernpartner in die Geschäftsprozesse einbeziehen.

Dies setzt Ihrerseits und seitens aller Unternehmensmitglieder ehrliches Interesse am Wohlergehen und am Nutzen des Kunden als Mensch voraus. Kundenorientierung als geistige Grundhaltung müssen Sie vorleben und muss auf allen Unternehmensebenen praktiziert werden. Hier liegt ein noch weites Betätigungsfeld zum Aufbau und Ausbau von Kernkompetenzen, zur Sicherung der Wettbewerbsfähigkeit. Sie erfahren es jeden Tag: Die Kunden werden mündiger, erwarten maßgeschneiderte Problemlösungen, werden immer „unkalkulierbarer."

202 Kolbe, Ch.: Gesundheit als Fähigkeit zum Dialog, in Existenzanlyse, 2, 3. Oktober 2001, S. 56.

Individualisierte Problemlösungen lassen sich nicht nach irgendwelchen demographischen Kriterien zusammenfassen und kategorisieren, denn sie sind individuell, einzigartig, die jeweilige Person des Kunden betreffend. *Sie passen nicht mehr so recht in Zielgruppentypologien,* was findige Marketingakteure zwar betroffen, aber nicht untätig macht: Sie kreieren neue Begriffe. Sie sprechen von *„hybriden Kunden“*. Und da haben wir sie wieder: die Typologisierung in klassisch deterministischer Manier in Verbindung mit dem Folgegedanken, wie man hybriden Kunden „beikommen kann“. Kunden haben sich längst daran gewöhnt, dass die Qualität der Produkte und Leistungen immer besser wird. Sie erkennen, dass Produkte und Dienstleistungen immer ähnlicher und austauschbarer werden. Sie werden immer erfahrener und widerspenstiger. Schlichtweg: *Sie „funktionieren“ nicht mehr.* Sie sind keine „Bittsteller“ mehr, sie wollen auch nicht als „König“ mit „gekonnten Verkaufstechniken und Tricks“ hofiert werden.

Abschied von Halbherzigkeiten, Mittelmäßigkeiten und Lieblosigkeiten nehmen

Lassen Sie uns deshalb drei vielverbreitete Denkhaltungen in Frage stellen. Es sind dies die Produktorientierung, die Preisorientierung und die Konkurrenzorientierung, welche im Rahmen des Marketing Mix nicht selten die Kundenorientierung in den Hintergrund verdrängen. Wenn der Fokus zu stark oder gar einseitig auf Produkt, Preis und Konkurrenz gerichtet ist, kommt es notgedrungen zu einer Vernachlässigung des Kunden als Menschen, die sich in der Praxis in Form von Halbherzigkeiten, Mittelmäßigkeiten bis hin zu Lieblosigkeiten zeigen. Die wachsende Komplexität und Dynamik unserer Welt erzeugt immer mehr Qualitätsdruck.

Beispiel

Wenn die Märkte von heute einer regennassen Straße ähneln, dann sind die von morgen spiegelblankes Eis. Wer dann immer noch mit Ledersohlen unterwegs ist, wird auf die Nase fallen. Die Frage ist übrigens nicht, ob Ledersohlen auf Glatteis fair sind oder nicht. Die Frage ist lediglich, ob Ledersohlen auf Glatteis eine clevere Fußbekleidung darstellen. Wer bei Glatteis als Erster auf Schlittschuhe umstellt, kann um Ledersohlenträger Pirouetten drehen! Soll heißen: Beim Wechsel von Regen auf Glatteis hilft es wenig, dem vergangenen Sonnenschein nachzutrauern.[203]

„Ledersohlenträger“ beklagen vielfältige und vielschichtige Probleme, weinen „guten, alten“ Zeiten nach und scheinen des Jammerns und Schuldzuweisens nicht müde zu werden.

203 Christiani, A.: a. a. O., S. 34.

„Schlittschuhläufer" erkennen: Wir haben Lernprobleme. Sie stellen sich den Herausforderungen, sind wandlungsbereit. Sie stellen die alten Paradigmen in Frage. Sie lernen in einem ganzheitlichen Sinne, um so die „Zeichen und die Möglichkeiten der Zeit" zu erkennen und proaktiv zu wirken.

Sie fragen, wie Sie im Hinblick auf Kundenorientierung von „Ledersohlen" auf „Schlittschuhe" umsteigen können?

3.4.1.2 Wie Sie Ihre sinn-orientierte Dienstleistungskultur leben können

Konfuzius

Wer aufrichtig ist, dem vertraut das Volk.

- **Sie und Ihre Mitarbeiter leben Kundenorientierung als verinnerlichte Geisteshaltung.**
- **Sie und Ihre Mitarbeiter bieten Ihren Kunden sinn-orientierte Dienstleistungen, Produkte und Begegnungen.**
- **Sie und Ihre Mitarbeiter nehmen den Kunden in seiner Ganzheitlichkeit als Mensch wahr.**
- **Sie und Ihre Mitarbeiter, als Selbstgestalter, sind in der Lage, in authentischer Weise zu dienen und Kunden erfolgreicher zu machen.**
- **Sie und Ihre Mitarbeiter sehen in Ihren Kunden nicht Bittsteller und nicht Könige, sondern mündige Partner, denen Sie Ihre geistige Dimension zuerkennen.**

Kunden in ihrer ganzen Personalität respektvoll gerecht werden, sie beachten und wertschätzen

- **Sie und Ihre Mitarbeiter versuchen, Ihrem Kunden in seiner ganzen Personalität respektvoll gerecht zu werden, ihn zu beachten und ihn wertzuschätzen.**
- **Sie und Ihre Mitarbeiter denken permanent darüber nach, wie und womit Sie Ihren Kunden Freude bereiten könnten, was sie innerlich anspricht.**
- **Sie und Ihre Mitarbeiter versuchen den Dialog mit Ihren Kunden, lernen von und mit den Kunden.**
- **Sie und Ihre Mitarbeiter denken in allen betrieblichen Entscheidungen „vom Kunden her".**
- **Sie und Ihre Mitarbeiter leisten auf den Märkten für Lebensqualität einen Beitrag zur Lebensqualität Ihrer Kunden in jenen**

Bereichen der Lebensqualität, in denen die größten Defizite zu beklagen sind: in Bereichen der Begegnungen und der Beziehungen.

Gehen wir nun der Frage nach, wie gute Begegnungen und Beziehungen gelingen können. Sie haben bereits erkannt, auf Rezepte und Patentlösungen dürfen Sie in diesem Buch nicht warten. Der Aufbau guter, gelingender, förderlicher und demnach nachhaltiger Beziehungen ist wiederum nichts anderes als ein Prozess. Noch mehr: Alle Begegnungen sind gekennzeichnet von den Aspekten der Einzigartigkeit der Situation und der der jeweiligen Interaktionspartner. Wer diese fundamentalen Aspekte ausblendet, darf sich nicht wundern, wenn es ihm ergeht, wie dem Esel in folgender Sufi-Geschichte:

Einen menschlichen Mehrwert für die Kunden schaffen

Salz ist nicht Wolle

Beispiel

„Eines Tages wollte der Mulla eine Eselladung Salz zum Markt bringen und trieb den Esel durch den Fluss. Das Salz löste sich auf. Der Mulla war ärgerlich über den Verlust seiner Ladung, der Esel aber ausgelassen wegen der Erleichterung.

Als er das nächste Mal den selben Weg ging, hatte er eine Ladung Wolle. Nachdem der Esel den Fluss durchquert hatte, war die Wolle gänzlich durchweicht und sehr schwer. Der Esel schwankte unter der nassen Last. „Ha"! rief der Mulla, „du hast dir wohl eingebildet, jedes Mal so leicht davon zu kommen, wenn du durchs Wasser gehst, nicht wahr?"[204]

Was kann also helfen, gelingende Beziehungen aufzubauen? Beziehungsmanagement werden Sie sagen, so heißt schließlich die Devise in den Marketingfibeln. Zugegeben, es klingt ganz gut, aber wie wollen Sie denn Beziehungen „managen?" Können Sie tatsächlich Beziehungen „in den Griff" bekommen in alter „Machermentalität"? Auch hier lassen die Trivialmodelle wieder grüßen: „Man muss einen Output Y bekommen, schließlich hat man dem Kunden ja einen Input X gegeben." Das „Problem" ist nur, dass Menschen nicht wie Naturgesetze „funktionieren". Sie haben einen freien Willen und das haben inzwischen auch unsere Kunden erkannt! Sie lassen sich nicht länger trivialisieren und instrumentalisieren! Was können Sie also dann tun, wie gehen Sie es an? Wie können gelingende Begegnungen zu nachhaltigen Bindungen führen?

204 Shah, I.: Die fabelhaften Heldentaten des weisen Narren Mulla Nasrudin, 2. Auflage, Freiburg 2003, S. 75.

Kernsatz

◆ **„Wollen wir eine Brücke bauen von Mensch zu Mensch, dann dürfen die Brückenköpfe eben nicht Köpfe, sondern müssen Herzen sein."** ***Viktor Frankl***

Die Bedeutung der emotionalen, kommunikativen Kompetenz der Mitarbeiter, insbesondere der Verkaufsmitarbeiter, wurde bislang in der Forschung ziemlich vernachlässigt. Aus marketingwissenschaftlicher Sicht wurde diesen Aspekten bislang kaum Raum gegeben. Das nachfolgende Forschungsergebnis kann aber schon eine ganze Menge verraten:

Beispiel

„Trinkgeld fürs Echo" – Unbemerkte Nachahmung erzeugt Sympathie.

Jemanden nachzuäffen ist eigentlich nicht besonders nett. Und dennoch imitieren wir häufig in der Art und Weise, wie wir sprechen oder uns bewegen, die Menschen unserer Umgebung. Dieses unbewusste und unbemerkte Nachahmen erzeugt gegenseitige Sympathie, selbst zwischen Fremden entsteht eine entspannte Stimmung. Wie niederländische Psychologen berichten, kann sich diese „Mimikry" sogar finanziell lohnen.

Rick von Baren und seine Kollegen von der Universität Nijmegen wiesen eine Kellnerin an, die Bestellungen ihrer Gäste auf zwei verschiede Arten entgegenzunehmen: Einmal antwortete sie freundlich, aber schlicht mit „okay" oder „Kommt sofort". Bei den anderen Restaurantbesuchern wiederholte sie wortwörtlich jede einzelne Bestellung und jeden Wunsch, von den Getränken bis zur Rechnung. Ansonsten aber sollte sich die Bedienung allen Gruppen von Gästen gegenüber möglichst gleich aufmerksam und freundlich verhalten.

Am Ende zeigte sich: Nachplappern macht Kunden spendabel. Von den Gästen, deren Bestellungen die Kellnerin laut wiederholte, bekam sie ein großzügigeres Trinkgeld. Nämlich im Schnitt 1,35 Euro, und damit deutlich mehr als von den anderen Gästen, die nur 0,80 Euro zusätzlich gaben.[205]

Förderliche, selbstwertstärkende Begegnungen und Beziehungen ermöglichen

Können Sie sich vorstellen, wie umso mehr es Kunden erst ansprechen muss, wenn hinter dem „Nachplappern" noch die richtigen Geisteshaltungen stehen? *Förderliche, selbstwertstärkende Begegnungen* und *Beziehungen* mit den Kunden hängen wiederum von Ihrem Menschenbild, Weltbild, Selbstbild, Ihrem Erkennen und Verhalten ab. Sie haben inzwischen die Notwendigkeit des Bewusstseins und der Wirkung dieser Konstrukte erkannt.

205 Ehlers, E: Nachahmung, Trinkgeld fürs Echo, in Psychologie heute, November 2003, S. 9.

Ob Ihre Kundenbeziehungen gelingen oder nicht, liegt wiederum bei Ihnen, bei Ihrer sinnorientierten Selbstgestaltung und der Ihrer Mitarbeiter.

Wenn Sie ein gutes Gefühl bezüglich sich selbst haben, Sie sich selbst mögen, haben Sie ausgezeichnete Chancen anderen Menschen mit Würde und Respekt, Ehrlichkeit und Stärke, mit einer sinn-orientierten Dienstleistungshaltung zu begegnen.

Gelingende Begegnung, die Be-Geist-erung zur Folge hat und „Beziehungsmanagement" heißt auf den Punkt gebracht nichts anderes, als „selbst ein bisschen liebenswürdiger zu werden, um das Liebenswürdige in anderen Menschen zu erkennen, ihm Raum zu geben und es anerkennend zu fördern."

Das Liebenswürdige in anderen Menschen erkennen, ihm Raum geben, es anerkennend fördern

Innere Haltung und ehrliches Engagement riechen auch Ihre Kunden Meilen gegen den Wind. Wie für alle zwischenmenschlichen Beziehungen gilt auch für Kunden/Lieferanten/Mitarbeiter/Beziehungen, dass nachhaltige Beziehungen nur auf der Basis von Vertrauen möglich sind. In Ihren täglichen Beziehungen mit Kunden, aber auch Mitarbeitern und andern Stakeholdern bekommen Sie die „bunte Palette des lieben Gottes" im wahrsten Sinne des Wortes immer wieder „präsentiert." In der Begegnung des Facettenreichtums von Andersartigkeit, im „sich Stellen" dieser Herausforderung, kann es Ihnen von Hilfe sein, wenn Sie sich stets vor Augen halten, *dass in jedem Menschen „immer alles drinnen" ist* (Abbildung 39).

Das Gute und das Böse findet sich, wenngleich in unterschiedlicher Dosierung und in ganz individuellen Ausprägungen, in jedem von uns. Entscheidend für Ihre gelingenden Beziehungen – und dies gilt für alle zwischenmenschlichen Beziehungen gleichermaßen – ist in diesem Zusammenhang wiederum *Ihr Fokus!*

Sie können sich Ihre Kunden und Mitmenschen nicht aussuchen, wohl aber die Art und Weise, wie Sie ihnen begegnen!

Sehen Sie im Kunden den Nörgler, den Aggressiven, den Anspruchsvollen, den Lästigen, etc. etc., dann haben Sie ihn! Richten Sie hingegen den Fokus auf seine liebenswürdigen Aspekte, werden sie den liebenswürdigen Kunden haben. „Der Kern aller Schwie-

Abbildung 40: **Der Mensch das ambivalente Wesen**

rigkeiten, mit denen wir uns heute konfrontiert sehen, ist unser Verkennen des Erkennens, unser Nicht-Wissen um das Wissen. Es ist nicht das Erkennen, sondern das Erkennen des Erkennens, das verpflichtet."[206]

- Sie bewerten das von Ihnen oder anderen produzierte Verhalten nach Ihrem individuellen Wertesystem.
- Sie führen Konten über Geben und Nehmen (Ihr eigenes und das des anderen) in Ihrer privaten, nicht konvertierbaren Währung.
- Konkrete Interaktionsmuster entstehen gemäß der individuellen Wertesysteme der Beteiligten und der Methode Ihrer Kontenführung.[207]

Sie erinnern sich:

▶ **„Was Menschen für real halten, ist in seinen Folgen real."**

Welche Konten wollen Sie führen? Welche Kunden und/oder Partner wollen Sie sich also „er-schaffen"?

206 Maturana/Varela, a. a. O., S. 268.

207 Vgl. Simon, F. F.: Radikale Marktwirtschaft, Grundlagen systemischen Managements, dritte Auflage, Heidelberg 1998, S. 17.

Menschen sind wie
Musikinstrumente;
Ihre Resonanz hängt davon ab,
wer sie berührt.

**Denken Sie immer wieder darüber nach,
zu welchen „Lauten"
Sie andere Menschen
veranlassen!**

Sie sehen in Abbildung 35, dass – *in jedem!* – von uns auch *Licht und Liebe* vorhanden sind. Mag sein, dass sie bei vielen Menschen auf den ersten, vielleicht auch auf den zweiten Blick nicht erkennbar sind, weil sie von negativen Gedanken, Erfahrungen, Bitterkeit etc. etc. verschüttet sind, aber sie sind da! Je mehr menschliche Größe Sie aufgrund Ihres gesunden Selbstwertgefühls haben, desto besser gelingt es Ihnen, Menschen in Begegnungen in ihrem So-Sein zu bejahen, aufzubauen und erfolgreicher zu machen. Angenommen sein, wertgeschätzt zu werden, tut allen Menschen gut. Durch die bedingungslose Wertschätzung für das vorgefundene Gute „helfen" sie anderen Menschen, das Gute in sich selbst zu entdecken und wachzurufen. *Exakt hier liegen die unendlich vielen unartikulierten Kundenbedürfnisse. Die Bedürfnisse nach Wertschätzung und sinnorientierter Entwicklung zum Guten sind grenzenlos!* Menschen, die Wertschätzung erfahren, wachsen in ihrem Selbstwert. So gesehen können sie dem Kunden *Erlebniswert,* also *„Sinn sein"*. Ein gesundes Selbstwertgefühl ist auch die Voraussetzung für Empathie, die Fähigkeit also, sich ohne zu werten in die Gefühle des Kunden hineinzuversetzen. Ein gesundes Selbstwertgefühl wiederum ist Voraussetzung für ganzheitliche Gesundheit und Lebensqualität. Dies wiederum führt dazu, dass der Kunde ein höheres Qualitätserlebnis wahrnimmt, für welches er auch bereit ist einen höheren Preis zu zahlen.

Die Bedürfnisse nach Wertschätzung und sinn-orientierter Entwicklung sind grenzenlos!

Gelingende Begegnungen und Beziehungen sind also möglich, wenn Sie und Ihre Mitarbeiter aufgrund Ihrer permanenten, sinn-orientierten Selbstgestaltung in der Lage sind, das Positive in Ihren Kunden/ Partnern „hervorzurufen", auf das Positive eingehen, sie wertschätzen, damit diese „be-Geist-ern".

Denken Sie in diesem Zusammenhang auch daran, dass es trotz allem unmöglich ist, es allen Menschen (Kunden) recht zu machen. Als geistige Wesen müssen wir, Sie, Ihre Mitarbeiter immer wieder entscheiden, ob wir die an uns gestellten Erwartungen auch erfüllen wollen und verantworten können. Sinnvoll für alle Partner kann es nur dann sein, wenn es nicht zu Selbstaufgabe kommt, denn „wahres Dienen" erfordert höchstes Seins-Niveau, was wiederum auch „Nein sagen" können voraussetzt. Auch Kunden dürfen nicht alles! Und noch eins: Kein Kunde, auch kein key account, kann so „gut" sein, als dass er sich das Recht herausnehmen darf, Ihre Mitarbeiter in ihrer menschlichen Würde zu verletzen! Stärken Sie Ihren Mitarbeitern den Rücken und zeigen Sie auch Kunden Ihre Grenzen. Klare ethische Grundwerte sind Zeichen von starken, wachstumsorientierten Kulturen.

Eine Balance zwischen dem Eingehen auf die Kunden und dem „Dennoch-Man-Selbst-Bleiben" finden

Sinnvoll und demnach nachhaltig ist nur, was für alle Beteiligten gut ist. Nur sinnvolle Kundenbeziehungen sind erfolgreiche, nachhaltige Kundenbeziehungen und bedingen Kundenloyalität!

3.4.2 Zusammenfassung: Ihr Führungsinstrument zur Kundenbe-Geist-erung

Wer Gutes in anderen sieht,
entdeckt das Beste in sich selbst.

Martin Walsh

- Sie und Ihre Mitarbeiter leben Kundenorientierung als Geisteshaltung im ständigen Bemühen aller, auf der Basis der Vision und der gemeinsamen Werte, ihr Bestes für die Kunden zu geben.
- Aus Ihrer Vision, Ihrem Leitbild, Ihren Strategien ist für alle Unternehmensmitglieder klar erkennbar und messbar (mit Hilfe der BSC) welchen Beitrag sie zur Kundenorientierung leisten.
- Alle Unternehmensmitglieder werden in einen permanenten Qualitätsverbesserungsprozess einbezogen, in dem sie dazu angeregt werden, die Prozesse aus der Sicht des Kunden nachzuvollziehen, über kritische Ereignisse nachdenken und in periodischen Abständen immer wieder ein Verbesserungsvorhaben realisieren.

- Sie verinnerlichen, dass qualitativ hochstehende Produkte und Leistungen vor dem Hintergrund der sich veränderten Kundenwünsche nur eine Seite der Medaille sind.
- Sie begreifen, dass es Ihre Kunden sind, die die Richtung des Wandels vorgeben.
- Sie antworten auf veränderte Kundenbedürfnisse mit ehrlichen Reaktionen, deren Kernkompetenzen über die produkt- und servicebezogenen Faktoren vorwiegend auf Werten wie: Sinn-möglichkeiten, echte Beziehung, Vertrauen, Loyalität, Verantwortung, Zuverlässigkeit, Fairness, persönliches Engagement und Wertschätzung liegen.
- Sie schaffen durch Ihre sinn-vollen Rahmenbedingungen und Ihre sinn-orientierte Selbstgestaltung die Basis für „gelingende Beziehungen" zwischen Mitarbeitern und Kunden.
- Aufgrund Ihrer Sinn-Vision kommunizieren Sie Ihren Mitarbeitern die Bedeutung ihrer jeweiligen Tätigkeiten für das Unternehmen und für die Kunden bzw. Gesellschaft. Aus diesem „WARUM" ergibt sich deren Sinn-verwirklichungsmöglichkeit und deren Motivation, ihr Bestes zu geben.
- Sie ermöglichen echte, gelingende Beziehungen in einer sinn-orientierten Atmosphäre, in der Sie und Ihre Mitarbeiter auf der Basis einer geistig hohen Daseinsqualität „voll präsent" sind.

Auf der Basis einer hohen Daseinsqualität „voll präsent sein"

- Durch Ihre sinn-orientierte Vertrauenskultur sorgen Sie für gute Stimmung unter den Mitarbeitern, die die Kunden in den „Momenten der Wahrheit" spüren.
- Sie geben positives Feedback seitens der Kunden sofort an Ihre Mitarbeiter weiter. Kritik und Verbesserungsvorschläge von Kunden werden gemeinsam besprochen und gemeinsam denken Sie über Verbesserungsmöglichkeiten nach.
- Sie sorgen für ein funktionierendes Beschwerdemanagement und lassen Ihren Mitarbeitern genügend Spielräume für Verbesserungen.
- Sie lassen zu, dass Ihre Mitarbeiter ihre Grenzen selbst bestimmen.
- Kundenloyalität als Folge gelingender Begegnungen und Beziehungen ist möglich, wenn Sie und Ihre Mitarbeiter durch Ihre sinn-orientierte Selbstgestaltung ein gesundes Selbstwertgefühl entwickeln, das es ermöglicht, auch Kunden in ihrem Selbstwert zu stärken.

- Jede förderliche und selbstwertstärkende Verhaltensweise ihren Kunden gegenüber ist ein Beitrag zu dessen Lebensqualität und sinnorientierter Entwicklung. Es sind auch genau diese inneren und teilweise nicht artikulierten Erwartungen, die Kunden an Dienstleister stellen. Hierin liegt ein großes, unausgeschöpftes Potenzial zur Bildung von Kernkompetenzen.
- Sie wissen, wir haben nur die Welt, die wir zusammen mit anderen Menschen in Koevolution hervorbringen und nur Liebe ermöglicht es uns, diese Welt hervorzubringen.

Einladung zum Nachdenken

◆

Die wichtigste Stunde in unserem Leben ist immer der gegenwärtige Augenblick.

Der bedeutsamste Mensch in unserem Leben ist der, der uns gerade gegenübersteht.

Das notwendigste Werk in unserem Leben ist stets die Liebe.

Leo Tolstoi

Ihre wichtigsten Erkenntnisse und Vorhaben:

1. ______________________________

2. ______________________________

3. ______________________________

4. ______________________________

5. ______________________________

3.5
Das Konzept GEBEN: E

Es ist eine der Grunderfahrungen, dass gerade die Arbeit des Individuums an sich selbst – unbewusst ausstrahlend – die gesamte Gesellschaft verändert.

Carl Friedrich von Weizsäcker

Kernfragen

- **Was bedeutet sinn-orientierte Organisationsentwicklung?**
- **Wie funktioniert sinn-orientierte Entwicklung als Prozess?**
- **Wie können Sie die Potenziale aller Unternehmensmitglieder für das Unternehmen nutzbar machen?**
- **Wie führen Sie Ihr Unternehmen in einen geistig höheren Seinsgrad?**
- **Was kennzeichnet ein lernendes Unternehmen?**

3.5.1
Entwicklung der Potenziale bei Führenden und Mitarbeitern und Erschließen neuer Wachstumspfade

Es ist nicht genug, den Menschen ein Spezialfach zu lehren. Dadurch wird er zwar zu einer Art benutzbarer Maschine, aber nicht zu einer wertvollen Persönlichkeit. Es kommt darauf an, dass er ein lebendiges Gefühl dafür bekommt, was zu erstreben wert ist. Er muss einen lebendigen Sinn dafür bekommen, was schön und was moralisch gut ist. Sonst gleicht er mit seiner spezialisierten Fachkenntnis mehr einem wohlabgerichteten Hund als einem harmonisch entwickelten Geschöpf. Er muss die Motive der Menschen, deren Illusionen, deren Leiden verstehen lernen, um eine richtige Einstellung zu den einzelnen Mitmenschen und zur Gemeinschaft erwerben.

Albert Einstein

Gehen wir zunächst der Frage nach, was sinn-orientierte Organisations- und Personalentwicklung bedeutet. Sinn-orientierte Organisationsentwicklung umfasst den die Vision, die Werte und die Strategien unterstützenden, geplanten und systematischen Wandel im *Denken und im Tun* (Abbildung 40).

Kernsatz

- **Das Ziel Ihrer sinn-orientierten Organisationsentwicklung ist es, Ihr Unternehmen durch einen ständigen Prozess der Selbstgestaltung aller Unternehmensmitglieder leistungs- und wettbewerbsfähiger zu machen.**

Dies erfordert, dass Sie vor allem Ihre Persönlichkeitsentwicklung und die Ihrer Mitarbeiter laufend fördern. Sinn-orientierte Organisationsentwicklung umfasst, wie Sie in Abbildung 40 gesehen haben, die sinn-orientierte Selbstgestaltung, die Sie aus Kapitel „G“ bereits kennen, die sinn-orientierte Vertrauenskultur, die Sie ebenfalls aus Kapitel „G“ kennen und die sinn-orientierte Organisationsstruktur.

Sinn-orientierte Organisationsstruktur verbindet die Erfordernisse des Unternehmens mit den sinn-vollen Absichten und Bedürfnissen der Mitarbeiter.

Wir sagten, dass der Mensch aufgrund seiner Dialogfähigkeit angesprochen werden will und dass er sich deshalb verletzt fühlt, wenn man nicht mit ihm, sondern über ihn redet, ihn einfach „verplant“. In starren Organisationsstrukturen werden Stellen, Hierarchien ausschließlich nach den Erfordernissen des Unternehmens gebildet und die Menschen werden sozusagen in die Stellen „hineingezwungen“, wie in einen Käfig. Dies verletzt nicht nur die Würde des Menschen, sondern untergräbt auch mehrfach seine Potenziale. In Kapitel „E“ haben Sie gesehen, dass der Arbeitsinhalt eine wesentliche Säule für die Sinnverwirklichung und damit Motivation ist.

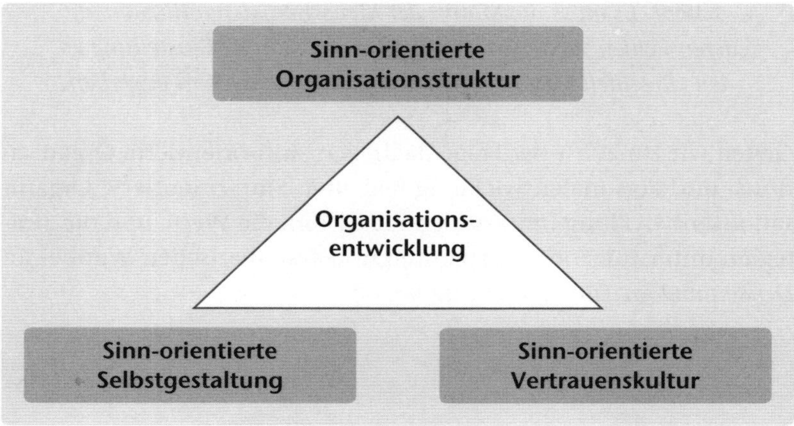

Abbildung 41: **Sinn-orientierte Organisationsentwicklung**

Außerdem können Menschen immer bestimmte Tätigkeiten besonders gut und was sie mögen, lässt sie „ganz bei der Sache“ sein.

Sie haben weiter erkannt, dass die Beziehungen zu Vorgesetzten und Kollegen eine Voraussetzung für Sinnfindung und Motivation sind. Diese können in beziehungsarmen Unternehmen nicht ausgeschöpft werden, wenn der Dialog fehlt, wenn sich Menschen nicht beachtet fühlen, wenn sie nicht antworten können auf Fragen, die an sie gerichtet sind. Sinn-orientierte Organisationsentwicklung bedeutet deshalb Stellenbildung und Stellenumbildung gemeinsam mit dem Mitarbeiter. Die Fragestellungen könnten lauten: Was können Sie ganz besonders gut? Für welche zusätzlichen Tätigkeiten würden Sie sich interessieren? Welchen Beitrag für das Unternehmen würden Sie in dieser Stelle gerne leisten? Warum sollten wir diese Tätigkeit gerade Ihnen anvertrauen? Welche besonderen Stärken bringen Sie für diese Tätigkeit mit? Welche Erfolgserlebnisse erwarten Sie in dieser Tätigkeit? Welchen Nutzen stiften Sie in dieser Tätigkeit dem Unternehmen, den Kollegen, den übrigen Stakeholdern? Was bewirken Sie in dieser Tätigkeit im Hinblick auf: Umsatzergebnisse, Kundenbegeisterung, Betriebsklima, Kostenersparnis, Qualitätsverbesserung etc.? In einem solchen Dialog werden Menschen angesprochen, können mitentscheiden und werden in Ihrer Würde ernst genommen. Dies sind Voraussetzungen für das Realisieren von Werten, einen hohen Motivationsgrad, Entwicklung und ein ständiges Gefordert sein, sein Bestes zu geben. Dies hilft Trägheit zu überwinden, Grenzen zu überschreiten und folgendem Statement zu trotzen:

Stärken und Potenziale der Mitarbeiter erkennen und für das Unternehmen nutzen

Die Mäusestrategie

Setzt man Ratten täglich in ein Labyrinth aus zahlreichen Tunnels und legt in Tunnel vier ein Stück Käse, so werden die Ratten nach kurzer Zeit den direkten Weg zum Futterplatz wissen. Legt man den Käse in Tunnel acht, so machen sich die Ratten sofort auf die Suche.

Nicht so der Mensch! Er verharrt im Tunnel vier und wartet nach dem Motto: „Hier hat es doch immer Käse gegeben“.[208]

Menschen, die ständig angefragt sind, antworten mit verantwortetem Tun, fühlen sich gefordert, beachtet und schlittern nicht in die Bequemlichkeitsfalle ab, weil sie wissen, dass sie sich sinn-voll

---

208 in Anlehnung an Spencer, J.: Die Mäusestrategie für Manager, München 2000.

einbringen können. Das Gleiche gilt für die Gestaltung der Ablauforganisation. Starre, vorprogrammierte Abläufe nach Schema „F" zwingen Menschen gerade dazu, ihr Gehirn während der Arbeit irgendwo zu „deponieren". Sie sind nicht gefragt. Können Sie sich vorstellen, wie viele Verbesserungsvorschläge dabei unausgedacht bleiben? Da hilft dann auch kein ISO-Zertifikat. Zu Begeisterung, innerem Verbesserungsdenken, Entwicklung und „wahrer" Qualität sind nur Menschen fähig, Zertifikate allein nützen gar nichts. Wenn Sie Ihre Mitarbeiter hingegen immer wieder fragen, was sie im Hinblick auf konkrete Resultate besser machen könnten, kommt ein Qualitätsprozess automatisch in Gang. Lassen Sie Ihre Mitarbeiter mitdenken, mitgestalten, dann werden sie die besten Unternehmensberater. Sprechen Sie insbesondere ständig mit Ihren Mitarbeitern mit direktem Kundenkontakt. Kunden sind Mitarbeitern gegenüber meist ehrlicher. Sensibilisieren Sie diese Mitarbeiter, die Kundenreaktionen genau zu beobachten. Diese Informationen sind für laufende Qualitätsverbesserungen Gold wert. Sie sehen:

Die Mitarbeiter in den permanenten Qualitäts- und Entwicklungsprozess einbinden

Personalentwicklung und Qualitätsmanagement sind hier im Gesamtkontext von sinn-orientierter Führung angesiedelt, die automatisch auf Entwicklung und höchste Qualität abzielt und bilden ein Ganzes. Sinn-orientierte Organisationsentwicklung ist keine isolierte, einmalige oder periodisch sich wiederholende Aktion, sondern ein Prozess, der nie aufhören darf.

Wissen Sie, dass Organisationen automatisch ständig lernen und sich entwickeln? Gerade deshalb müssen Sie die Marschroute des Lernens und Entwickelns präzise festgelegen. In wie vielen Unternehmen lernen Mitarbeiter schnell wie sie ihren Vorgesetzten eigennützig am besten austricksen? In wie vielen Unternehmen lernen Führungskräfte auf subtile, unterschwellige Art ihre Mitarbeiter zu verführen?

Wenn Wertsteigerung und Menschenwürde nebeneinander bestehen und sich gegenseitig bedingen sollen, dann muss Personal- und Organisationsentwicklung beim „ganzen Menschen" ansetzen.

Einstein trifft mit seiner Metapher „des wohlabgerichteten Hundes" den Nagel auf den Kopf. In vielen Unternehmen werden Mitarbeiter und Führende auf Grund ihrer Fachkompetenz eingestellt und in derselben weiterentwickelt und nicht selten an den Bedürfnissen der Menschen, der Kunden „vorbei entwickelt“. Auch der gelegentliche Besuch sogenannter persönlichkeitsbildender Seminare, die derzeit in Mode sind, kann die geistigen Potenziale des Menschen nicht wirklich mobilisieren.

Sinn-orientierte Entwicklung ist ressourcen-orientiert und setzt bei den drei Potenzialfaktoren: Fachkompetenz, emotionale Kompetenz und geistige Kompetenz an. Sie zielt auf ein hohes Maß an Daseinsqualität und ermöglicht, dass alle Unternehmensmitglieder gemäß ihrer Fähigkeiten und Potenziale „ihr Bestes“ geben.

Den richtigen Geist für ein sinn-volles Lernklima schaffen

Deshalb müssen Sie zusätzlich zu den klassischen Instrumenten der Personalentwicklung, allem voran, den richtigen Geist für ein sinn-volles Lernklima schaffen. Dieser Geist ist dann Ihre sinn-volle Marschroute für die ganze Unternehmensentwicklung im weitesten Sinne. Veränderungen gehen immer vom Geist der Menschen aus. Gerade deshalb ist es so wichtig, dass dieser Geist ein sinn-voller, ein guter für alle Menschen ist. Darin liegt letztendlich wieder der Sinn-beitrag des Unternehmens für die Gesellschaft und als Folge Ihre Reputation. Wie Sie eine sinn-orientierte Vertrauenskultur aufbauen können, haben Sie bereits gesehen. Nur auf diesem Fundament kann sich ein starker Selbstwert aller Unternehmensmitglieder entwickeln. Die Förderung und Entwicklung des Selbstwertes als permanenter Prozess ist gleichzeitig Grundlage und Kennzeichen einer lernenden Organisation, denn ein starkes Selbstwertgefühl ist die Voraussetzung für die sinn-orientierte Selbstgestaltung, für ein hohes Leistungsniveau und für gelingende zwischenmenschliche Beziehungen.

Menschen, die sich selbst lieben und wertschätzen, sind auch in der Lage, andere zu lieben und wertzuschätzen und auf angemessene Weise mit der Wirklichkeit umzugehen. Ein von positivem Selbstwert geprägtes Verhalten hilft die Isolation und Entfremdung von Menschen zu überwinden[209] und ermöglicht, dass Menschen und Organisationen nachhaltig Sinnvolles für die Kunden und die Gesellschaft bewirken, erfolgreich wachsen und sich entwickeln. Ihre nachhaltige Organisationsentwicklung als Selbstgestaltungs-

209 Vgl. Satir, V.: Kommunikation, Selbstwert, Kongruenz, 6. Auflage Paderborn 1999, S. 55 ff.

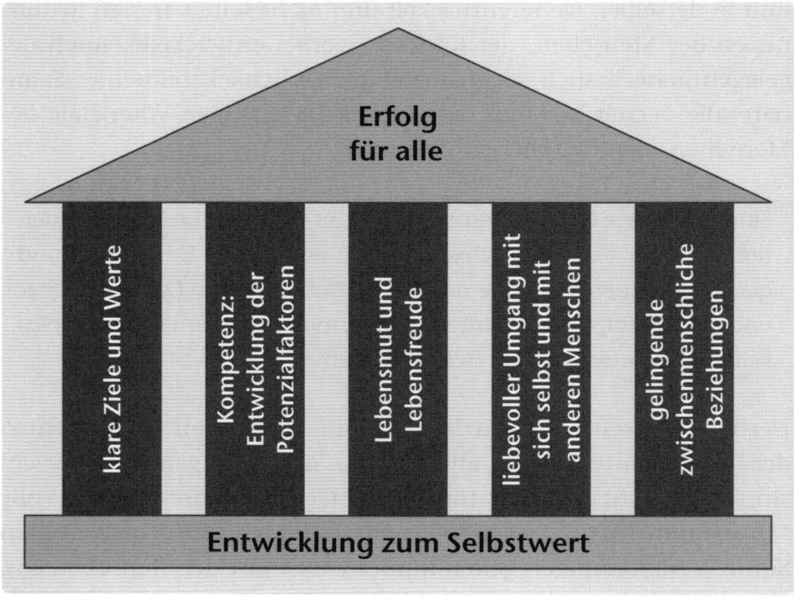

Abbildung 42: **Entwicklung zum Selbstwert**

prozess und demnach lernende Organisation ermöglicht und fördert ein positives Wertgefühl aller (Abbildung 41).

Die aktuellen Herausforderungen bewältigen mit Menschen, die in Unternehmen wachsen und sich wertvoll erleben können

Die Säulen für ein starkes Selbstwertgefühl[210] schaffen Sie, wie Sie erkennen, durch Ihre sinn-orientierte Vertrauenskultur. Durch die Entwicklung zum Selbstwert schaffen Sie die Basis für eine Weiterentwicklung der geistigen Potenziale. Hier liegen die wahren Erfolgspotenziale Ihrer Führenden und Mitarbeiter. Nur aus der daraus resultierenden Entwicklung kann die Qualität der Geisteshaltungen, die Qualität des Verhaltens und Handelns, die Qualität der Dienstleistungen erfolgen. Als Maxime für die Entwicklung Ihres Unternehmens wäre ein Klima mit Geisteshaltungen aller Unternehmensmitglieder anzupeilen, die dem ganzheitlichen Menschenbild entsprechen (siehe Führungsinstrument Kapitel 2.3). Sehen Sie es aber bitte als Maxime, das sind die Potenziale der geistigen Dimension. Als ambivalente Wesen nutzen wir sie leider nicht immer. Lassen Sie sich nicht demotivieren, aller Anfang ist schwer, planen Sie in kleinen, flexiblen Schritten. Mit dieser Einstellung schaffen Sie ein optimales Terrain für die Entwicklung sinn-orien-

210 in Anlehung an Hadinger, B.: Mut zum Leben machen – Selbstwertgefühl und Persönlichkeit von Kindern und Jugendlichen stärken, Kurz, W.: (Hrsg.), Tübingen/Wien 2003, S. 13 ff.

tierter Selbstgestaltung und können mit diesen Potenzialen sich selbst, Ihre Mitarbeiter und Ihr gesamtes Unternehmen erfolgreicher machen.

3.5.2 Ihr Führungsinstrument: Anleitung für die sinn-oriente Entwicklung Ihres Unternehmens

Der Kampfssportler kämpft gegen andere,
der Alpinist kämpft nur mit sich selbst.

Viktor Frankl

- **Sie formulieren eine Sinn-Vision, die Ihre Mitarbeiter die Bedeutung der Aufgabe und ihres Beitrages zum Ganzen erkennen lässt.**
- **Daraus leiten Sie Ihre Strategien und Ziele ab.**
- **Die daraus abgeleiteten Teilziele und Werte werden im Dialog mit den einzelnen Mitarbeitern vereinbart.**
- **Vereinbarte Ziele und Werte sind messbar und werden kontinuierlich gemessen und bewertet.**
- **Als Steuerungsinstrument bedienen Sie sich der Balanced Score Card.**
- **Sie definieren, kommunizieren und leben Ihre Werte.**
- **Sie bauen eine sinn-orientierte Vertrauenskultur auf, innerhalb der ein förderlicher, selbstwertstärkender Kommunikationsstil herrscht.**
- **Sie suchen und fördern den laufenden Dialog mit allen Mitarbeitern und Sie ermöglichen und fördern Selbstgestaltung.**
- **Sie sorgen für einen kooperativen Austausch von Wissen zwischen den einzelnen Mitarbeitern und Abteilungen.**
- **Sie involvieren alle Mitarbeiter in den Qualitätsverbesserungsprozess.**
- **Sie wählen die Mitarbeiter sorgfältig im Hinblick auf deren Geisteshaltungen und Werte aus.**
- **Sie tragen dafür Sorge, dass alle Mitarbeiter gründlich in ihren Arbeitsplatz und das Wertesystem des Unternehmens eingeführt werden.**
- **Ihre Mitarbeiter wissen genau und können innerlich bejahen, was von ihnen im Hinblick auf Aufgabenerfüllung, Handeln und Verhalten erwartet wird.**

Nicht Perfektion, sondern die Haltung in allem „Sein Bestes" zu geben

- Ihre Mitarbeiter wissen, welchen Beitrag sie für das Unternehmen leisten.
- Ihre sinn-orientierte Vertrauenskultur fördert die Selbstmotivation und das Engagement.
- Ihre Mitarbeiter werden entsprechend ihren Talenten eingesetzt.
- Ihre Mitarbeiter wissen, dass „Dienen" die höchste Seinsform darstellt und bemühen sich als Selbstgestalter um gute Beziehungen zu Kollegen, Kunden und den übrigen Stakeholdern.
- Ihre Mitarbeiter lassen sich auf die Kundenwünsche ein und versuchen diese zu antizipieren.
- Ihre Mitarbeiter wissen, dass Verantwortung der Preis für Freiheit ist.
- Alle Mitarbeiter erhalten im Hinblick auf die gemeinsam vereinbarten Ziele und Werte faires und zutreffendes Feedback.
- Ihre Mitarbeiter werden für gute Leistungen anerkannt.
- Sie sprechen mit jedem Mitarbeiter über seine persönliche Entwicklung.

Durch sinn-orientierte Entwicklung zu mehr Menschenwürde und nachhaltige Wertsteigerung

- Sie schaffen für alle Ihre Unternehmensmitglieder absolute Ziel- und Werteklarheit und nehmen alle mit in die Verantwortung für das Unternehmen.
- Alle Ihre Mitarbeiter wissen, dass sie für ihre Entwicklung und Selbstgestaltung primär selbstverantwortlich sind.
- Alle Ihre Mitarbeiter müssen wissen, was das Unternehmen will und welchen Beitrag es für die Gesellschaft leistet.
- Ihre Leute müssen wissen, dass gemeinsam vereinbarte Ziele und Werte eingefordert und permanent gemessen und bewertet werden.
- Ihre Mitarbeiter müssen ihren Vorgesetzten vertrauen können.
- Sie sorgen für ein mutmachendes Klima und sehen Probleme als Chance und als Herausforderung.
- Die Organisationsstruktur wird den Mitarbeiterbedürfnissen und -fähigkeiten angepasst und nicht umgekehrt.
- Alle Ihre Mitarbeiter stellen ihr Wissen und ihre Fähigkeiten dem Unternehmen zur Verfügung.
- Alle Ihre Mitarbeiter sind wandlungsbereit und wissen, dass sie bei veränderten Umwelteinflüssen durch proaktives, sinnvolles Verhalten den Wandel unterstützen müssen.

3.5.3 Zusammenfassung

Ich kann niemanden etwas lehren. Ich kann ihm nur helfen, es in sich selber zu entwickeln.

Galileo Galilei

Sinn-orientierte Führung und Entwicklung ist *Führung zur Befreiung,* ist *Führung zur Selbstgestaltung* und *Führung zu Bewusstsein.*[211]

Sinn-orientierte Führung baut hemmende, destruktive Strukturen und Verhaltensweisen ab und fördert die Lebensqualität und die Salutogenese. Sie baut auf Menschenwürde, nutzt die Fähigkeiten der geistigen Potenziale der Unternehmensmitglieder und eröffnet die Möglichkeit einer permanenten kritischen Auseinandersetzung mit der eigenen Offenheit, Authentizität und Lernbereitschaft.

Erziehung in eine höhere geistige Bewusstseins- und Einstellungsebene

Sinn-orientierte Führung ist Erziehung in eine höhere geistige Bewusstseins- und Einstellungsebene. Sinn-orientierte Führung eröffnet allen Unternehmensmitgliedern die Möglichkeit sinn-voll zu wirken und macht damit Menschen und Unternehmen erfolgreicher.

211 Vgl. Lenssen, G.: a. a. O., S. 388.

Einladung zum Nachdenken

◆

Eine existenzielle Wende:
Sie ist die Haltung, die uns vom kindlichen Erwarten löst. Die uns wendet, hinwendet zur Frage, zum Sich-fragen-Lassen. Sich als Be-fragte und Ge-fragte erleben! Wer bemerkt, dass er in einer Welt steht, die etwas von ihm verlangt und erwartet, die auf ihn hofft, die ihn braucht, die sein Dabei-sein fordert, erlebt die Wende, hat den Schlüssel zur Existenz.

A. Längle

Ihre wichtigsten Erkenntnisse und Vorhaben:

1. ______________________________

2. ______________________________

3. ______________________________

4. ______________________________

5. ______________________________

3.6
Das Konzept GEBEN: N

Glück ist ein
Abfallprodukt des Strebens
nach Vollendung

Richard von Coudenhove-Kalegri

Kernfrage

▶ **Kennen Sie die Kerngedanken erfolgreicher, glücklicher Menschen und Unternehmen?**

3.6.1
Nachhaltiger Erfolg im Sinne von Gewinn, Umsatz, Sinn-fülle, Freude, Wertschätzung, Lebensqualität und Gesundheit

„Wer sein Leben auf Dienst aufbaut,
hat nie umsonst gelebt."

Oesch

3.6.2
Was kennzeichnet glückliche, erfolgreiche Menschen und Unternehmen?

1. „Glückliche Menschen sehen sich als Gestalter ihrer Arbeit, ihres Lebens.
2. Glückliche Menschen wollen, was sie bekommen.
3. Glückliche Menschen sind aktive Menschen.
4. Glückliche Menschen sind in der Lage, loszulassen und zu entspannen.
5. Glückliche Menschen wissen, dass ideale Voraussetzungen für das Lebensglück dieses erstaunlich wenig beeinflussen.
6. Glückliche Menschen finden und stiften Anlässe sich wohl zu fühlen und zu freuen.
7. Glückliche Menschen investieren Zeit und Energie in ihre sozialen Beziehungen.
8. Glückliche Menschen wissen, dass Glück das komplizierte Wechselspiel zwischen dem ist, was wir haben und dem, was wir haben wollen.
9. Glückliche Menschen wissen, dass Arbeit eine Quelle für Sinn und Glück ist.

10. Glückliche Menschen wissen, dass Glück nicht ist, dass jemand sagen kann, mir geht es gut, sondern nur wenn jemand sagen kann:

Ich bin für etwas gut"[212]

Einladung zum Nachdenken

◆

Menschliches Verhalten wird nicht von Bedingungen diktiert, die der Mensch antrifft, sondern von Entscheidungen, die er selber trifft.

Viktor Frankl

Ihre wichtigsten Erkenntnisse und Vorhaben:

1. ______________________________

2. ______________________________

3. ______________________________

4. ______________________________

5. ______________________________

212 In Anlehnung an Kolbe, C: Sinn und Glück – zur vitalen Bedeutung der Sinnfrage, in Existenzanalyse, Heft 2, 2000, S. 26.

4. Literaturverzeichnis

◆

Ackermann, A.: Easy zum Ziel, Wie man zum mentalen Gewinner wird. Anwil 2000.

Anker, H.: Das Menschenbild des Neoliberalismus – Die Fiktion von Freiheit und Verantwortung in: Logotherapie in der Wirtschaft und Arbeitswelt und im Management, Graf (Hrsg.) 2004.

Anker, H.: Der Sinn im Ganzen – Bausteine einer praktischen Lebens- und Wirtschaftsethik, Münster 2004.

Batson, G.: Ökologie des Geistes, Frankfurt 1985.

Berger, W.: Business Reframing – Das Ende der Moden und Mythen im Management, Wiesbaden 1996.

Bierhoff, H. W.: Vertrauen und Liebe: Liebe baut nicht immer auf Vertrauen auf, in: Schweer, M. (Hrsg.) Interpersonales Vertrauen – Theorien und empirische Befunde, Wiesbaden 1997.

Bibliographisches Institut F.A. Brockhaus AG, 2001.

Böckmann, W.: Lebenserfolg, Der Weg zur Selbsterkenntnis und Sinn-Erfüllung, Düsseldorf 1990.

Böckmann, W.: Sinn-orientierte Führung als Kunst der Motivation, Landsberg 1987.

Böckmann, W.: Vom Sinn zum Gewinn – Eine Denkschule für Manager, Wiesbaden 1990.

Böschemeyer, U.: Worauf es ankommt – Werte als Wegweiser, München, 2003.

Brodbeck, F./Frese, M.: Sand in der Seele, in Wirtschaftswoche Nr. 22 vom 23. 5. 2002.

Bruch, H./Ghoshal, S.: Vorsicht vor übereifrigen Managern, in Harvard Business manager 4/2002.

Buckingham, M./Coffmann, C.: Erfolgreiche Führung gegen alle Regeln – Wie Sie wertvolle Mitarbeiter gewinnen, halten und fördern, Frankfurt a. Main, 2. Auflage 2002.

Chan Kim,W./Maubogrne, R. A.: Die Lehre des plätschernden Baches in Leadership, Harvard Business Manager, Sammelband Leadership,.

Christiani, A.: MAGNET Marketing – Erfolgsregeln für die Märkte der Zukunft, 2002.

Crossen, J.: Der Selbstentwickler, München 2003, S. 51.

Csikszentmihalyi, M.: Flow im Beruf – Das Geheimnis des Glücks am Arbeitsplatz, 2. Auflage 2004.

De Bono, E.: De Bonos neue Denkschule, Kreativer denken, effektiver arbeiten, mehr erreichen, Landsberg/München 2002.

Detzer, K. A.: Homo oeconomicus und homo faber – dominierende Menschenbilder in Wirtschaft und Technik? In Oerter, R.(Hrsg.) Menschenbilder in der modernen Gesellschaft, Stuttgart 1999.

Dietz, K.M./Kracht, T.: Dialogische Führung – Grundlagen – Praxis Fallbeispiel: dm-drogerie Markt, Frankfurt 2002.

Ellebracht, E.:/Lenz, G.:/Osterhold, G.:/Schäfer, H.: Systemische Organisations- und Unternehmensberatung, Wiesbaden 2002.

Ehlers, E.: Nachahmung, Trinkgeld fürs Echo, in Psychologie heute, November 2003.

Frankl, V. E.: Der Wille zum Sinn, 4. Auflage, München 1997.

Frankl, V. E.: Das Leiden am sinnlosen Leben, 19. Aufl., Wien 1997.

Frankl, V. E.: Die Sinnfrage in der Psychotherapie, 4. Aufl., München 1992.

Frankl, V. E.: Was nicht in meinen Büchern steht – Lebenserinnerungen, München 1995.

Frankl, V. E.: Der Mensch vor der Frage nach dem Sinn, 10. Aufl., München 1998.

Frankl, V. E./Kreuzer, F.: Im Anfang war der Sinn – Von der Psychoanalyse zur Logotherapie – Ein Gespräch, 4. Aufl., München 1997.

Frankl, V. E.: Logotherapie und Existenzanalyse – Texte aus sechs Jahrzehnten, Weinheim u. a., 2002.

Fuchs, J.: Manager, Menschen und Monarchen – Denkanstößiges für Leitende und Leidende, Frankfurt / New York 1995.

Furtwängler, J. P.: Das abendländische Menschenbild im Spiegel des Fremden in Bilder des Menschen, Hinterhuber u. a. (Hrsg.) Innsbruck 2003.

Gablers Wirtschaftslexikon, 15. Auflage, Wiesbaden 2001.

Gillies, J. M.: Grabenkriege in Deutschlands Unternehmen, in Wirtschaft und Weiterbildung, September 2003.

Görtz, A.: Die Erfassung von Lebensqualität, in Existenzanalyse, Juni 2001 Empirische Forschung 2. Teil.

Graf, H.: Studie: Betriebliche Gesundheitsförderung als Personal- und Organisationsentwicklung in Klein- und Mittelunternehmen 2003.

Grönemeyer, D.: Mensch bleiben – high tech und Herz – eine liebevolle Medizin ist keine Utopie, Freiburg u. a. 2003.

Gross, St. F.: Ausbruch aus der Servicewüste – Persönliche Dienstleistungskultur, das Geheimnis Ihres Erfolges, Landsberg / Lech 1998.

Hadinger, B.: Mut zum Leben machen, – Selbstwertgefühl und Persönlichkeit von Kindern und Jugendlichen stärken, Kurz, W.: (Hrsg.) Tübingen / Wien 2003.

Händeler, E.: Die Geschichte der Zukunft, Moers 2003.

Hansmann, F.: Christliche Perspektiven in Wirtschaft und Wirtschaftswissenschaften in Pluralismus und Ethos der Wissenschaft, Giessen 1999.

Hanssmann, F.: Humanisierung des Managements – Ein christlicher Standpunkt, Gräfelfing 2001.

Harrison, L. E.: Zur Förderung eines fortschrittlichen kulturellen Wandelns, in Harrison, L.E. / Huntington, S. P.: Streit um Werte, Wie Kulturen den Fortschritt prägen, Hamburg 2002.

Hendricks, G./Ludeman, K.: Visionäres Management als Führungskonzept – Wirtschaftlicher Erfolg durch Integrität, Intuition und Spiritualität, München 1997.

Herzberg, F.: Was Mitarbeiter in Schwung bringt, in Harvard Business Manager, April 2003.

Hesch, G.: Das Menschenbild neuer Organisationsformen, Wiesbaden 1997.

Hilb, M.: Integriertes Personal Management, Neuwied u. a. 1994.

Hinterhuber, H. H. u. a.: Das Neue Strategische Management, 2. Auflage, Wiesbaden 2000.

Hinterhuber, H. H.: Strategische Unternehmensführung – II Strategisches Handeln, 6. Aufl., Berlin / New York 1997.

Hinterhuber, H. H.: Mentale Modelle der Führenden und strategische Ausrichtung der Unternehmen, in Schwerpunkte moderner Unternehmensführung, Hinterhuber, Stahl (Hrsg.) Renningen 2000.

Hinterhuber, H. / Heuser, M.P. / Meise, U.: Bilder des Menschen, Innsbruck 2003.

Hinterhuber, H.H.: Strategische Unternehmensführung Band I. Strategisches Denken, 7. Auflage, Berlin 2004.

Hirschberger, J.: Geschichte der Philosophie Band II, Neuzeit und Gegenwart, 11. Auflage 1980.

Horx, M.: Ausblick auf 2004 – Trend 1 vom Wellness zum Selfness.

Horx, M.: Die acht Sphären der Zukunft – Ein Wegweiser in die Kultur des 21. Jahrhunderts, Wien u. a. 2000.

Horx, M.: Trendnavigator, Mai 2004.

Hüther, G.: Die Macht der inneren Bilder – Wie Visionen das Gehirn, den Menschen und die Welt verändern, Göttingen 2009.

Kaplan, R.S. / Norton, D. P.: Balanced Scorecard, Stuttgart 1997.

Kastner, M.: Die Sache mit der Wippe, in NGZ – Der Hotelier 2 / 2003.

Kegan, R. / Lahey, L.: Der wahre Grund, weshalb Mitarbeiter sich nicht ändern, in Harvard Business Manager 3 / 2002.

Kolbe, C: Sinn und Glück – zur vitalen Bedeutung der Sinnfrage, in Existenzanalyse, Heft 2, 2000.

Kolbe, Ch.: Gesundheit als Fähigkeit zum Dialog, in Existenzanlyse, 2. / 3. Oktober 2001.

Kotter, J. P.: Chaos Wandel Führung Leading Change, 2. Auflage 1998 Düsseldorf, München.

Kurz, W.: Programmschrift des Institutes für Logotherapie und Existenzanalyse an der Universität Gießen, Tübingen 2002.

Längle, A.: Vertauen – Mut oder Selbstaufgabe, Vortrag anlässlich der Pädagogischen Werktagung in Salzburg am 21. 7. 1988.

Längle, A.: Broschüre der GLE Wien.

Längle, A.: Burnout – Existenzielle Bedeutung und Möglichkeiten der Prävention, in Existenzanlyse, 2. Juni 1997.

Längle, A.: Die grandiose Einsamkeit – Narzissmus als anthropologisch-existenzielles Phänomen, in Existenzanlyse, Dezember 2003.

Längle, A.: Sinnvoll Leben – Wegweiser zum Leben, 2. Auflage, Wien 1989.

Längle, A.: Viktor Frankl – ein Porträt, München 2001.

Lenssen, G.: Besinnung in der Wirtschaft, in Leadership Revolution – Aufbruch zur Weltspitze mit neuem Denken, Matheis, R. (Hrsg.) Frankfurt 1995.

Livingston, St. J.: Talentförderung: Wie spornen Sie Ihre Belegschaft zu Höchstleistungen an? Erwarten Sie das Beste, in Harvard Business manager, April 2003.

Lukas, E.: Lebensstil und Wohlbefinden – Logotherapie bei psychosomatischen Störungen, Wien 1999.

Lukas, E.: Lehrbuch der Logotherapie, München – Wien 1998.

Lukas, E.: Sehnsucht nach Sinn, Logotherapeutische Antworten auf existenzielle Fragen, 2. Auflage, München / Wien 1999.

Lukas, E.: Viktor Frankl und die Logotherapie – Eine Kurzinformation über sein Leben und sein Werk, Perchtoldsdorf, b. Wien 2003.

Lukas, E.: Wertfülle und Lebensfreude, München, Wien 1998.

Martens, J.U./Kuhl, J.: Die Kunst der Selbstmotivierung – Neue Erkenntnisse der Motivationsforschung praktisch nutzen, 2. Auflage 2005.

Matheis, R.: Mentalmodelle der Leader in Aufbruch zur Weltspitze mit neuem Denken, Matheis, R. (Hrsg.) Frankfurt 1995 Aufbruch zur Weltspitze mit neuem Denken, Matheis, R. (Hrsg.) Frankfurt 1995.

Matthiesen, K. H.: Kritik des Menschenbildes in der Betriebswirtschaftslehre, Stuttgart, Wien 1995.

Moser, F.: Weltbild und Selbstorganisation im Management in Leadership Revolution, Aufbruch zur Weltspitze mit neuem Denken, Matheis,(Hrsg.) 1995.

Nefiodow, L.: Der sechste Kondratieff, 1999.

Neubauer, W.: Vertrauen in der Arbeitswelt, in: Interpersonales Vertrauen – Theorien und empirische Befunde, Schweer, M. (Hrsg.) Opladen / Wiesbaden, 1997.

Neuberger, O.: Führen und Geführt werden, 5. Auflage, Stuttgart, 1995.

Newsletter FUN ECONOMY, April 2004.

Nölke, M.: Anekdoten, Geschichten, Metaphern für Führungskräfte, Planegg b. München 2002.

O.V.: Wie energetisiert man Unternehmen, in Unternehmensentwicklung – Die Praxis erfolgreichen Wandels, Wien, April / Mai 2003.

O.V.: Arbeitnehmer immer unmotivierter, in Wirtschaft und Weiterbildung, Januar 2004.

O.V.: Viele Chefs produzieren Arbeitsfrust in manager Seminare, Heft 63, Februar 2003 S. 11.

O.V.: Vorsprung durch Kunst, in Wirtschaftswoche Nr. 52 vom 19. 12. 2002.

O.V.: Wellness – Im Mittelpunkt steht der Mensch, in Top Hotel 6 / 2003.

Oerter, R.: Menschbilder als sinnstiftende Konstruktionen und als geheime Agenten, in Oerter, R. (Hrsg.), Menschenbilder in der modernen Gesellschaft, Stuttgart 1999.

Panse, W./Stegemann, W.: Kostenfaktor Angst, 2. Auflage 1997.

Papmehl H.: (Hrsg.) Absolute Customer Care, 1998.

Pichler, M.: Danke, Gallup! In Wirtschaft und Weiterbildung, Januar, 2004.

Pircher-Friedrich, A.: Sinn-orientierte Führung in Dienstleistungsunternehmen – ein ganzheitliches Konzept, Augsburg 2001.

Pircher-Friedrich, A./Friedrich, R.: Gesundheit, Erfolg und Erfüllung – eine Anleitung auch für Manager, Berlin 2008.

R. Rapp Wagner, Postmodernes Denken und Pädagogik – eine kritische Analyse aus philosophisch-anthropologischer Perspektive, Bern u. a. 1997.

Richter-Kaupp, S.: Skript zum Vortrag: Die Konsequenzen des 6. Kondratieff für das Management der Human Resources, 2002, zitiert nach Leo Nefiodow, 2002.

Riemeyer, J.: Die Logotherapie Viktor Frankls – Eine Einführung in die sinnorientierte Psychotherapie, 2. Auflage 2002.

Rosenberg, M. B.: Gewaltfrei Kommunikation – Aufrichtig und einfühlsam miteinander sprechen, Paderborn 2001.

Rust, H.: Die Zukunft der Führung, in Harvard Business manager, April 2004.

Satir, V.: Kommunikation, Selbstwert, Kongruenz, 6. Auflage Paderborn, 1999.

Schlösser, H. J.: Das Menschenbild in der Ökonomie, Köln 1992.

Scott, A.: Das Dilbert Prinzip – Die endgültige Wahrheit über Chefs, Konferenzen, Manager und andere Martyrien, Landsberg / Lech 1997.

Senge, P.: Die fünfte Disziplin, 6. Auflage, Stuttgart 1998.

Shah, I.: Die fabelhaften Heldentaten des weisen Narren Mulla Nasrudin, 2. Auflage, Freiburg 2003.

Simon, B. F. und CONECTRA: Radikale Marktwirtschaft – Grundlagen des systemischen Managements, dritte Auflage, 1998.

Spencer, J.: Die Mäusestrategie für Manager, München 2000.

Sprenger, R.: Mythos Motivation – Wege aus einer Sackgasse, 13. Auflage, Frankfurt 1997.

Stahl, H. K.: Zum Aufbau und Erhalt von Reputationskapital in Stakeholder Beziehungen, in Perspektiven im Strategischen Management, Handlbauer u. a. (Hrsg.) Berlin 1998.

Störig, H. J.: Kleine Weltgeschichte der Philosophie, Frankfurt a. Main 1999.

Taylor, D.: The naked leader – „Der Ein-Minuten-Manager für die neue Generation, Wien 2003.

The Gallup Organization – Pressemeldung, Potsdam 10. September 2002.

v. Mutius, B.: Wertebalancierte Unternehmensführung, in HARVARD BUSINESSmanager, 5 / 2002.

Varela, F.: Kognitionswissenschaft – Kognitionsarbeit. Eine Skizze aktueller Perspektiven, Frankfurt 1990.

Volk, H.: Wandel untergräbt Leistungsbereitschaft in Wirtschaft und Weiterbildung, März 2002.

Vortrag von Altbischof Dr. Reinhold Stecher in Innsbruck, November 2003.

Waibel, E. M.: Erziehung zum Selbstwert – Persönlichkeitsförderung als zentrales pädagogisches Anliegen, 2. Auflage, Donauwörth 1998.

Watzlawick, P.: Vom Unsinn des Sinns oder vom Sinn des Unsinns, 7. Auflage 2000.

Watzlawick, P.: Anleitung zum Unglücklichsein, 18. Auflage, München 1999.

Watzlawick, P.: Selbsterfüllende Prophezeiungen – in die erfundene Wirklichkeit, 12. Auflage 2000.

webmaster@scheissprojekt.de, Februar 2002.

Weibler, J.: Vertrauen und Führung, in: Personal als Strategie, Klimecki, R. u. a. (Hrsg.), Neuwied u. a. 1997.

Wunderer, R. / Küppers, W.: Motivationsbarrieren in Unternehmen, Personalmagazin, Heft 2 2003.

Zohar, D. / Marshall I.: SQ Spirituelle Intelligenz. Bern u. a. 2000.

Zössmayr, J.: Steh immer wieder auf – in Südtiroler Wirtschaftszeitung vom 25. Mai 2001.

Die Autorin

◆

Prof. Dr. Mag. (rer. soc. oec.) Anna Maria Pircher-Friedrich ist Professorin für Human Resources und Qualitäts- und Dienstleistungsmanagement am Management Center Innsbruck – die unternehmerische Hochschule.

Als international gefragte Vortragende und Seminarleiterin trainiert und coacht sie seit Jahren Führungskräfte aus Wirtschaft, Schulen und Krankenhäusern. Sie hat zahlreiche Publikationen veröffentlicht und ist:

- Mitglied von Q-Pool, 100: Offizielle Qualitätsgemeinschaft Internationaler Wirtschaftstrainer und -berater,
- Mitglied des wissenschaftlichen Beirates der Deutschen Gesellschaft für Logotherapie und Existenzanalyse,
- Mitglied des Vorstandes des Österreichischen Instituts für nachhaltige Entwicklung in Wien.

Führen bedeutet für sie:

Menschen zum Leben, Lernen und Arbeiten Mut zu machen und ihnen zu helfen, Sinn-möglichkeiten zu erspüren. In diesem Sinne sollen Menschen ihre Potenziale und ihren Selbstgestaltungsauftrag erkennen und das werden, was sie sein können, um ihr Bestes zu geben und Sinn-Volles für sich selbst und andere Menschen zu bewirken.

Anschrift: Institut für sinnorientierte Persönlichkeits- und Unternehmensentwicklung
Hallergasse 8
39012 Meran/Italien
www.pircher-friedrich.com
Tel.: 0039-0473-211806 / 0039-335-8007743

Stimmen zu diesem Buch

◆

Ein äußerst gelungenes Buch

Ein äußerst gelungenes, wissenschaftlich fundiertes und gleichzeitig eminent praxistaugliches Buch, das dem Bedürfnis nach werte- und wertorientierten Führungsinstrumenten im Management nachkommt. Hier wird ein zukunftstaugliches und nachhaltiges Führungskonzept vorgestellt, welches über den Weg glücklicher Menschen zu „glücklichen Bilanzen" führen kann.

Dr. Andreas Altmann – DIE UNTERNEHMERISCHE HOCHSCHULE – MCI MANAGEMENT CENTER INNSBRUCK
Executive Director – Innsbruck/Austria

Eine Pflichtlektüre für jede Führungskraft

Ein Pflichtlektüre für jede Führungskraft, die im 21. Jahrhundert erfolgreich führen will. Endlich ein Buch, das dem Anspruch auf Ganzheitlichkeit gerecht wird. Es beginnt bei der Entwicklung der Geisteshaltungen der Führungskräfte und verbindet diese in ausgezeichneter Form mit den vorgeschlagenen Führungsinstrumenten. Auf diese Weise können betriebliche Veränderungen wirkungsvoll erfolgen. Das Kernstück dieses Konzeptes, nämlich die Sinnsuche des Menschen in allem, was er tut, entspricht dem ureigensten menschlichen Bedürfnis, dessen Defizite die Wirtschaft und Unternehmen zum Lähmen bringen. In hervorragender Weise ist es der Autorin gelungen aufzuzeigen, wie durch Sinn und Werteorientierung die nachhaltige Wertsteigerung erst möglich ist.

Klaus Kobjoll, Best Practice Unternehmer – Nürnberg – und namhafter Erfolgstrainer

Was hoch wachsen will, muss tief wurzeln!

Kaum ein anderer Satz kann das Buch besser charakterisieren. Wirtschaftlicher Erfolg ist nur dann nachhaltig, wenn er mit der Würde des Menschen und dem behutsamen Umgang mit der Natur vereinbar ist. Somit ist „werteorientierte Führung" gleichermaßen ein zentraler Baustein und ein sicherer Erfolgsgarant für nachhaltiges Wirtschaften.

Univ. Doz. Dr. Dietmar Kanatschnig, Univ. Doz. Dr. Alfred Striegl – Österreichisches Institut für Nachhaltigkeit, Wien